天津市自然科学学术著作资助出版

新疆野苹果

The **Malus sieversii** in China

阎国荣　于玮玮　杨美玲　许正　等／著

Yan Guo-rong　Yu Wei-wei　Yang Mei-ling　Xu Zheng

中国林业出版社

·北　京·

内容简介

本书是作者20多年对分布在天山新疆伊犁谷地、塔城地区等山区的珍稀濒危物种——新疆野苹果的潜心研究和积累，也是一个研究团队多年的不懈努力和主要研究成果的综合展示，穿插有大量实地调查的彩色图片和记录数据，图文并茂，说明、分析和记录了新疆野苹果的历史演变、重要地位和现状，记述了存在的危机并提出了展望和建议。

本书可供从事生物科学研究和教育、生态环境保护、农林管理部门和植物资源开发利用的各类科研人员、管理人员以及大专院校师生参考，同时也能给读者展示天山野果林中有"绝色花景"之称的新疆野苹果花海和无限迷人的天山风光。

图书在版编目(CIP)数据

新疆野苹果 / 阎国荣等著 . -- 北京 : 中国林业出版社 ,
2020.5
ISBN 978-7-5219-0554-0

Ⅰ . ①新… Ⅱ . ①阎… Ⅲ . ①野生果树—苹果—新疆
Ⅳ . ① S661.1

中国版本图书馆 CIP 数据核字（2020）第 071715 号

中国林业出版社·自然保护分社（国家公园分社）

策划编辑：刘家玲

责任编辑：刘家玲　葛宝庆

出版发行　中国林业出版社（100009　北京市西城区德内大街刘海胡同 7 号）
http://www.forestry.gov.cn/lycb.html　　电话：（010）83143519　83143612
印　　刷　北京中科印刷有限公司
版　　次　2020 年 7 月第 1 版
印　　次　2020 年 7 月第 1 次
开　　本　787mm × 1092mm　1/16
印　　张　21
字　　数　400 千字
定　　价　298.00 元

《新疆野苹果》
编辑委员会

著作责任者：阎国荣　于玮玮　杨美玲　许　正

著　　　者：阎国荣　于玮玮　杨美玲　许　正

　　　　　　龙　鸿　李　慧　宋文芹　张云秀

　　　　　　赵　佩　李　芳　刘　彬

摄　　　影：阎国荣　许　正　龙　鸿　于玮玮　杨美玲

制　　　图：阎国荣　于玮玮　杨美玲

序

新疆野苹果（*Malus sieversii*）与中亚地区分布的塞威氏苹果（*Malus sieversii*）为同一物种，是珍贵而重要的野生苹果资源。在中国新疆伊犁谷地、塔城谷地等山区分布着大面积的原始落叶阔叶野果林——新疆野苹果林，历史悠久，生存环境特殊，是维系生态安全与稳定、经济和社会可持续发展的宝贵资源。据研究，新疆野苹果类型丰富多样，具有许多重要和优良的农艺性状，如耐寒、耐旱等特性，生物多样性十分丰富，不仅是我国重要的果树植物基因库，也是世界苹果基因库最重要的组成部分之一。国外有观点认为栽培苹果起源于中亚山区的塞威氏苹果（新疆野苹果），李育农等学者也认为新疆野苹果是栽培苹果的直系祖先，这说明塞威氏苹果具有特殊的地位和重要的价值，备受学术界及社会各界的关注。

本书作者及团队成员深入现场考察，长期坚持、定点观测和记录，开展就地保护研究，广泛收集原始材料，利用多项生物学实验技术、手段和数据分析，在前人研究的基础上，呈现新疆野苹果系统性研究的结果。

《新疆野苹果》内容丰富、图文并茂，汇集了研究团队近30年的研究成果，是一部颇具专业性的学术专著，为新疆野苹果种质资源的研究、合理开发和利用、有效保护与管理提供了理论依据和参考。

束怀瑞

中国工程院院士　山东农业大学教授

2019年11月22日于山东泰安

前言

著名的新疆天山野果林是我国重要的生物资源基因库，分布区内有许多珍稀野生果树类群和近百种野生果树及其近缘植物，是中国干旱区种类最丰富、分布最集中、面积最大、利用价值最高的特殊野生生物资源分布区和中国生物多样性保护的关键地区。

珍贵的新疆野苹果是第三纪残遗（孑遗物种）植物种类，其野果林阔叶林森林生态系统已被列入《中国优先保护生态系统名录》。新疆野苹果、野杏、野扁桃等已被列入《中国优先保护物种名录》，是国家具有生物多样性国际意义的优先保护物种和国家二级重点保护野生植物。但新疆野苹果的历史演变、重要地位以及发挥的作用等方面还鲜为人知。20世纪50年代中后期经有关报刊报道后，新疆野苹果在国内引起了一定的关注；20世纪60年代开始，新疆野苹果的资源调查和经济效益开发和利用等方面的工作成为重点；70年代，受“文化大革命”的影响，有关保护工作停滞；80年代至90年代初，受国家经济和交通条件所限，有关研究和保护工作依然困难重重；90年代后期，随着我国经济形势有所转机，对新疆野苹果资源的保护以及研究等方面工作得以加强，新疆野苹果在各种学术刊物中出现的频率及其相关学术研究论文和成果的数量逐步增加，但受诸多因素的限制，深入的研究难以开展；进入21世纪后，我国加入了世界贸易组织（WTO），国家全面启动和实施了出口、投资和扩大内需的“三驾马车”的国策，经济进入急速发展阶段，国家的经济总量跻身于世界第二位。在这种社会和历史的大背景下，得益于国家经济和交通事业的迅猛发展和各项政策的支持，国内许多科研人员纷纷投入新疆野苹果资源的保护、研究和开发利用事业中，产生了部分关于新疆野苹果的研究成果。

本书较全面记述了新疆野苹果的资源分布、濒危状态，是作者20多年从保护生物学、细胞学、繁殖生物学、遗传多样性、分子生物学等多方面对新疆野苹果进行深入调查、系统研究的积累。团队成员先后几十次赴新疆伊犁谷地和塔城地区，在新疆野苹果的花期和结果期进入多个同质区域与异质区域开展实地调查，拍摄图片和记录数据；对新疆野苹果进行了连续的野外调查和长期的选点、定点观测和取样、室内实验和分析。因此，本书更是研究团队多年不懈努力和主要研究成果的综合展示，较全面地记录了新疆野苹果的历史演变、重要地位和现状，记述了当前存在的危机并提出了展望和建议。全书由11章组成，第1章绪言介绍了新疆野苹果的价值、研究的区域和意义；第2章记述了新疆野苹果的起源、分类、地位以及历史作用和价值；第3章综述了新疆野苹果资源分布及其各分布区域生存环境；第4章介绍了新疆野苹果的生理生态特征研究；第5章介绍了新疆野苹果的表型多态性；第6章介绍了新疆野苹果的组织解剖学研究；第7章介绍了新疆野苹果的染色体生物学研究；第8章介绍了新疆野苹果的组织培养与遗传转化研究；第9章探索了新疆野苹果的分子遗传学研究；第10章讲述了天山野果林的变迁，新疆野苹果生存现状、危机以及开展就地保护研究所取得的成果；第11章是引发的思考和展望。

鉴于作者水平有限，书中难免有错误和不妥之处，恳请批评和指正。

阎国荣

2019年10月于天津南开

目录

CONTENTS

第1章 | 绪言

苹果出天山，芳香飘万里。
仙葩惠人间，佳品传天下。

新疆野苹果［*Malus sieversii*（Ledeb.）M. Roem.］，又称塞威氏苹果，系蔷薇科苹果属植物（图1-1），是重要的第三纪（tertiary）孑遗物种（relic species），20世纪80年代被列入《中国珍稀濒危保护植物名录》，是国家二级重点保护野生植物，2006年被世界自然保护联盟（International Union for Conservation of Nature，简称IUCN）列为国际重点保护植物，被认定为具有生物多样性国际意义的优先保护物种。新疆野苹果因分布区域广、面积大、受地形地貌和环境等因素的影响形成了构成复杂、类型及生物多样性丰富的重要生物类群。新疆野苹果不仅具有现代栽培苹果的全部优良品质，其果实类型、色泽、品质等农艺性状表现出更为丰富

图1-1　新疆野苹果盛花期（伊犁谷地新源，2007.4）

的多样性，并且具有耐寒、耐旱、耐病虫等众多优良性状，不仅是我国重要的果树植物基因库，也是栽培苹果选育和遗传改良工作最为重要的原始基因库。

1.1 研究背景

我国著名的天山野果林分布于新疆天山山区伊犁谷地和准噶尔西部（塔城地区）一带山区，以新疆野苹果（图1-2，图1-3）、野杏（*Armeniaca vulgaris*）（图1-4，图1-5）、野巴旦杏（野扁桃，*Amygdalus ledebouriana*）（图1-6，图1-7）、欧荚蒾（*Viburnum opulus*）（图1-8）、准噶尔山楂（*Crataegus songorica*）等第三纪残遗植物为主，与其他的乔木和灌木共同构成了山地温带落叶阔叶林，也称野果林或天山野果林，因其主要建群种是新疆野苹果，简称野苹果林（图1-9）。

图1-2 新疆野苹果（*Malus sieversii*）花朵（伊犁，2012.5）

图1-3　新疆野苹果（*Malus sieversii*）果实

图1-4　野杏（*Armeniaca vulgaris*）花

图1-5　野杏（*Armeniaca vulgaris*）果实

图1-6　野生巴旦杏（野扁桃）(*Amygdalus ledebouriana*）花

图1-7　野生巴旦杏（*A. ledebouriana*）幼果

图1-8　欧荚蒾（*Viburnum opulus*）果实

图1-9　新疆伊犁谷地天山野果林（2011）

天山野果林分布区域广，分布面积大，远离海洋，地处干旱区，受干旱区气候的影响，呈现半干旱区或湿润气候条件的特殊区域，是我国生物多样性特殊地区之一（阎国荣，1998），既是特殊的野生生物资源分布区，又是我国园艺植物的基因库。区内分布着许多国家珍稀濒危重点保护的野生动、植物种类，有近百种野生果树及其近缘植物，如黑果小檗（*Berberis heteropoda*）（图1-10）、天山樱桃（*Cerasus tianschanica*）（图1-11）、黑果悬钩子（*Rubus caesius*）（图1-12）、树莓（*Rubus idaeus*）等。该区也是许多珍稀的野生花卉如伊犁郁金香（*Tulipa iliensis*）（图1-13）、野生蔬菜如高山羊角芹（*Aegopodium alpestre*）（图1-14）、野生蜜源植物如森林草莓（*Fragaria vesca*）（图1-15，图1-16），观赏植物如新疆锦

图1-10　黑果小檗（*Berberis heteropoda*）

图1-11　天山樱桃（*Cerasus tianschanica*）花

图1-12　黑果悬钩子（*Rubus caesius*）果实

图1-13　伊犁郁金香（*Tulipa iliensis*）

图1 14 新疆野苹果林下伴生植物高山羊角芹（*Aegopodium alpestre*）

图1-15 森林草莓（*Fragaria vesca*）花

图1-16 森林草莓（*Fragaria vesca*）果实

图1-17 新疆锦鸡儿（*Caragana turkestanica*）

鸡儿（*Caragana turkestanica*）（图1-17）和野生花卉植物如疏花蔷薇（*Rosa laxa*）等众多经济植物的发祥地，是中国干旱区动物、植物种类最丰富、分布广、面积最大、利用价值最高的特殊野生生物资源最集中分布区之一和中国生物多样性保护的关键地区（阎国荣，1998）。

据统计，伊犁河流域已发现750多种高等植物，已被列入《国家重点保护野生植物名录》的有新疆野苹果、野杏、野扁桃、新疆阿魏（*Ferula sinkiangensis*）、半日花（*Helianthemum songaricum*）（图1-18）、胀果甘草（*Glycyrrhiza glabra*）、紫草（*Lithospermum erythrorhizon*）、红景天（*Rhodiola* spp.）、雪莲（*Saussurea involucrata*）、黄芪（*Astragalus membranaceus*）、块根芍药（*Paeonia anomala* var. *intermedia*）等10余种。

图1-18　山地阳坡上分布的半日花（*Helianthemum songaricum*）

1.2　研究区域与范围

天山山脉（Tianshan Mountains）是世界七大山系之一，东西走向，横跨中国、哈萨克斯坦、吉尔吉斯斯坦和乌兹别克斯坦四国，全长约2500km。天山在中国境内东西绵延长达1700km，在中国新疆境内的西部天山由三大山体组成：北天山有阿拉套山、科古琴山、婆罗科努山（博罗克努山）和依连哈比尔尕山，中天山有乌孙山、那拉提山和额尔宾山，南天山有科克沙勒山、哈尔克他乌山、科克铁克山和霍拉山。因山体宽广，南北平均宽300km，最宽处可达450km。

新疆境内伊犁河流域位于天山北支婆罗科努山与南支哈尔克山之间，是中国天山水资源最丰富的山段。伊犁河是中国水量最大的内陆河，也是新疆径流量最丰富的河流，年径流量153亿m^3，最终进入巴尔喀什湖。该区域年降水量在300～1100mm，所以说伊犁谷地是位于欧亚大陆中心的干旱区和半干旱区中的特殊区域，被称为干旱区中的“湿岛”。塔城谷地位于准噶尔西部山地一带，由塔尔巴哈台山、巴尔鲁克山等山地包围所形成，该区域年降水量在300～400mm，塔城谷地也是新疆干旱区中的另一个“湿岛”。

新疆野苹果（塞威氏苹果）在我国主要分布于新疆的伊犁谷地天山北山脉（北天山）的阿拉套山、科古琴山、婆罗科努山（博罗科努山）等山区，天山中脉（主干，中天山）的乌孙山、那拉提山等山区以及新疆塔城谷地的塔尔巴哈台山、巴尔鲁克山等山地。

研究范围涉及中国新疆维吾尔自治区的伊犁地区和塔城地区所辖区域（图1-19），即新疆野苹果伊犁谷地分布区（简称“伊犁分布区”），新疆野苹果塔城谷地分布区（简称“塔城分布区”）。在中国新疆境内南北两大地理分布区之间相隔（直线距离）400～500km，由于两个较大的地理分布区南北之间差异大，因地形地貌、南北纬度、海拔、环境及气候因素的巨大差异，分别形成了差别明显和突出的分布特点（不同地理居群演化出异质化分布特征），植物群落演替呈现多元化，构成了不同的生态系统和景观，并且演化出了复杂多样的新疆野苹果居群（population），呈现出丰富多样的种下类型。

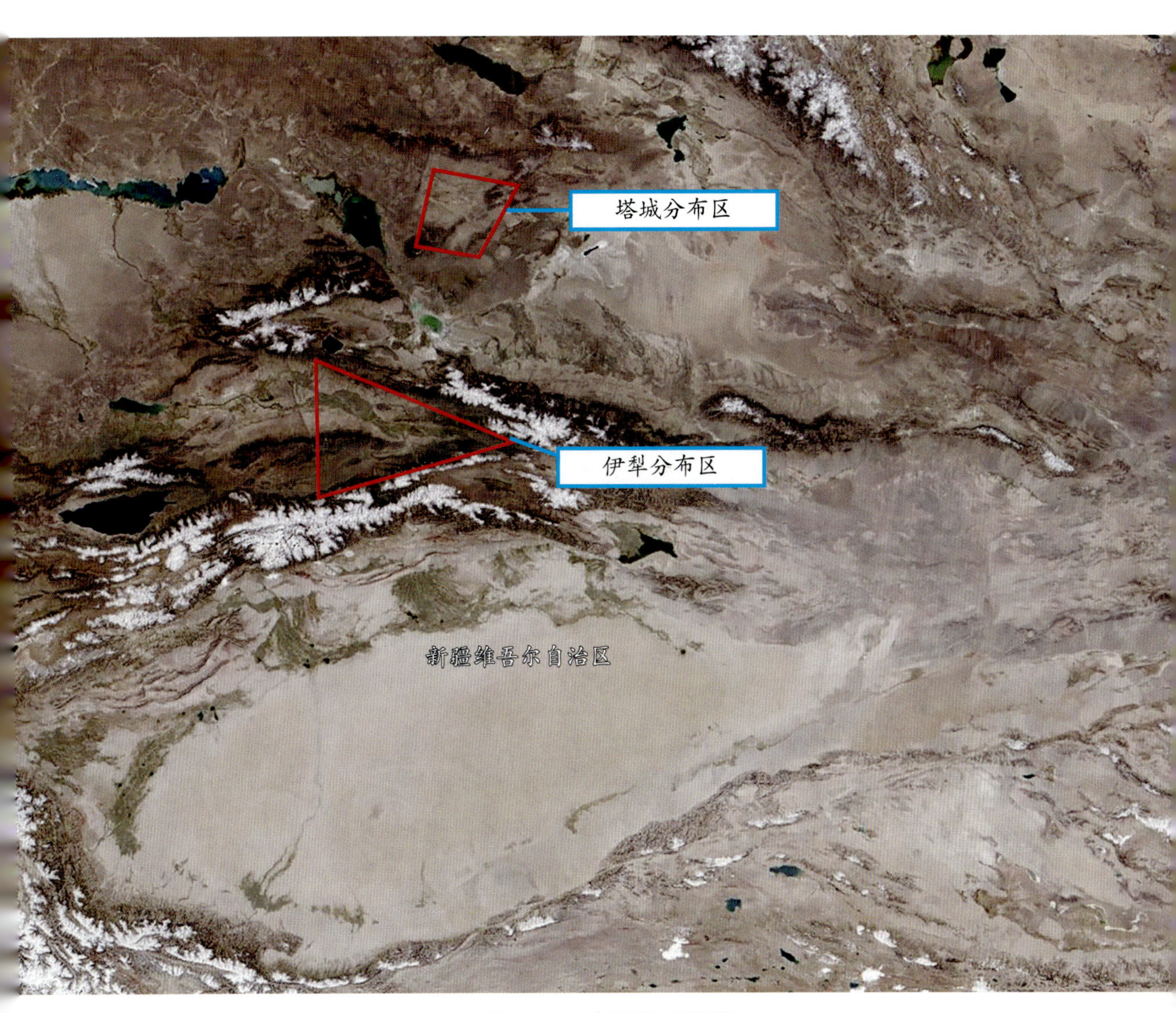

图1-19　研究区域卫星影像

1.3 研究目的与意义

由于受到人类各类经济活动的干扰，数十年以来，在野苹果林中很难见到新疆野苹果的幼树和自然更新苗，其自然繁殖的幼苗常常遭受牛羊啃食、人为干扰等破坏，幼苗及幼龄苗成活率非常低，所以造成新疆野苹果的种群自然更新困难。此外，新疆野苹果种群面临的一个巨大的威胁就是病虫害，尤其是苹果小吉丁虫（*Agrilus mali* Matsumura）的危害十分严重，造成种群面积大大缩减，其生存状况和前景令人担忧。

生物多样性是人类的共同财富，保护生物多样性更是千秋万代传承的事业。本书作者根据多年的研究结果，利用保护生物学、生态学、居群进化生物学、居群遗传多态性及分子系统学等多学科的研究技术和方法对新疆野苹果进行研究，对于阐明新疆野苹果在我国的分布格局及其特点，探讨其起源与演化和生物多样性特点，保护野生果树植物资源和永续利用，具有重要的理论价值、科学价值和实践指导意义。通过不断地研究，不仅可促进新疆珍稀植物类群的深入研究，而且对于探讨新疆野苹果（塞威氏苹果）与中国绵苹果的形成及传播之间的关系，以及与中亚等地山区分布的塞威氏苹果之间的相关性，以及塞威氏苹果的起源、演化和扩散与传播等方面具有重要的科学意义，既具有我国特色，也具有国际意义。

第 2 章 | 新疆野苹果的地位与起源

2.1 新疆野苹果的命名及分类

苹果，中国古代称为柰、林檎、蘋婆等，日语为リンゴ（林檎），拉丁语为malum，英语为apple，突厥语为alma，匈牙利语为alma。

2.1.1 苹果的分类

苹果为蔷薇科（Rosaceae）苹果亚科（Maloideae）苹果属（*Malus*）植物。有关苹果的分类，最早是1753年由瑞典生物分类学家林奈（Carl Von Linnaeus）提出来的，他将苹果划归在梨属（*Pyrus*）植物中，共记载两种：苹果（*Pyrus malus* L.）和花冠海棠（*Pyrus coronaria* L.），并对苹果划分了6个变种，如森林苹果（*Pyrus malus* var. *sylvestris* L.）等（Linnaeus C. 1753: Species Plantarum. 479～480.）。

1754年，英国植物学家米勒（Miller）将林奈定名的苹果（*Pyrus malus* L.）从梨属中独立出来，成立了苹果属（*Malus* Mill.）。1768年，Miller在该属下将野生的森林苹果定名为*Malus sylvestris*（L.）Mill.，将其中较矮的苹果类型定名为*Malus pumila* Mill.，从而奠定了苹果属植物的分类地位。Borckhausen和Roemer等学者将原属梨属的一些种转移到苹果属中，并建立了新种。

在相当长的时期内，人们一直使用（*Malus pumila* Mill.）作为普通苹果的学名。1803年，德国学者Borkhausen则定名为*Malus domestica* Borkh.，即为栽培苹果。目前，普通苹果（*Malus pumila* Mill.）与栽培苹果（*Malus domestica* Borkh.）两者都是指西洋苹果类群。苹果品种有很多，据20世纪80年代的资料报道，有记载的苹果品种有8000～10000个（陆秋农和贾定贤，1999），国外资料介绍有15000多个苹果品种。

据介绍，在距今约7000年前瑞士新石器时代湖栖人遗址中，发掘出已碳化的苹果果实和果核，其果形和体积与现今遍布各地的新疆野苹果相似。公元前3世纪，罗马人加图（Marcus Porcus Cato）曾记述7个苹果品种。其后，罗马人开始栽培，并传入中欧与北欧，乃至英国。但直至16世纪，欧洲栽培的苹果还都是小苹果（crab apple）。其后，经过英国人的改进，才逐步形成现代栽培型的苹果（apple）。17世纪，欧洲移民把栽培苹果品种传入美洲，19世纪在美洲培育了不少新品种，不久，一些优良品种又传入欧洲，日本在明治维新（1868年）时代从欧美引入苹果，随后传入亚洲，其后传入大洋洲和非洲。近100年来，苹果栽培品种遍布世界五大洲（陆秋农和贾定贤，1999）。

2.1.2 新疆野苹果的名称与命名

我国对于新疆野苹果（图2-1，图2-2）的研究起步比较晚，始于20世纪50～60年代，进入70年代后，在国内部分文献中曾出现过天山苹果、天山野苹果、吉尔吉斯苹果（*Malus kirghisorum*）等名称，仍存在名称的使用不统一、不规范等诸多问题（将在本书第11章中论述）。

图2-1 新疆野苹果（*Malus sieversii*）（伊犁谷地，2007）

图2-2 新疆野苹果单株树形（2006.8）

2.1.2.1 名称

新疆野苹果，别称塞威氏苹果（俞德浚，1979），异称赛威士苹果、塞威士苹果、天山苹果等，俗名为野苹果、天山野苹果、天山野果、野果子、果子等。突厥语：alma（阿勒玛、阿力麻）。匈牙利语：alma。俄语：алма（阿尔玛）。哈萨克语：阿勒玛（发音），别称阿力玛。维吾尔语：阿尔玛，牙瓦阿尔玛（发音）等（图2-3至图2-7）。

图2-3　新疆野苹果（*Malus sieversii*）盛花期的单花（2008.4）

图2-4　新疆野苹果初坐果

图2-5　新疆野苹果幼果1

图2-6　新疆野苹果幼果2

图2-7　新疆野苹果成熟的果实

学名：*Malus sieversii* (Ledeb.) M. Roem.（Syn. Rosifl. 216，1830; Juzep in Fl. URSS. 9:363.t.22: 2，1939；Фл. Казах. 4:404，табл. 50:3，1961；中国果树栽培学（2）320，1959；中国植物志36：383，1974；中国果树分类学98，图38，1979；新疆植物志2（2）：293，1995. ——*Pyrus sieversii* Ledeb. F1，Alt. 2:222，1830 & F1. Ross. 2:97，1844.）。

2.1.2.2 发现与命名

关于*Malus sieversii*的命名依据，苏联瓦维洛夫植物研究所学者B. B. Ponomarenko（波诺马连科）1979年发表了"有关*Malus sieversii* (Ledeb.) M. Roem.的记载"，文中详细地记述了发现这个重要物种的时间、过程和命名的依据等。18世纪末，俄国医药管理局曾经组织活动对西伯利亚植被进行考察，邀请了汉诺威的学者药剂师伊万·西维尔斯（Иван Сиверс）参加大黄属植物的野外采集和研究工作。1790—1794年，伊万·西维尔斯一行赴哈萨克斯坦东北部，考察了色楞格河河谷及其支流、奇可河河谷、塔尔巴哈台山山地及其植被（本书作者注：到达了中国新疆塔城境内）。

在考察途中，伊万·西维尔斯给他的上司帕拉司（Pallas）寄去了18封信，在信中以日记的形式描述了自己的见闻。其中，第10和第11封信的后半段的内容介绍了西维尔斯在塔尔巴哈台山考察的行程引起了我们的兴趣，在这两封信中西维尔斯介绍说，他们一行乘马车由乌斯季·卡缅诺戈尔斯克（Усть-Каменогорск）出发到塔尔巴哈台山（Тарбагатайский хребет）西侧进行考察。1793年6月19日，当他来到塔尔巴哈台山山麓的时候，他看到大片美丽但不是很高大的野苹果林，就生长在乌尔加尔河（Урджар）的河岸不远的山谷上。更令他感到震惊的是这种野苹果的果实，看起来与他所知道的梁赞苹果（рязанcктие яблоки）（梁赞为俄国中部城市，梁赞苹果应该是俄国中部的一种栽培苹果品种）相类似。他之前去西伯利亚的整个旅途中，除了小果型的山荆子（西伯利亚苹果）（*Malus baccata*）以外，未看到任何其他野生苹果。西维尔斯发现分布在塔尔巴哈台山这种野苹果的果实如鸡蛋大小，果皮呈黄色或红色，虽然它们还未成熟，却略带浓郁的醇香味，当地居民把这种野苹果称为阿尔玛（алма）。他在考察时详细记载和描述了这种野苹果的有关性状：野苹果树体多主干，高度通常1～2俄丈（2～4m，1俄丈=213cm），伞状花序，叶片呈卵圆型，附有绒毛等特点。伊万·西维尔斯在信的末尾写到根据他的判断，认为这是苹果属的一个新种。帕拉司（1796）将西维尔斯的这些旅行所见和有关记载在学术刊物上进行了发表。根据西维尔斯在考察中所搜集的资料，1830年，植物学家К.Ф.莱德鲍尔（К.Ф. Ледебур，Ledebour）对西维尔斯采集的苹果新种，在编写《阿尔泰植物志》时将西维尔斯采集的苹果新种记录和描述，纳入到梨属中，并命名为*Pyrus sieversii* Ledeb.（F1, Alt. 2:222, 1830），以表示对伊万·西维尔斯的纪念。直到1847年，廖梅尔（M. Рёмер, Roemer）将其从梨属（Pyrus）移入到苹果属（Malus），并命名为*Malus sieversii* (Ledeb.) M. Roem.。里布斯基（1903年）认为伊万·西维尔斯是第一个研究中亚东北部的植物学家。

后期，人们在研究中亚的塞威氏苹果（*Malus sieversii*）时，由于其多型性丰富的特点，赋予了多个名称（或者新种），例如*Pyrus malus* L.（Баранов，巴拉诺夫，1924），*Malus sylvestris*（L.）Borkh.（波波娃Попова，Попов波波夫，1925），*Malus pumila* Mill.（Попов，波波夫，1928—1929；Момот，莫莫特，1940），*Malus lommunis* Lam.（Вавилов，瓦维洛夫，1931），*Malus dasyphylla*

Borkh.（Викторовский维克托洛夫斯基，1935）等。国际上也曾有学者将其称为*Malus pumila*，*Malus dasyphylla* Borkh.，*Malus praecox*（Pall.）Borkh，*Malus prunifolia*（Willd.）Borkh，*Malus communis* var. *paradisiaca* subvar. *sieversii* Dippel. 或者*Pyrus pumila* var. *paradisiaca* subvar. *sieversii* Aschers. et Graebn.等多种名称，但是均未被采纳和认可。

1939年，尤祖布丘克（С. В. Юзупчук）编写《苏联植物志》时，将分布在中亚山区的这种苹果*Malus sieversii*收纳入苹果属植物之中（Ponomarenko, 1979）。

1958年，新疆八一农学院园艺学家张钊在《新疆野生苹果林的开发和利用》一文中介绍新疆有大面积的原始野苹果林，野苹果属于苹果属（*Malus*）中塞威氏苹果（*M. sieversii*），它是苹果栽培種的许多种祖先之一，呈野生状态分布于苏联中亚细亚和中国新疆的天山各支脉中（张钊，1958）。

1959年，在中国果树栽培学（第二卷）介绍我国的果树种类中记载：塞威氏苹果（*M. sieversii*）本种分布于中亚细亚和我国新疆的天山支脉，在新疆有大面积野生林，通称为新疆野苹果（中国农科院果树研究所，1959）。

1979年，中国科学院院士俞德浚在《中国果树分类学》中记载：新疆野苹果，别称塞威氏苹果（*M. sieversii* ）（俞德浚，1979）。

2.1.3 新疆野苹果的分类地位

新疆野苹果（塞威氏苹果）在分类等级上所处的分类地位见表2–1。

表2–1 新疆野苹果（塞威氏苹果）的分类地位

中文学名	新疆野苹果	科	蔷薇科
拉丁学名	*Malus sieversii* (Ledeb.) M. Roem.	亚科	苹果亚科
别称	塞威氏苹果	属	苹果属
界	植物界	种	新疆野苹果
门	被子植物门	分布区域	新疆天山山区、准噶尔西部山地以及中亚诸国天山山区
纲	双子叶植物纲	保护级别	国家二级重点保护野生植物、国际生物多样性保护物种

（续）

中文学名	新疆野苹果	科	蔷薇科
亚纲	蔷薇亚纲	海拔	850～1930m
目	蔷薇目	命名来源	Ledebour，1830
亚目	蔷薇亚目	重新定名来源	Roemer，1847

2.2 新疆野苹果的起源与历史作用

关于中亚植物区系、亚洲中部植物区系的发生和研究证明，新疆及其邻近地区既是非常古老的陆块，又有近期从海底隆升的高山和高原，在悠远的自然历史变迁中，处于一种特殊的地位。

在这漫长的过程中，印度洋的暖流经古地中海向北通过本区西缘流入北冰洋。后来，古地中海缩小，暖流中断，于是这个地区就变成了大陆的腹地，气候转凉，由湿变干。在新疆以及邻近地区，阔叶林在第三纪早期，如始新世已经大量出现并盛行于渐新世，而落叶阔叶林则完备于中新世；所以，今日的温带落叶阔叶（果树）混交林（图2-8）成分显然是第三纪的残遗或它们的衍生物（中国科学院新疆综合考察队，1978）。

图2-8 天山山地温带落叶阔叶混交林

在野苹果林的分布上限与针叶林的下限交汇，新疆野苹果与针叶树种天山云杉（*Picea schrenkiana*）（图2-9），以及其他阔叶树种白榆（*Ulmus pumila*）等共同构成针叶阔叶混交林（图2-10）。

图2-9　天山山脉分布的天山云杉（*Picea schrenkiana*）

图2-10　天山山地针叶阔叶混交林

2.2.1　起源

新疆野苹果被认为是第三纪后期植被的组成部分之一，属第三纪晚期中新世（约2000万年前）残遗下来的古老物种，与野杏（*Armeniaca vulgaris*）（图2-11）等残遗（孑遗）植物构成了种类较丰富的山地落叶阔叶野果林（图2-12），历经地质和环境变迁才得以保存至今（穆尔扎也夫 Э М 和周立三，1959；张新时，1973）。

图2-11　天山野果林（主要伴生种野杏盛花期）

图2-12　伊犁谷地山地落叶阔叶野果林（霍城大西沟，200

2.2.2　新疆野苹果与栽培苹果的关系

一个物种的起源与演化是一个比较漫长的遗传选择过程。关于现代栽培苹果的起源问题一直是分类学家、果树学家等科学家们研究的热点。苹果起源的确切时期还未定论，其起源中心亦因考究者和研究者的不同而不同。早期，科学家们对苹果起源的推测均基于苹果的农艺性状和生态特征等方面，目前，已逐步引起了国内外的关注，在今后的探索过程中，随着科学的进步，借助于分子生物学、生物信息学等高新技术和手段，有理由相信苹果的起源之谜也会随之被揭开。

苹果的历史比较久远，要追溯到史前时期。早在欧洲的瑞士湖畔考古遗迹中，发现有炭化苹果，说明苹果的起源可能是欧洲中部及亚洲西部两个原产地。而在公元前4世纪，距今2400年前，古希腊有栽培苹果品种的记载（果树志）（Ponomarenko，1987），说明苹果可能起源于欧洲的东南部。波兰考古人员于20世纪90年代在考察波兰南部的塔尔诺夫省时发现，格沃基茨地区有约7000年前遗存的苹果，这是考古人员迄今在波兰大地上发现的遗存最古老的苹果（人民日报，1998年7月14日第7版）。

苏联农学家Nikolai Ivanovich Vavilov（尼古拉·伊万诺维奇·瓦维洛夫）（1935）在对阿拉木图山区的野苹果考察后，认为中亚的野生苹果是苹果的起源之一。苏联果树专家П. Г. 希特（1956）考察研究表明：在中亚的哈萨克斯坦、吉尔吉斯斯坦和乌兹别克斯坦的山区都分布着面积较大的野生苹果林，这些野苹果与山楂、蔷薇、野杏或野胡桃等植物混交，而中国境内的天山野果林也是以野苹果、野杏等为主，因此他认为中国境内的野苹果与中亚诸国的都是同一个种，这些野苹果均为塞威氏苹果。A. M. 斯基宾斯卡娅（1959）通过农艺性状对比发现塞威氏苹果与栽培苹果“茴香”“波罗文卡”“阿波尔特”等品种的确具有很多相同或相似之处（林培钧和崔乃然，2000）。

同样，拉脱维亚大学兰格菲尔德（Langenfeld，1971）也认为中亚地区是世界苹果的起源中心。苹果在栽培改良和传播的变化过程中，进一步形成了几个次生中心。高加索是第一个次生中心，因其以栽培苹果闻名于西欧，故de Condelle等许多学者将高加索当成苹果的起源中心。与此同时，波诺马连科（Ponomareko，1991）基于形态学和地理学研究也认为中亚的塞威氏苹果（*M. sieversii.*）是西洋苹果的祖先种。塞威氏苹果演化的类型遍及欧洲的东部、中部和西部，它与高加索的野生种东方苹果（*M. orientalis*）和东欧的森林苹果（*M. sylvertris*）相互杂交，形成了丰富多彩的欧洲苹果品种，以后，传至美洲形成欧洲苹果的次生中心，再传到亚洲中国，旧称西洋苹果。因此，也有学者（Langenfeld，1991）根据生态条件对苹果演化的影响提出中亚的塞威氏苹果

［*M. sieversii* (Led.) Rom.］、高加索的东方苹果（*M. orientalis* Uglitz.）和欧洲的森林苹果［*M. sylvestris* (L.) Mill.］都是现代栽培苹果种（大苹果）（*M. domestic*a Borkh.）的祖先种的说法（李育农，2001）。

Ponomarenko认为塞威氏苹果种下类型多样，且具有丰富的形态学和生物学特征，是苹果属中特殊的苹果种，其他任何一种野生苹果都不具备。例如，天山南部吉尔吉斯斯坦塞威氏苹果的生态型达300多种，且存在大量的由基因决定的显性性状，如花青素多、绒毛发达、果味甜等；隐性性状则为色淡、味酸、绒毛少等。塞威氏苹果具有栽培苹果的所有表型和基因型，与其他的野生苹果（种）最主要的区别就是果实大，果味甜，这就是人们利用和栽培它并创造栽培品种的基础。塞威氏苹果在漫长的历史中，经过人工选择，使果味得以改善，果实增大。中亚山区自然存在的野生苹果林促使形成苹果的栽培产业，中亚（包括新疆西部山区）是苹果的初生基因中心，也就是说中亚山区就是苹果起源地。斯基宾什卡娅（Skibinshkaya）认为塞威氏苹果是苹果育种的祖先种，所以说地球上最古老的原始苹果栽培的发源地就在中亚地区（Ponomarenko，1980；李育农，2001）。

国内对新疆野苹果的研究始于20世纪50年代，当时的人民日报和新疆日报开始出现“天山野果林”的报道，随之引起了国内有关部门及研究机构的关注及重视。新疆园艺专家张钊（1959）在伊犁地区野果林调查发现新疆野苹果有10多种类型；张鹏等人（1978）搜集新疆野苹果有40种类型；林培钧，崔乃然等调查种下有84个类型（林培钧和崔乃然，2000）。国内许多学者认为中国境内的新疆野苹果与中亚的野苹果是一个种，是现代栽培苹果的祖先。李育农（2001）也认为中国苹果起源于中亚地区（包括新疆伊犁谷地）的塞威氏苹果。根据新疆野苹果的野生性状分析，认为新疆伊犁谷地应是世界苹果起源中心的范围，且该区属于初生中心，而不是次生中心（李育农，2001）。张钊（1991）和林培钧（2000）均认为天山野果林中的塞威氏苹果是苹果的原生种，是栽培苹果的祖先，中亚山区是全世界苹果最古老的起源地。林培钧还提出新疆野苹果是新疆当地驯化和选育绵苹果类型的原始材料，中国绵苹果起源于天山伊犁谷地的新疆野苹果（塞威氏苹果）。随着科学技术的不断发展，陈瑞阳等学者（1993）通过对苹果属植物的核型分析认为新疆野苹果是栽培苹果的原始种。随着分子生物学技术的应用和发展，意大利学者Riccardo Velasc于2010年在《Nature Genetic》上发表《The genome of the domesticated apple（*Malus* × *domestica* Borkh.）》完成和公布了栽培苹果（金冠）的基因组，同时通过收集多份苹果和野生苹果种质并检测23个基因的分子水平差异，证明栽培苹果基因池的形成来源于塞威氏苹果，天山山脉分布的塞威氏苹果是栽培苹果形成的第一贡献者（Riccardo Velasco，2010）。此外，维基网站介绍显示，依据形态、分子水平及历史考证，塞威氏苹果被认为是现代栽培苹果形成的主要基因贡献者。

2.2.3　历史作用及影响

在人类历史发展的进程中，受生产力发展的约束、不同历史阶段生活方式和手段的差异，与海路相比，人类利用陆路进行迁徙和交流更加频繁。由于特殊时期各国家间战争、部落战争及族群战争的影响，各种交流很难留下清晰的文字记录，但植物种植资源的交换以及后期的培育痕迹可以提供一些佐证。如在丝绸之路的发展过程中，在中国新疆、哈萨克斯坦及吉尔吉斯斯坦等国山区生长的野生果树，对西方栽培果树的起源和发展都发挥了重要的作用，促进了世界栽培果树的发展（林培钧和崔乃然，2000）。

地处丝绸之路中段的新疆，历史上是多种宗教、多种文化的汇集地，自古以来，由于颇受世界多元文化的交叉和传播，不同宗教的进退和发展，无数的民族纠纷和战争的纷扰，以及从未中断的人类贸易往来等经济活动的影响，在新疆伊犁谷地和塔城谷地历史上出现过多次民族融合、民族大迁徙事件，如早期的塞人、月氏人、匈奴人、乌孙人等民族的进退和变换，伴随有文化的影响和更替。例如，古老的突厥语现在已经消失，不断被后来者取代，但当地留下了许多古老的民族语言形成的地名，野苹果在突厥语中称为“阿里玛”，在新疆野苹果资源的分布地了解和民间调查中发现，因苹果（阿里玛）而得名的古老（旧）地名有很多，例如：①在新疆野苹果集中分布地伊犁谷地的巩留县莫合尔乡有村名“阿勒玛勒”，意为苹果多的地方（集中分布地），海拔约1200m，称为阿勒玛勒村（经纬度为N: 43°15′00″, E: 82°51′25″）；②在新源县新疆野苹果分布地不仅有乡名阿勒玛勒，称为“阿勒玛勒乡”（经纬度为N: 43°25′，E: 83°31′，海拔970m），目前已经改为阿勒玛勒镇；在新源县阿勒玛勒镇的东部另有一村庄名为阿勒玛勒，称为阿勒玛勒村（经纬度为N: 43°25′，E: 83°38′，海拔1000m）；③在察布查尔县新疆野苹果分布地也有村名阿勒玛勒，称为阿勒玛勒村，村庄附近还分布有一条阿勒玛勒河；④在伊宁市巴彦岱也有阿勒玛（特）村；⑤在塔城地区托里县新疆野苹果分布地巴尔鲁克山东部有阿勒马勒山（苹果山）；⑥托里县的阿勒马勒山附近有一村名阿勒玛勒，称为“阿勒玛勒村”；⑦巴尔鲁克山东北部（托里县）有一条“阿勒玛河”（额敏河的支流），该河流的上游的山区就是新疆野苹果的自然分布地。

在历史的长河中留下的这些与苹果（阿勒玛）有关的地名、山名、河流名、乡名、村名等，不仅证明了新疆野苹果分布地的自然存在，而且长期使用相关名称，现在也依然沿用，既表明了新疆野苹果的自然存在和价值与当地的历史、文化与社会发展是一脉相承，又显示了重要的相关性和特殊性，也证明了历史上新疆野苹果不仅在当地发挥了重要的经济和社会作用，而且对于苹果在世界范围的传播、扩散过程中发挥了重要的价值和作用，对推动栽培苹果的形成和发展等方面产生了积极的贡献和影响。

公元8世纪左右在伊犁河谷就出现了以苹果而闻名的阿力玛里（力）城，说明古代中国的西部已有大面积种植苹果的历史。公元13世纪，元代的耶律楚材的《西游录》记载："……山顶有池，周围七八十里，池南地皆林檎，树阴蓊郁，不漏日色，出阴山有阿里玛里城。西人曰林檎曰阿里玛。附郭皆林檎园，故以名。"这一记录原意为山顶（天山）有赛里木湖，其周长七八十里①，赛里木湖南侧野苹果遍地，其树木繁茂，可谓遮天蔽日，走出果子沟到了苹果城，当地人把林檎称为阿里玛。这段记录说明西域（中国西部）在13世纪时期野苹果资源的分布状况，以及当地百姓栽培和利用苹果的状况，同时也是远道而来的各路政客、商贾、将士以及文人墨客等对于当时的自然环境、物产和农业经济发展的一个真实写照，记录了地处丝绸古道的伊犁谷地苹果生产的繁荣景象，说明在全国范围内伊犁谷地是颇具规模和影响的盛产苹果的富饶之地，这也是新疆野苹果的原产区域广泛应用和生产苹果的最好的历史明证。

① 1里=500m，下同。

第3章 新疆野苹果的自然分布及其生存环境

在新疆天山山地和准噶尔西部山地局部出现的残遗性野果林，具有典型的中生落叶阔叶林的特征；它与欧亚的海洋性落叶阔叶林一样，都是第三纪北半球温带阔叶林（吐尔盖型）的后裔，而且含有许多共同的成分。野果林（图3-1）是原生的森林植物群落，虽能在山地构成垂直带，但分布地区和区域却十分有限。

图3-1　天山山区新疆野苹果（伊犁谷地新源居群，2013）

3.1 分布概况

新疆以天山为界，南北疆气候差异明显。由于常年受西风气流的影响，加之地形复杂等条件决定了新疆的山地具有湿润条件较好的特点，山区复杂多样的气候特点决定了新疆野苹果的地理分布格局。

在新疆境内，新疆野苹果（塞威氏苹果）的自然分布从南至北的纬度跨度较大，从伊犁地区的天山山区到塔城地区的塔尔巴哈台山（图3-2）、巴尔鲁克山等山地，两个不同的地理分布区位于不同的山系，相距甚远。由于伊犁谷地新疆野苹果分布区所处的天山山区与准噶尔西部山地新疆野苹果分布区的塔尔巴哈台山、巴尔鲁克山等山地并非接壤，在两分布区之间被隶属博尔塔拉自治州的山地荒漠区域和高山地带所隔断，相距数百公里，明显形成了各种不同类型的群落。

南北两个区域自然条件差异很大，野苹果林在带谱中的位置，居于低山草原带与针叶林之间，主要分布在阴坡或半阴坡，分布的幅度与范围因分布的地域、山体、地形地貌、气候条件以及降水的变化而异，分布带的宽度、大小也不同。其中，伊犁谷地的巩留县的库尔德宁野果林和新源县交（吾）托海（以下简称“交托海”）野果林是伊犁谷地天山野果林集中分布、面积最大的分布区。野苹果林分布在海拔900～1930m的山地，大面积和集中分布在海拔1000～1700m的山地。因为气候条件不同，环境差异大，不同分布区的新疆野苹果生长发育时期、生长速度、抗寒性及早熟性等生理生态特性也表现出较大的差异。并且因环境地

图3-2　塔尔巴哈台山分布的新疆野苹果林（额敏居群，2012）

理分布所限，每年赴实地开展考察、观测和取样各项工作的难度极大。

下面从水平分布和垂直分布对野苹果分布概况进行介绍。

3.1.1　水平分布

新疆野苹果（塞威氏苹果）的自然分布区主要位于中国新疆伊犁河谷南北两侧的天山山区和新疆塔城地区的塔尔巴哈台山、巴尔鲁克山等山地，在中亚的外伊犁阿拉套山脉、准噶尔阿拉套山脉、费尔干纳山脉、塔拉斯阿拉套山脉和楚特卡尔山脉（哈萨克斯坦、吉尔吉斯斯坦、塔吉克斯坦、乌兹别克斯坦、土库曼斯坦）等地的山区也有分布。

在新疆境内，新疆野苹果的自然分布从南至北的纬度跨越较大，在新疆天山伊犁谷地南北两侧的山区与塔城地区的塔尔巴哈台山、巴尔鲁克山等山地范围呈现不连续分布（图3-3），形成了南北两大地理分布区：伊犁谷地分布区（伊犁分布区）和塔城谷地分布区（塔城分布区）。

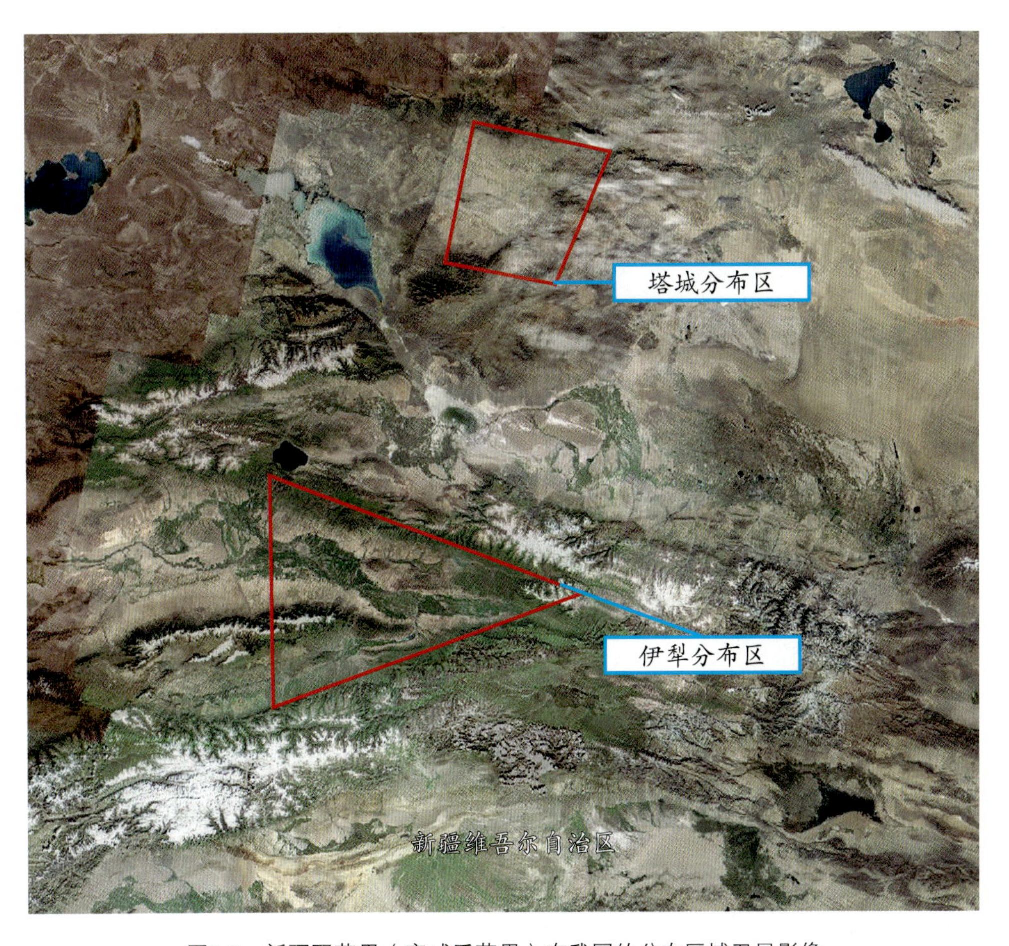

图3-3　新疆野苹果（塞威氏苹果）在我国的分布区域卫星影像

伊犁谷地分布区和塔城谷地分布区之间被新疆博尔塔拉自治州所属的山地及荒漠地带所隔断，两大地理分布区相距为400～500km，南北纬度不同，热量资源分布差异很大，新疆野苹果的形成、发展和分化具有较大差异，并演化出多种不同类型的群落和附加特征。

3.1.1.1 塔城谷地分布区（塔城分布区）

新疆野苹果塔城分布区主要由两个三级分布区组成，分别是额敏分布区（居群）和托里分布区（居群），两个分布区相距50～60km（图3-4）。三级分布区之下依据地名划分为多个居群，如额敏的磨盘沟居群、狗熊沟居群、蜜蜂沟居群，托里的头道沟居群、二道沟居群、三道沟居群等，归类为四级分布区（表3-1）。此外在裕民县巴旦杏保护区（巴尔鲁克山西侧）一带的山地也有新疆野苹果的零星分布。

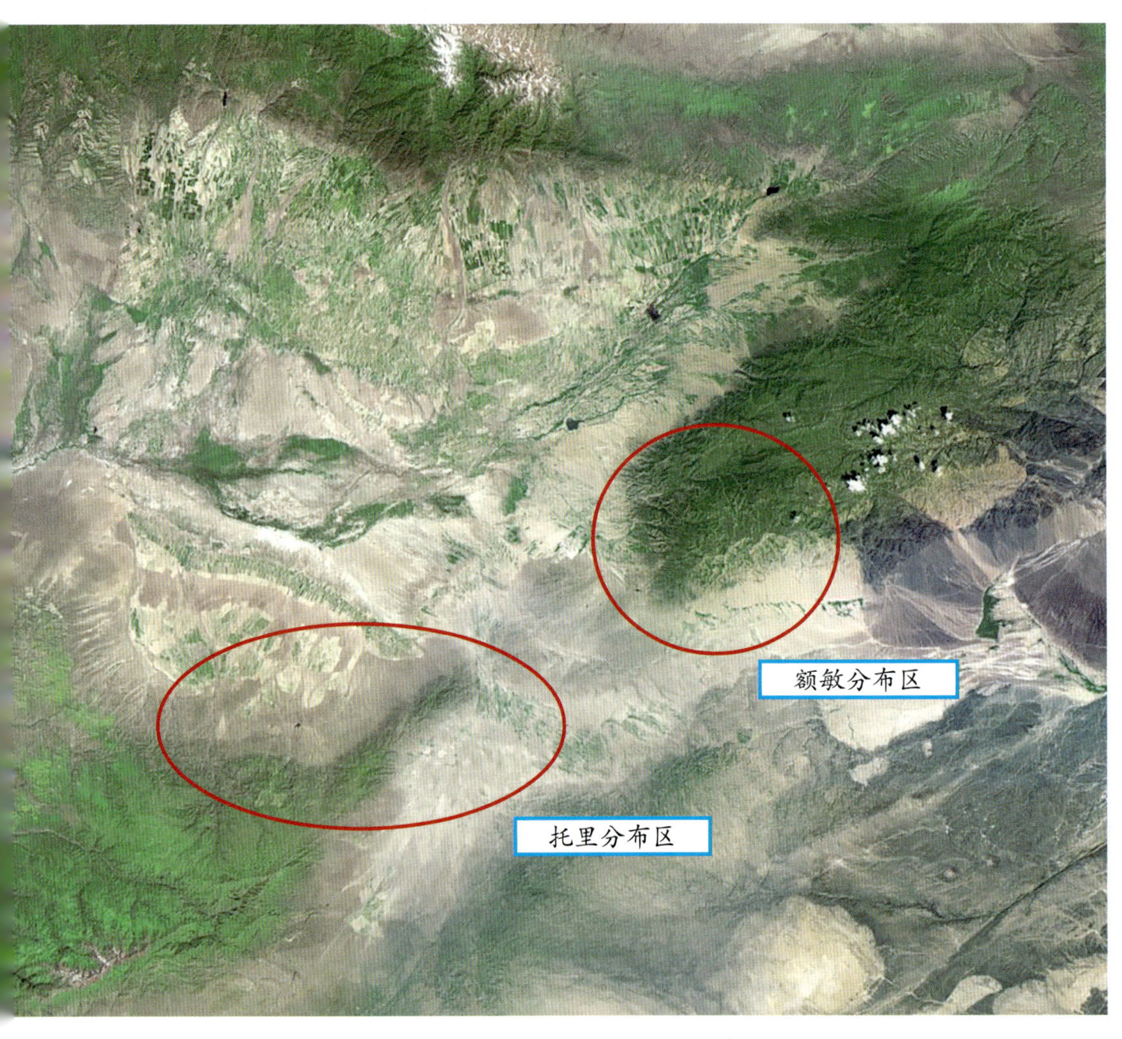

图3-4　新疆野苹果塔城分布区卫星影像

表3-1 塔城分布区新疆野苹果分布地及居群划分

二级分布区	三级分布区	四级分布区（居群）	行政区域	居群编号	海拔（m）
塔城分布区	额敏分布区（居群）	磨盘沟居群 狗熊沟居群 蜜蜂沟居群	塔城额敏县	EY	1000～1480
	托里分布区（居群）	头道沟居群 二道沟居群 三道沟居群	塔城托里县	TY	960～1300

该区分布于塔城地区的塔尔巴哈台山（东端）西南麓、巴尔鲁克山东侧山地，是新疆野苹果在我国分布的最北端；年降水量较少，气候干旱，年平均气温和冬季极端气温低。由于玛依塔斯正处于塔尔巴哈台山和巴尔鲁克山两座山脉之间的风口地段，这一带就是中国有名的分区——老风口，因此严重影响山地植物的发育生长，新疆野苹果植株生长速度较慢，树体矮小，通常树高为3～7m（图3-5）。

图3-5 寒冷山地分布的单株

3.1.1.2 伊犁谷地分布区（伊犁分布区）

伊犁分布区位于天山中国新疆的伊犁谷地，是新疆野苹果分布区域广、分布面积大的区域。新疆野苹果分布于伊犁河河谷南北两侧的中低山区，由于在部分区域呈现集中分布，所以形成了著名的天山野果林，新疆野苹果是主要建群种，也称为天山野苹果林。新疆伊犁谷地开口向西，形成一个横向“V”字形，可以迎接来自西部的暖湿气流，气候条件适宜。

依据地理位置的不同，该区又分成多个三级分布区（图3-6），分别是霍城分布区、伊宁县分布区、新源分布区、巩留分布区以及昭苏分布区等。在若干三级分布区之内又依据地名划分为多个四级分布区（居群），详见表3-2。

表3-2　伊犁谷地分布区新疆野苹果的分布地及居群划分

二级分布区	三级分布区	四级分布区	行政区域	居群编号	海拔（m）
伊犁谷地分布区	霍城分布区	大西沟居群 小西沟居群 果子沟居群 大东沟居群 小东沟居群	伊犁霍城县	DY	1100～1650
	伊宁市分布区	匹里青居群	伊犁伊宁市	PY	1100～1400
	伊宁县分布区	吉尔格朗沟居群	伊犁伊宁县	JY	1000～1500
	新源分布区	交托海居群	伊犁新源县	XY	1100～1600
		那拉提居群	伊犁新源县	NY	1300～1600
		古树分布区（新源平台居群）	伊犁新源县	Y	1000～1930
		野苹果“树王”	伊犁新源县	WY	1930
	巩留分布区	莫合尔居群 库尔德宁居群 八连居群	伊犁巩留县	GY	1200～1650
	昭苏分布区	昭苏分布点	伊犁昭苏县	ZY	1650

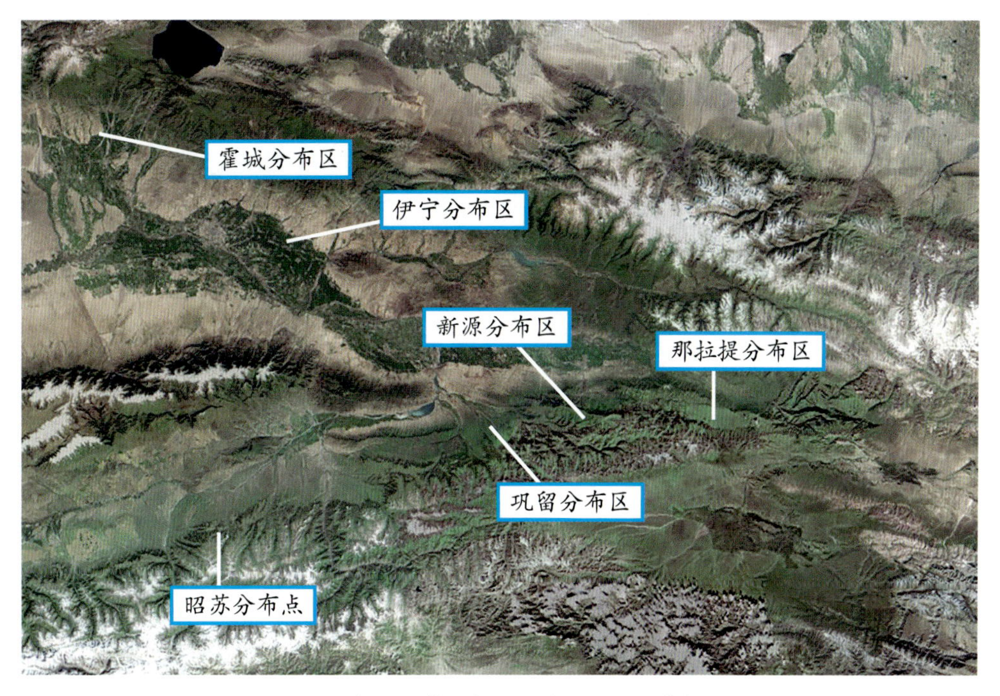

图3-6　新疆野苹果伊犁分布区卫星影像标示

新疆野苹果除在巩留县莫合尔（库尔德宁）、新源县交托海、霍城大西沟等地集中且呈带状分布外，其他山区则多为小面积分布。

霍城分布区的新疆野苹果主要分布在天山山脉的科古琴山南坡，霍城大西沟居群（种群）位于新疆境内新疆野苹果分布的最西端；新源分布区的那拉提居群（种群），位于新疆境内新疆野苹果分布的最东端，同时也是塞威氏苹果在世界范围分布的最东端（界），自东向西，那拉提居群与霍城大西沟居群相距约300km。属于新源分布区范围内的新疆野苹果“树王”，海拔分布最高限1930m。

昭苏分布点是境内新疆野苹果分布的南端，在伊犁谷地范围内的不同的新疆野苹果分布区之间，距离遥远，涉及区域广大，在8县1市均有分布，从南端的昭苏分布点到北部的伊宁县吉尔格朗沟居群相距约200km。从新疆野苹果最北端的额敏分布区到南端的昭苏分布点相距600～800km。

3.1.1.3 新疆野苹果分布面积

20世纪50年代：张钊（1959）估计伊犁谷地原始野苹果林面积18万亩①，（12,000hm^2）。

1959年，新疆维吾尔自治区北疆果树资源调查队的调查报告统计结果显示

① 1亩= $^1/_{15}$hm^2，下同。

（表3-3），伊犁谷地野苹果林分布面积8786 hm^2（林培钧和崔乃然，2000）。

表3-3　伊犁地区野苹果林面积统计（林培钧和崔乃然，2000）

区域	新疆野苹果面积（hm^2）
新源县	4186
巩留县	3750
霍城县	630
伊宁县	220
伊犁地区（合计）	8786

张钊（1982）分析认为，新疆山地野果林面积约14万亩。

根据1989年新疆塔城地区国土资源的统计，塔城地区山区新疆野苹果的分布面积约为980hm^2（塔城地区国土整治农业区划办，1991；阎国荣，1999）。

20世纪50年代至70年代，由于法律法规不健全，受人们各种经济活动如农业开发、过度放牧以及毁林开荒等活动的影响，原始野果林的风貌已不存在，野果林生态环境被破坏、新疆野苹果种群数量下降、分布区域和面积急剧缩小等现象严重（阎国荣，1998，1999）。经过与有关部门了解、调查和民间调查等，研究人员分析认为伊犁谷地新疆野苹果分布面积下降了20%～30%，例如，在巩留分布区和新源分布区受人类的开发活动等影响，新疆野苹果分布面积缩减现象尤为凸显。

3.1.2　垂直分布

根据资料介绍，新疆野苹果的垂直分布下限在海拔1000m左右，上限为海拔1850m（林培钧和崔乃然，2000）。经过作者多年的野外调查发现，新疆野苹果的分布下限在海拔900m左右（图3-7），位于塔城托里居群；上限最高可达海拔1930m（图3-8），位于新源野苹果古树区；集中分布在海拔1000～1500m的山地（表3-4）。

按照各个不同新疆野苹果居群的特点和生境，根据纬度排列，由北向南依次为塔城分布区（额敏居群，托里居群）、伊犁分布区（大西沟居群、吉尔格朗沟居群、交托海居群、那拉提居群、莫合尔居群、昭苏分布点）。

图3-7　新疆野苹果分布最低限，海拔920m（塔城托里居群）

图3-8　新疆野苹果分布最高限，海拔1930m处野苹果“树王”（伊犁新源居群，2007.8）

表3-4　新疆山地新疆野苹果分布调查

序号	地点	行政区域	位置	海拔（m）
1	额敏居群	塔城额敏县	N：46°21′04″ E：83°58′37″	1000～1480
2	托里居群	塔城托里县	N：46°08′31″ E：83°32′40″	960～1300
3	大西沟居群	伊犁霍城县	N：44°25′39″ E：80°47′18″	1100～1650
4	吉尔格朗沟居群	伊犁伊宁县	N：44°06′22″ E：81°36′49″	1000～1500
5	交托海居群	伊犁新源县	N：43°16′59″ E：84°01′09″	1100～1600
6	那拉提居群	伊犁新源县	N：43°18′27″ E：84°06′31″	1300～1600
7	莫合尔居群	伊犁巩留县	N：43°15′22″ E：82°52′58″	1000～1930
8	昭苏分布点	伊犁昭苏县	N：42°53′11″ E：81°20′28″	1650

3.2　新疆野苹果塔城分布区及其生态环境分析

新疆野苹果塔城分布区主要分布在塔城谷地的东侧和南侧，由额敏分布区（居群）和托里分布区（居群）构成。

3.2.1　额敏分布区

额敏分布区（居群）是塔城谷地新疆野苹果主要分布区之一，位于塔尔巴哈台山脉东南部的乌日可下（夏）山西南麓低山带，称为额敏野苹果林或额敏野果林，又称为额敏居群（种群）(图3-9)。该分布区距离西侧的塔城市约100km。

额敏分布区（居群）的新疆野苹果分布在海拔900～1600m的低山带的若干条深度较浅的沟里。依据当地的地名划分为具体的新疆野苹果居群，分别为磨盘沟居群、蜜蜂沟居群、狗熊沟居群等。额敏分布区的新疆野苹果呈块状或条状不连续分布，主要集中在海拔1000～1480m，构成了面积较大的新疆野苹果额敏居群（种群)。此外，在其周边一带以及塔尔巴哈台山南麓仍有新疆野苹果零星分布。

图3-9和图3-10显示额敏野果林的中心地带，是塔城分布区内新疆野苹果分布比较集中的区域。

图3-9　新疆野苹果额敏居群（2012.5）

图3-10　新疆野苹果额敏居群（塔尔巴哈台山，2016.7）

3.2.2 托里分布区

托里分布区是塔城谷地分布区的第二大分布区，位于巴尔鲁克山东北端阿勒玛勒山低山带阿勒马（玛）河玉里克沟一带，被称为老风口野苹果林或老风口野果林，又称为托里居群（种群）。该分布区位于塔城市东南方，距离塔城市约100km。

该分布区所在的阿勒玛勒山山区有数条深度较浅的沟，在当地被称为头道沟、二道沟、三道沟等，因此根据地名又划分为较小的四级分布区，即头道沟居群、二道沟居群、三道沟居群等。分布高度范围为海拔900～1300m。由于这些地方气候条件适宜，新疆野苹果退缩在沟底、阴坡及半阴坡一带，呈现线状及小斑块分布特点（图3-11），呈不连续或者点片零星分布，分布区域和面积有限。

图3-11　托里居群

新疆野苹果与阳坡和半阳坡分布的野生巴旦杏（野扁桃）、红果山楂（*Crataegus sanguinea*）和金丝桃叶绣线菊（*Spiraea hypericifolia*）等植物构成了稀疏的混交林（图3-12）。此外，在野生巴旦杏保护区也有新疆野苹果的分布。

图3-12　托里居群（巴尔鲁克山）新疆野苹果与红果山楂、野生巴旦杏混交林

托里野果林位于塔尔巴哈台山东段乌日可夏山南麓坡段，呈小块不连续分布，植物组成简单，分布面积小，新疆野苹果数量有限，无野杏分布，以灌木草原为主，由不完整植物垂直带组成。分布区自然条件严酷恶劣，多石（砾）质山坡，土层较薄，土壤为灰钙土，年降水量300～400mm，冬季气温极低，可达−30℃左右，极端低温可达−40℃。由于处于山地地形缘故，属于常年多风地带，所以，该区的新疆野苹果植株长势较弱，株高3～9m，但植株抗寒性表现突出（图3-13）。

图3-13　新疆野苹果托里居群

在塔尔巴哈台山脉和巴尔鲁克山一带分布有较大面积的第三纪孑遗物种——野生巴旦杏（野扁桃），分布面积在900～1200hm²（塔城地区国土资源区划，1991）。1980年，经新疆维吾尔自治区政府批准，在裕民县所属的巴尔鲁克山西侧野生巴旦杏集中分布地建立“野生巴旦杏自然保护区”。2014年12月23日，经国务院批准发布，将位于裕民县、托里县巴尔鲁克山的“野生巴旦杏自然保护区（省级）”升级为“巴尔鲁克山国家级自然保护区”，将新疆野苹果也列为主要保护对象。

托里野果林（巴尔鲁克山东北部低山带阿勒马（玛）河玉里克沟）分布有新疆野苹果，与野生巴旦杏等乔木形成稀疏的混交林。此外，在塔城市北侧的曲坎山（塔尔巴哈台山）乌拉斯台一带的山地以及中国和哈萨克斯坦交界的低山带等地也分布有野生巴旦杏，分布面积有300～500hm²，并且该区域也有新疆野苹果零星分布（塔城地区国土资源区划，1991）。

3.3　新疆野苹果伊犁分布区及其生态环境分析

伊犁分布区是新疆野苹果代表性分布区，主要有霍城分布区、伊宁分布区（含伊宁市和伊宁县）、新源分布区、巩留分布区，以及零星分布的察布查尔、特克斯和昭苏分布点等。

3.3.1　霍城分布区

伊犁谷地分布区之一为霍城分布区，该分布区位于天山山脉北天山的科古（尔）琴山南坡一带，又称霍城居群（种群）。在海拔1000～1650m的山地均有新疆野苹果的分布，自东向西排列的果子沟、大东沟、小东沟、小西沟、大西沟、艾木尔赛义和乌拉斯台等山沟或坡地均有不连续分布或零星的分布。因此，在霍城分布区内又划分为果子沟、大东沟、小东沟、小西沟（图3-14）、大西沟（图3-15）以及艾木尔赛义和乌拉斯台等小居群。

图3-14　霍城小西沟居群生境——干旱半阴坡（2017.5）

图3-15　霍城大西沟居群景观

霍城分布区地处科古尔琴山南麓，地处较干旱的阳坡，黄土层较薄，野果林在山沟或坡地呈不连续分布或零星分布，新疆野苹果只占野果林面积的2%～30%。

霍城分布区内最有代表性的就是霍城大西沟居群（种群），它是新疆野苹果在我国新疆分布的最西端的居群之一。霍城大西沟居群位于N：44°25′39″，E：80°47′15″，海拔1170m，热量资源较为丰富，生境较为干旱，林下土壤属灰钙土，黄土土层较浅，年降水量较少，在300～400mm（图3-16）。在大西沟中部、大西沟河的东西两侧的阴坡及半阴坡与野杏、准噶尔山楂、阿勒泰山楂等乔木以及黑果小檗等灌木植物形成混交林，呈现连续或不连续片状分布，而在半阳坡、半阴坡以耐干旱的野杏为主，新疆野苹果仅有零散分布。

图3-16　大西沟新疆野苹果居群阳坡的生境

3.3.2　伊宁县分布区

伊犁谷地分布区之二为伊宁县分布区，又称伊宁县吉尔格朗沟居群（种群），地处科古尔琴山东部前山带南麓，位于伊宁县吉尔格朗沟的中部、后部，山地切割较深，坡度30°~40°。该分布区林下黄土层较薄、林下土壤属灰钙土，生境较为干旱，年降水量在200~300mm。新疆野苹果仅在沟底有零星分布，而在阳坡、半阳坡，以及干旱的阳坡有较多野杏分布，新疆野苹果和野杏的垂直分布范围在海拔1000~1500m（图3-17）。

图3-17　伊宁县吉尔格朗沟新疆野苹果居群的生境

3.3.3　新源分布区

新源分布区分布在那拉特山北麓的前山地带，新疆野苹果集中分布在阴坡、半阴坡或半阳坡。新源分布区环境适宜，是新疆野苹果在中国境内分布面积较大的地区之一。该分布区根据地理位置又分为3个四级分布区，即新源交托海居群、那拉提居群、古树分布区（新源平台居群）。其中，新源县交托海野果林是伊犁谷地天山野果林集中分布、面积最大的分布区，野苹果林分布在海拔900~1930m的山地，集中分布在海拔1000~1700m山地。

3.3.3.1 新源交托海居群

在伊犁谷地东部分布有新源县交托海居群，位于新源县城东南侧，相距约50km的那拉特山北麓的前山地带交托海一带。其主要位于N：43°22′47.86″，

E：83°34′43.88″，海拔1288m；新源交托海居群（种群）作为新疆野苹果新源分布区之一，集中分布在阴坡、半阴坡或半阳坡。该居群新疆野苹果的垂直分布海拔900～1700m，集中分布带为1300～1500m（图3-18）。林下具有较深厚的黄土层和黄土母质，土壤属栗钙土和灰钙土，具有较深厚的黄土层，年降水量可达700～900mm。

据前人的研究显示，该区由新疆野苹果、野杏（*Armeniaca vulgaris*）、红果山楂、栒子（*Cotoneaster* spp.）、蔷薇（*Rosa* spp.）、黑果小檗（*Berberis heteropota*）和密叶杨（*Populus talassica*）、欧洲山杨（*Populus tremula*）、伊犁柳（*Salix iliensis*）、天山桦（*Betula tianschanica*）等植物组成的落叶阔叶混交林。交托海野果林茂密之处郁闭度可以达到0.5～0.7，其自然野果林生长状态非常茂盛（张钊，1958）。

20世纪50年代末至60年代中期，受大规模的开发利用活动的影响（其影响和变迁在第10章介绍），野果林林分结构变得比较单一，由新疆野苹果、野杏等组成（图3-18，图3-19）。由于地理位置特殊，该地区降水量充沛，这种温和的气候条件为新疆野苹果林生存和演化提供了重要的基础。

图3-18 新疆野苹果新源交托海居群（2011.4）

图3-19　伊犁谷地东部新疆野苹果新源居群景观

根据新源县气象站（海拔870m）的记录，该地年平均气温8.5℃，25年平均降水量为479mm，最大年降水量可达600～750mm，≥10℃积温3165℃。20世纪90年代初，伊犁地区园艺研究所林培钧、许正等完成了国家自然科学基金项目“伊犁野果林综合研究”，并在新疆野苹果集中分布地带（野果林改良场）建立了长期的野外观测站——新源野生果树资源圃（图3-19，图3-20），海拔1320～1500m，为以后的研究打下了良好的基础，野果林分布于海拔1200～1600m山地，根据作者在位于海拔1320m的野果林实际观测（1997.7～1998.7），年降水量接近900～1000mm（阎国荣，1999）。

位于巩乃斯河上中游的中国科学院新疆地理所天山积雪站的气象记录显示，此处最大年降水量达到了1140mm。随着山地海拔的上升，降水也在增加，新源交托海野果林位于天山伊犁谷地山区最大降水地带，有利于新疆野苹果的生长、发育、繁衍和生存。由于降水和温带适宜，生长茂盛，树体高大，株高多

在3～12m，百年树龄的大树较多，构成风景独特的野果林（林培钧和崔乃然，2000）（图3-21）。

图3-20　新源交托海居群俯视

图3-21　新源交托海居群分布（新源分布区之一，1996）

3.3.3.2 那拉提居群（种群）

新源分布区之二为那拉提居群（种群），该分布区位于伊犁谷地的东端，是新疆野苹果（塞威氏苹果）在我国分布的最东端，也是塞威氏苹果在世界范围内分布的最东端。那拉提居群的新疆野苹果分布于巩乃斯河中上游的河岸南北两侧的台地以及那拉特山北麓的前山地带，呈零星分布（图3-22），新疆野苹果与灰杨、山楂、黑果小檗等乔灌木组成稀疏的混交林，分布地生长条件较好，水分充足，河岸冲击沉淀，土壤层较厚（栗钙土土壤类型）。

图3-22　那拉提居群的新疆野苹果

那拉提分布区（图3-23）地形特殊，位于伊犁谷地谷底区域，那拉提居群分布于N: 43°18′28″，E: 84°06′32″，海拔较高，分布范围为1300～1600m。全年降水最为丰富，降水量多的年份可达900～1000mm。

那拉提居群分布高度范围为1400～1600m；在巩乃斯河谷河漫滩及前山半阴坡呈现零散不连续分布，该区位于那拉提风景区的大范畴，呈现零星分布状态，其中，40～80年树龄的新疆野苹果成年大树较多（图3-23）。该区域属于人类经济活动较频繁地带，因常年放牧活动的影响，野苹果幼树和小苗不断遭到牛羊啃食，难以发现自然更新幼苗和幼树，新疆野苹果种群结构不合理，大树数量占比高，不利于种群更新。由于海拔较高，降水最为丰富，冬季降雪较大，气温较低，通常此处的新疆野苹果开花较新疆野苹果新源交托海居群晚3～5天，生长发育期相对较短，缩短5～10天。

图3-23　那拉提居群定点树盛花期（地上落有新疆野苹果花瓣雨）

3.3.3.3 古树分布区

根据多年的调查，在伊犁谷地新源县哈拉布拉乡奇巴尔阿哈西村所属的山地一带分布有大量的新疆野苹果古树（树龄100～300年），位于N：43°15′，E：82°51′，分布高度范围为海拔1200～1430m；在阴坡及半阴坡呈现连续片状分布；

不仅如此，在周边海拔高度范围为1400～1930m的中低山地上，仍然分布有许多新疆野苹果大树和古树，这一个区域被称为新疆野苹果古树分布区（图3-24）。

古树分布区在那拉提（特）山的北麓，吉尔格朗河北侧台地之上，新疆野苹果林下土壤为发育较好的灰钙土，土层较厚，2～3m，十分有利于新疆野苹果的生长发育和繁衍。该分布区是新疆山地野果林分布最集中，密度高，植物种类多，生物多样性最丰富的核心区域的一部分。

一般来说，栽培苹果树的寿命一般为70～100年，有的可达100多年，这里说明的是栽培苹果树的经济寿命，其生（生理）寿命应该在100～150年，甚至更长。在这个新疆野苹果古树分布区内分布有大量的树龄在100～300年的古树，这些古树仍然具有顽强的生命力，并且生长发育较好，均可以正常开花、结实（图3-25，图3-26）。

图3-24　古树分布区一角的俯视图（新源分布区之三）

经过调查，在天山山脉的那拉特（提）山新源县南部的塔巴斯山区（伊犁新源县哈拉布拉镇萨哈村沃尔托托山上），新疆伊犁谷地山区新疆野苹果古树分布区范围内，位于N：43°16′，E：82°57′，海拔1930m的阳坡，分布有一株新疆野苹果巨大古树，树龄约600年，无明显的主干，从基部分出5个巨大的枝干，至今仍可结实。由于海拔分布高，仅存留有一株树龄最古老的新疆野苹果古树（图3-26至图3-28），在国内外十分罕见，也非常珍稀，因此我们称其为新疆野苹果“树王”（阎国荣，2001，2008）。

图3-25　古树分布区的新疆野苹果开放的花朵

图3-26　新疆野苹果“树王”开花

图3-27　新疆野苹果“树王”（2007.8）

图3-28　新疆野苹果“树王”（2007.8）

3.3.4　巩留分布区（莫合尔分布区）

巩留分布区也是新疆野苹果最主要和最重要的分布区，该分布区位于N: 43°10′15.86″，E: 82°48′53.21″。新疆野苹果在该分布区主要集中分布于莫合尔的吉尔格朗河南北两侧山地以及大莫合尔沟、小莫合尔沟前山地带，东西走向，在阴坡及半阴坡呈现连续片状分布或零散分布（图3-29），以及沿吉尔格郎河南侧在阴坡及半阴坡呈现连续片状分布或零散分布。随海拔增高沿吉尔格郎河北侧（行政区域为新源县）山地阳坡及半阳坡呈现连续片状分布或零散分布，分布高度范围为900～1930m，该分布区林下土壤为灰钙土，年降水量为400～600mm。

新疆野苹果巩留分布区之一（莫合尔居群）位于N：43°10′15.86″，E：82°48′53.21″，海拔1518m；分布高度范围为900～1930m；在阴坡及半阴坡呈现连续片状分布或零散分布（图3-30，图3-31）。

图3-29　巩留库尔德宁新疆野苹果分布区

图3-30　新疆野苹果巩留莫合尔居群之一

图3-31　新疆野苹果巩留莫合尔居群之二

3.3.5　昭苏分布点

昭苏县位于伊犁地区南部，新疆野苹果昭苏分布点位于伊犁昭苏县萨尔阔步乡的东北侧山区，该分布点仅有少数几株新疆野苹果留存（图3-32），与20世纪90年代的调查相比，数量减少，而且生存状况堪忧，具体位置位于N：81°20′28″，E：42°53′11″，海拔1650m。

根据多年对比调查生境和分析，新疆野苹果昭苏分布点为已知的新疆野苹果（塞威氏苹果）中国新疆分布区的分布最南端。在该分布点，新疆野苹果仅有零星分布（图3-33）。

图3-32　新疆野苹果昭苏分布点生境

图3-33　昭苏分布点情况调查，仅存留个别新疆野苹果单株

3.4　新疆野苹果林典型特征及分析

新疆地域辽阔、地形地貌复杂多样。横亘于新疆中部的天山山脉，因其山体高大，分布面积广，地形、生态环境条件及气候多样，决定了天山山脉植被类型的复杂性，构成了较为复杂多样的新疆野苹果林体系及组成。

3.4.1　新疆野苹果林类型及地位

在中国的主要植被类型中，新疆野苹果林属于落叶阔叶林（中国植被编辑委员会，1995），其植物生态类型按水分因素划分为中旱生植物类型。

根据新疆维吾尔自治区气候资料（1951—1962年），将塔城谷地的塔城市、和布克赛尔县，伊犁谷地的伊宁市、新源县等地的气象站热量资源记录分析统计见表3-5。

表3-5　塔城谷地和伊犁谷地新疆野苹果林区有关市、县气象站热量资源调查信息

指标	塔城（塔城市） 9年（1953—1962）	和布克赛尔县 9年（1953—1962）	伊宁市 11年（1952—1962）	新源县 7年（1956—1962）
年平均气温	5.5℃ （4.5～7.4℃）	2.7℃ （1.5～4.2℃）	8.1℃ （7.7～9.3℃）	7.2℃ （6.2～9.3℃）
1月平均气温	−13.5℃	−7.2℃	−10.1℃	−9.8℃

（续）

指标	塔城（塔城市）9年（1953—1962）	和布克赛尔县 9年（1953—1962）	伊宁市 11年（1952—1962）	新源县 7年（1956—1962）
7月平均气温	21.7℃	22.0℃	22.6℃	20.4℃
平均年较差	35.2℃	33.7℃	32.7℃	30.2℃
极端最低气温	−37.5℃（1956年，1月5日）	−33.4℃（1955年，1月3日）	−37.2℃（1952年，12月1日）	−34.7℃（1956年，1月6日）
极端最高气温	39.2℃（1954年，8月2日）	33.9℃（1953年，7月23日）	37.4℃（1952年，7月14日）	37.5℃（1961年，8月9日）
≥10℃积温	2500～3080℃	1700～2585℃	2775～3355℃	2036～3088℃

根据中国植被分类的原则，新疆野苹果林属于北温带森林的组成部分。按热量资源划分的植物生态类型有中温植物（≥10℃积温3200～4000℃，最冷月平均气温−10～0℃）和微温植物（≥10℃积温1600～3200℃，最冷月平均气温−30～−10℃）。由表3-5得知，塔城地区的野果林属于微温植物类型，伊犁谷地的野果林属于中温植物类型。

中国植被分类系统和各级分类单位的划分标准中，将全国植被分为10个植被型组29个植被型，新疆野苹果林被列为阔叶林，分属落叶阔叶林（Ⅵ），典型落叶阔叶林。塔城野苹果林属于塔城谷地东侧山地落叶阔叶林区（Ⅶ.Ai-2），伊犁野苹果林属于伊犁谷地（伊犁河上游）南北两侧山地落叶阔叶林区（Ⅶ.Ai-4）（中国植被编辑委员会，1980）。新疆山地野苹果林区（VII.Ai-2、Ⅶ.Ai-4），由于干旱环境所致，低山带具有荒漠化特征，植物以山地草原占有优势，山地森林与草甸退化、发育微弱特点明显，山地植被带谱的旱生性较强，反映出野苹果林结构与植被类型相适应的特征。

3.4.2 新疆野苹果分布类型及区域特征

新疆地处于中亚和亚洲中部的交界地带，本区植物在植物地理方面意义特殊，属中亚范畴的伊犁谷地，为中亚植物区系的一部分；塔城谷地属于亚洲中部范畴，二者均不属于荒漠区域气候，具有其特殊性（穆尔扎也夫Э М 和周立三，1959；李世英，1961；中国科学院新疆综合考察队，1987）。

研究表明，新疆在地貌上呈现比较复杂的结构，形成了巨大山体与广阔的山间盆地的组合，这种地形极其明显地影响了新疆野苹果林的分布。新疆野苹果（塞威氏苹果）的自然分布区位于新疆准噶尔西部山地的塔城谷地东侧山区和天山山区新疆伊犁谷地的南北两侧的中低山区。

研究团队在近20年的时间内，对我国境内的新疆野苹果自然分布地及其生境进行数十次实地调查和记录，根据山地类型、分布地气候和生态环境等特点，将新疆野苹果自然分布区域归纳划分为三大主要类型，即：新疆野苹果寒地分布区（准噶尔西部山地分布区）、新疆野苹果旱地分布区（北天山南麓分布区）和新疆野苹果湿润分布区（中天山北麓分布区），各分布区均具有明显的差异和异质性。

3.4.2.1 新疆野苹果寒地分布区（准噶尔西部山地分布区）

新疆野苹果寒地分布区位于准噶尔西部山地，又称准噶尔西部山地分布区。该区塔尔巴哈台山地处N：46°10′～22′，纬度较高，1月份平均气温6℃，塔城地区额敏县野果林（海拔800～1500m）和巴尔鲁克山的托里等地的野果林都在本区范围内，即包括塔城谷地的额敏居群和托里居群。

由于塔尔巴哈台山与巴尔鲁克山之间形成了山口，加之地形复杂，形成了中国最有名的特大风区，称为老风口（图3-34）。此处是“亚欧大陆内心”（也称为欧亚大陆的中心）所在地，也是塔城盆地东进西出与外界相联通的必经之路——

图3-34　新疆著名的冬季风雪灾害重灾区——老风口

“咽喉要道”。由于该地区纬度较高，冬季漫长，冬季气温很低，风雪天气较多（图3-35），是世界上罕见的暴风雪灾害区之一。“老风口”风区8级以上大风年均150余天，最多180天，最大风速高达40m/s。此处大风天气多、风力大、风速高、破坏力强、影响力大、冬季风吹雪害十分严重，因特强大风和暴风吹动积雪量极大，常发生汽车甚至重型卡车被风吹雪掩埋，交通中断现象。

在老风口区域南北两侧山地分布的新疆野苹果常年遭受极端恶劣天气的影响，其生存环境极为恶劣，冬季降雪多，冷热变化剧烈，常年遭受大风天气的刻蚀，造成低山带表面土层较薄，土壤较贫瘠。土壤类型为棕钙土或栗钙土，地表植被稀少，地表裸露明显。

新疆野苹果额敏居群分布区位于老风口北部的玛依塔斯低山地一带，托里居群分布区位于老风口南部的巴尔鲁克山东部低山带。两个分布区均在老风口风雪重灾区范围内，后者距离风雪重灾区更近，仅数千米。寒地分布区的新疆野苹果居群每年春季、秋季和冬季均受到严寒天气的影响，尤其受大风、暴风和暴风雪、风吹雪（图3-35）等极端气象因素的威胁十分严重。

降水方面，塔城野果林所处的塔城谷地是新疆的多降水中心之一，冬季有一定的积雪量，且积雪较厚，但是由于冬季强风和超强风的猛烈剥蚀，山地表面难以形成大面积的积雪，只有在山地低洼地带才能形成一些积雪，春季虽有融雪水的补给，属于多水期，但是难以形成有效的补水。长期恶劣天气限制或

图3-35 托里老风口风吹雪现象（引自家园托里）

严重阻碍了该地区植被的分布和生长发育，新疆野苹果在此区分布规模不大，分布面积缩小，甚至只在沟底或半阴坡有少量的分布，野苹果林郁闭度很小。新疆野苹果的个体生长发育缓慢，树体较小，一般株高3～5m，群体小，呈现小面积或者稀疏林状态。植被组成简单，树种较为单一，伴生种有红果山楂，灌木植物野扁桃以及绣线菊等，未发现有野杏的自然分布。

3.4.2.2 新疆野苹果旱地分布区（北天山南麓分布区）

新疆野苹果旱地分布区处于天山山脉的北天山南麓山地低山带，西起伊犁霍城县大西沟、小西沟、果子沟，伊宁市的匹里青沟，伊宁县的吉尔格朗沟，东至新源县的吐尔根沟等地。该区属于阳坡，又是背风区，海拔800～1600m，年降水较少，仅300～400mm。伊犁谷地没有风灾的侵扰，新疆野苹果分布于山区的逆温带，该区域热量资源较为丰富，半干旱草原特征明显，各条山沟均为南北走向，沟内各条河流也是自北向南流出，最终汇入伊犁河中。新疆野苹果分布于沟的中部，切割较深，坡度较大，一般为30°～50°，地表植被稀少。冬季虽有降雪，但整个山体属于阳坡，难以形成大面积的积雪，仅在部分山地表面的低洼地或部分地表能够形成一定的积雪，导致春季融雪水少，从而限制了新疆野苹果仅在阴坡、半阴坡或沟底有小面积或者零星分布。旱地分布区的新疆野苹果植株个体生长发育较好，一般株高4～8m，群体小，呈现个别生长或者与其他树种形成混交林。由于野杏喜温、耐旱，大面积分布在阳坡或半阳坡，形成较大面积和壮美的景观。野杏在该区域内呈现集中分布或点片分布的特点，成为这一带野果林中的优势种（建群种），新疆野苹果在这一带（山区）成为伴生种。因此，形成了独特而著名的伊犁谷地新源县吐尔根沟的野杏林风景区、伊宁县吉尔格朗沟野杏林以及伊宁市匹里青沟野果林，每年进入3月底4月初，这一带（北天山南麓低山带）的野杏花相继开放，吸引了大量的国内外游客前来欣赏天山山区特有的野杏花盛开的自然奇观。

3.4.2.3 新疆野苹果湿润分布区（中天山北麓分布区）

新疆野苹果湿润分布区处于天山山脉的中天山北麓山地，属迎风区，伊犁谷地的巩留野果林、新源野果林都在本区范围内。野苹果林多位于伊犁谷地东端（东南部），因地形特殊，受季风气候影响较大，来自西侧的湿润气流受到伊犁谷地东南侧高大山体的阻隔，形成大量的降水。伊犁谷地年降水较多，是新疆的多降水（雨）中心，年降水量600～800mm，所以该区域山区呈现湿润、半湿润区域特征，著名的那拉提景区（新源县）和库尔德宁景区（巩留县）就在本区内。

新疆野苹果分布于山区的逆温带（海拔1000～2000m），该区的水热（环境）

条件好，大风天气日数极少，没有风灾的侵扰，降水稳定，气温变化幅度较为缓和，在低山带表面有较深厚的黄土层，形成的土壤为山地栗钙土或灰钙土，冬季积雪量较大，每年4～5月有融雪水的补给，再加上春季降雨，蒸发量不大，属于多水期，非常适于各类植物的生长发育，地表植被发育良好。植被、特殊的地形地貌、山川、气候构成了伊犁谷地壮美的景观，成为著名的山川秀美之地。新疆野苹果分布于低山带沟口或者前部，个体生长发育良好，高大，一般株高5～14m，群体集中分布，面积较大，所以是野果林中的优势种（建群种）。

3.5 小结

综上所述，新疆山地野苹果林在新疆广袤区域内呈不连续分布；新疆山地野苹果林南北跨越中亚地区与亚洲中部，伊犁河上游伊犁谷地野苹果林属于中亚范畴，是新疆的多雨中心之一；而位于塔尔巴哈台山、巴尔鲁克山的野苹果林地处于亚洲中部范畴，区别于亚洲中部的荒漠气候，也是新疆北部的多雨中心之一，从而形成了新疆野苹果林的南北几大分布区和差异较大的气候特点。由于地形特殊，位于亚洲中部塔尔巴哈台山、巴尔鲁克山的新疆北部野苹果林分布区，纬度偏高，年均气温较低、冬季寒冷、持续时间长，由于地形特殊，从而形成风口，冬春季风力强劲，影响山区地表植被的生长发育，野苹果林植物生产力水平较低，野苹果林的组成成分较单一，新疆野苹果的生长发育及其演化等方面表现出较明显的独特性。

由于特殊的地形地貌、气候以及环境因素所致，新疆野苹果林几大分布区的水热条件具有明显的差别，伊犁谷地、塔城谷地虽然处于广域的荒漠区域之中，区别于典型的荒漠气候，该区域的植被类型有其特殊性和独特性。

寒地分布区（准噶尔西部山地分布区）气候寒冷，土壤瘠薄，野苹果林植被组成简单，树种较为单一，伴生种有红果山楂，灌木植物野扁桃以及绣线菊等，未发现有野杏的分布。旱地分布区（北天山南麓分布区）气候干旱，野果林以野杏（建群种）为主、新疆野苹果为伴生种构成典型的野果林。湿润分布区（中天山北麓分布区），野果林则以新疆野苹果（建群种）为主、野杏为伴生种构成典型的野果林。

① 在新疆境内，新疆野苹果（塞威氏苹果）的自然分布区从南至北的纬度跨越较大，由两大地理分布区构成，分别是伊犁（谷地）分布区和塔城（谷地）分布区。新疆野苹果分别在伊犁谷地的中天山的北侧山区、北天山的南侧山区等山地和准噶尔西部山地（塔城谷地）的塔尔巴哈台山、巴尔鲁克山均有分布。

② 南北两大地理分布区之间相距400～500km，中间被隶属博尔塔拉自治州

的山地荒漠地带所隔断，南北纬度不同，热量资源分布差异很大，形成和分化了差异明显的南、北生态地理分布区即伊犁谷地（伊犁地区）分布区（南）和准噶尔西部山地（塔城地区）分布区（北），并演化为多种不同类型的群落和特征。

③ 新疆野苹果的地理分布范围N：43°18′28″～46°21′04″，E：80°47′18″～84°06′31″。从新疆野苹果最北端的额敏分布区到南端的昭苏分布点直线相距600～800km，相距甚远，地理空间很大。在伊犁谷地内自东向西，那拉提居群与霍城大西沟居群相距约300km；最东端是伊犁谷地东端的新源那拉提居群（N：43°18′27″，E：84°06′31″）；最南界为昭苏分布点（N：42°53′11″，E：81°20′28″），巩留莫合尔居群（N：43°15′22″，E：82°52′58″）；最西界为霍城大西沟居群（N：44°25′39″，E: 80°47′18″）；最北界为额敏居群（N：46°21′04″，E：83°58′37″）。

④ 新疆野苹果（塞威氏苹果）分布地域辽阔。在中国新疆，新疆野苹果覆盖的两个地区，分别是伊犁地区和塔城地区。新疆野苹果在新疆的11个县（市）的山区范围均有分布，分别是：伊犁地区所属的巩留县、新源县、霍城县、伊宁县、伊宁市、察布察尔县、特克斯县、昭苏县；塔城地区所属的额敏县、托里县和裕民县等。此外，据林培钧等（1984）介绍，在早期的民间访问和调查过程中了解到，在天山山脉南支脉（南天山）山区的新疆阿克苏地区的乌什县、阿合奇县以及拜城县等地的山区，20世纪50年代初曾经有新疆野苹果、野杏的零星分布，需要进一步调查和考证。

⑤ 新疆野苹果在各地山区中低山地呈岛状、不连续分布及零星分布。在众多的分布地（区）之中，具有代表性强、分布密集（集中分布地）、特点突出的是巩留分布区、新源分布区、霍城分布区、额敏分布区和托里分布区，小面积分布区有伊宁市、伊宁县分布区，在察布察尔县、特克斯县、昭苏县等山区为点状分布或者呈现零星分布状态。

⑥ 新源那拉提居群位于新疆境内新疆野苹果分布的最东端，同时也是塞威氏苹果在世界范围分布的最东端（界）。

新疆地域辽阔，地处欧亚大陆中心地带，属于大陆性气候，地形地貌十分复杂，形成了“三山夹两盆”地形地貌，并且受东亚季风气候控制，形成了非常复杂的多样性气候，首先可以分为山地气候和平原气候两大类，由于山脉多为东西走向，山地气候又可以分为山脉南侧山区（背风区）半干旱、干旱气候和山脉北侧（迎风区）山区湿润气候，各自特征明显，差异很大；而平原气候又可以分为半干旱、干旱以及极端干旱气候，同样构成了气候类型复杂多样的特点。

本书所涉及的研究区域分别为新疆北部的准噶尔西部山地野果林和天山野果林。准噶尔西部山地野果林地处气候寒冷区域；天山野果林所处的区域属于天山山脉北天山的南侧山区，地形属于背风区，气候呈现偏旱特点；而天山山脉中天山的北侧，由于属于迎风区，表现为湿润气候之特征。

根据不同分布区的地理位置、纬度、年平均气温、无霜期等要素，新疆野苹果分布区又可以分为新疆野苹果寒地分布区、干旱分布区和湿润分布区3个类型。新疆野苹果寒地分布区包括额敏分布区和托里分布区等地，冬季漫长，冬季因大风、降雪天气多、寒冷及风吹雪等灾害性天气较多，年极端最低气温−30～−38℃，积雪多，积雪时间长，无霜期150～160天，年平均降水量300～400mm，年平均气温4～6℃，昼夜温差大。新疆野苹果干旱分布区涵盖霍城分布区、伊宁市分布区、伊宁县分布区以及新源县北部山区等地处科古尔琴山南麓中低山地，复杂的地形，形成了独特的区域性气候，半干旱乃至干旱特征明显，背风坡，年平均气温7～10℃，年平均降水量230～300mm，无霜期160～170天。新疆野苹果湿润分布区主要有巩留分布区和新源分布区等，该区域地处中天山的那拉特山北麓，接近伊犁谷地底部，属于迎风坡，年降水量较大，一般在500～1000mm，年平均气温6～9℃，统计25年（1956—1980年）年平均气温8.1℃，几乎无大风天气影响，呈现湿润气候之特征。因此，说明新疆野苹果各分布区之间以及地理居群之间并不具备同质性，均显示出明显的差异。

第4章 | 新疆野苹果的生理生态特征研究

新疆野苹果具有耐旱、抗病虫害和抗寒等优良特性，又具有亲和力强、种源丰富的特点（阎国荣和许正，2001），因此在我国西北地区常被用作栽培苹果的砧木，为我国果树生产和遗传育种提供了大量抗逆性强的种苗和基因资源。新疆野苹果分布于新疆境内高度差大、土层薄、生境脆弱的天山山坡地，其原生境温度日较差比较人，极限低温可达 30～−40℃，说明新疆野苹果具有较强的耐寒能力。

为了探讨新疆野苹果的抗逆生理特性，课题组研究了其对低温和盐胁迫的生理响应，并分离和鉴定了枝条的内生菌，研究了新疆野苹果种子萌发和花粉萌发生理特性以及根系的生长特性，以期为新疆野苹果的进一步研究和利用提供参考。

4.1 低温胁迫下新疆野苹果离体叶片生理特性分析

植物处在低温胁迫下，叶片受到直接影响，在解剖结构上产生了变化，保护酶系统、丙二醛含量、游离脯氨酸含量等与抗寒性相关的生理生化指标也有变化（王荣富，1987；张妍等，2011；冯献宾等，2011）。植物离体叶片的耐受性一般低于植物体整株的耐受性，其生理指标变化在一定程度上可以解释植物体生理状态的改变。目前，有关新疆野苹果抗寒生理研究的相关报道较少。因此，本实验以新疆野苹果离体叶片为对象，测定其在低温胁迫下相关生理指标的动态变化，旨在为探索其抗寒机理以及选育耐寒品种等提供理论依据。

实验材料为3年生生长状态良好的新疆野苹果实生植株，选取长势一致的10株新疆野苹果植株，随机选取无病虫害的当年生枝条上的成熟叶片，每株树不少于10片叶，洗净装入保鲜袋内放置冰箱备用。实验时间为2012年10月。

将叶片置于4℃人工气候箱内进行低温胁迫，分别于0（CK）、1、2、3、4、5天取样测定相关生理指标。POD活性采用愈创木酚法测定，脯氨酸含量采用磺基水杨酸法测定，MDA含量采用TBA法测定，SOD活性采用NBT光还原法测定，叶绿素含量采用直接浸提法测定（李合生，2000）。通过Excel和SPSS软件对实验所得数据进行整理、统计分析与作图。

4.1.1 低温胁迫对叶片脯氨酸含量的影响

脯氨酸具有溶解度高、在细胞内积累无毒性、水溶液水势较高等特点。正常情况下，植物体内的游离脯氨酸含量并不高，但在受到逆境胁迫时其含量会发生明显增加，常用作植物抗寒性测定的重要指标（汤章城，1984；艾琳等，2004）。低温处理的新疆野苹果叶片中脯氨酸含量变化趋势如图4-1所示。

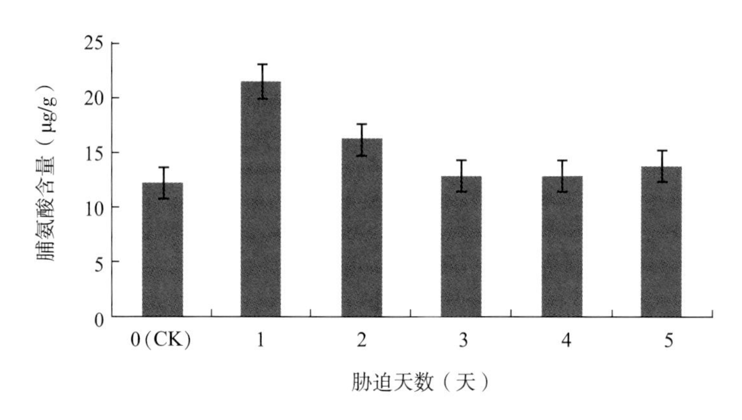

图4-1　低温胁迫对新疆野苹果叶片脯氨酸含量的影响

由图4-1可知，在低温胁迫1天后，新疆野苹果叶片的脯氨酸含量急剧升高，并达到峰值，说明低温胁迫后，为了应对逆境，新疆野苹果体内脯氨酸大量积累，在处理2天后呈缓慢下降趋势，但总体均高于对照。方差分析表明，低温胁迫显著影响新疆野苹果叶片中的脯氨酸含量（$P<0.05$）。

4.1.2 低温胁迫对叶片MDA 含量的影响

MDA是植物在逆境条件下膜脂过氧化作用的产物之一，对质膜有毒害作用。长期以来，MDA是用于检测膜脂过氧化程度的一个公认指标（张志良等，2009）。低温胁迫对新疆野苹果叶片中MDA含量的影响如图4-2所示。

由图4-2可知，随着低温胁迫天数的增加，新疆野苹果叶片中的MDA含量总体上呈递增趋势，总体上均高于对照组，第5天时达最高值8.3 μmol/g，说明此时膜脂过氧化程度最高。方差分析表明，低温胁迫显著影响新疆野苹果叶片中的MDA含量（$P<0.05$）。

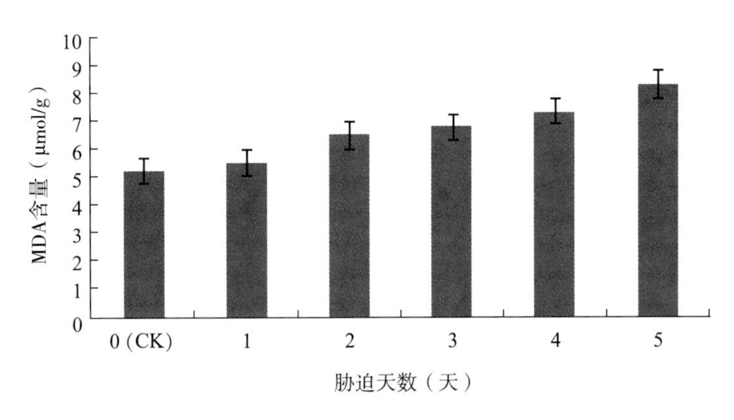

图4-2　低温胁迫对新疆野苹果叶片MDA 含量的影响

4.1.3　低温胁迫对叶片POD 活性的影响

过氧化物酶广泛存在于植物体中，与呼吸作用、光合作用及生长素的氧化都有关系，可作为组织老化和逆境抗性的一种生理指标。低温处理的新疆野苹果叶片中POD活性变化趋势如图4-3所示。

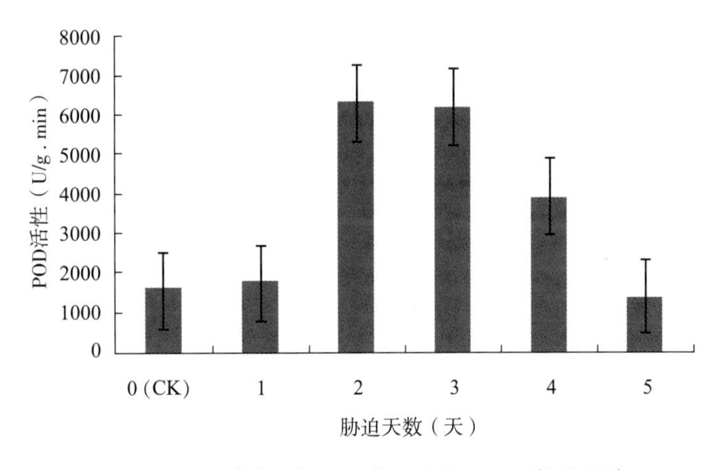

图4-3　低温胁迫对新疆野苹果叶片POD 活性的影响

由图4-3可看出，新疆野苹果叶片内POD活性随胁迫天数的增加呈现先升高后降低的变化趋势；在低温胁迫1天时POD活性升高不多，2天时则达到峰值，之后随胁迫天数增加呈逐渐下降趋势。方差分析表明，低温胁迫显著影响新疆野苹果叶片中的POD活性（$P<0.05$）。

4.1.4　低温胁迫对叶片SOD 活性的影响

超氧化物歧化酶（SOD）普遍存在于植物的各个器官，是一种清除超氧阴离子自由基的酶，在植物体内可以提高植物组织的抗氧化能力，其活性大小与植物的抗逆性密切相关。低温胁迫对新疆野苹果叶片中SOD活性的影响如图4-4所示。

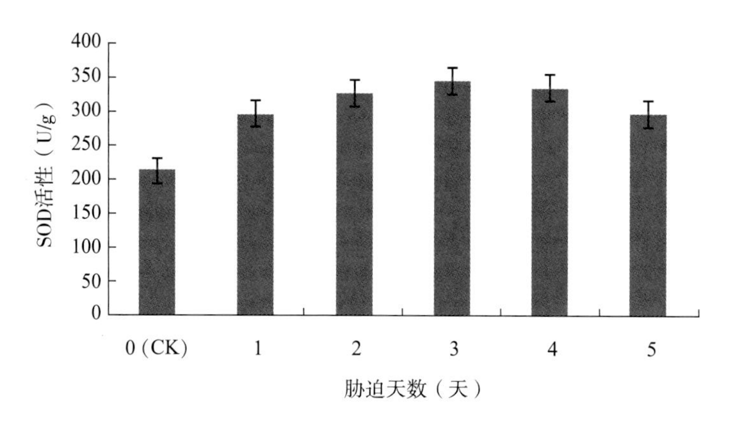

图4-4　低温胁迫对新疆野苹果叶片SOD 活性的影响

由图4-4可知，新疆野苹果叶片中SOD活性在未经低温胁迫处理时较低；随着低温处理时间的延长，SOD活性呈先升高后降低的变化趋势，在处理3天时达到最高值，接着呈下降趋势，但总体上均高于对照组。说明随着低温胁迫天数的增加，SOD活性增强。方差分析表明，低温胁迫天数显著影响新疆野苹果叶片中的SOD活性（$P<0.05$）。

4.1.5　低温胁迫对叶片叶绿素含量的影响

叶绿素是影响植物光合作用和呼吸作用的一个重要指标，低温胁迫对新疆野苹果叶片中叶绿素含量的影响如图4-5所示。

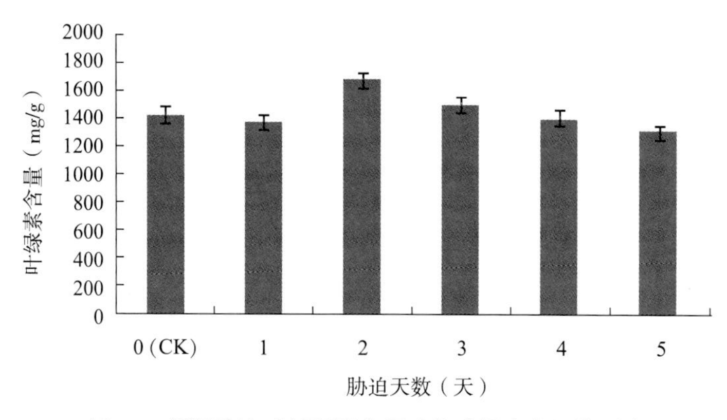

图4-5　低温胁迫对新疆野苹果叶片叶绿素含量的影响

由图4-5可知，在恒温4℃胁迫下，新疆野苹果叶片中的叶绿素含量在低温处理1天后含量有所减少，在处理2天时出现上升趋势且达到最大值。随着低温处理天数的继续增加呈现递减变化趋势。方差分析表明，低温胁迫天数显著影响新疆野苹果叶片中的叶绿素含量（$P<0.05$）。

4.1.6　低温胁迫天数与各生理指标间的相关分析

在低温胁迫处理下，植物的生理代谢受到影响而发生紊乱，使植物受伤甚至死亡。分析低温胁迫天数与生理指标之间的相关性有助于发现它们之间的紧密联系程度（表4-1）。由表4-1可知，低温胁迫天数与MDA含量、SOD活性呈极显著正相关，但与POD活性、脯氨酸含量、叶绿素含量的相关性不显著；POD活性与SOD活性呈极显著正相关；MDA含量与SOD活性呈显著正相关。由此可见，在低温胁迫处理下，随着处理天数的增加，可以通过测定植物细胞的MDA含量、SOD活性等生理指标来间接反映新疆野苹果的抗寒特性。

表4-1　低温胁迫下新疆野苹果叶片生理指标变化的相关性分析

指标	胁迫天数	POD 活性	脯氨酸含量	MDA 含量	SOD 活性	叶绿素含量
胁迫天数	1					
POD活性	0.129	1				
脯氨酸含量	−0.296	−0.142	1			
MDA含量	0.972**	0.106	−0.346	1		
SOD活性	0.608**	0.710**	0.111	0.528*	1	
叶绿素含量	0.060	0.339	−0.142	0.032	0.245	1

注：表中数值为相关系数；*表示在0.05水平上显著相关；**表示在0.01水平上显著相关。

4.1.7　讨论和结论

张妍等（2011）研究发现，植物的抗寒性与MDA含量呈负相关，即抗寒性越强，MDA含量越少。本实验中，随着低温胁迫天数的增加，新疆野苹果叶片内MDA含量显著升高，这是新疆野苹果受到低温胁迫后细胞膜受到伤害的表现。低温胁迫时间越长，对膜的伤害越大，膜脂过氧化作用也越强，新疆野苹果遭受的冷害程度也就越深。相关分析表明，MDA含量与低温胁迫天数呈极显著正相关。

一般情况下，植物体内的游离脯氨酸含量并不多，但经低温胁迫后，其作为细胞内的渗透调节物质、防冻剂或膜稳定剂会迅速增加。目前关于脯氨酸的积累与植物抗寒性关系存在两种不同的观点：一种认为脯氨酸的积累与植物抗寒性没有关系；另外一种认为脯氨酸的积累与植物抗寒性存在一定相关性。孔令慧和赵桂琴（2013）等对不同品种红三叶的研究表明，脯氨酸含量与低温胁迫时间呈正相关；但Yelenosky（1981）在柑橘的研究中指出，脯氨酸的积累与柑橘的抗寒性无关。本实验中，新疆野苹果叶片经低温胁迫处理后，叶片组织中脯氨酸含量随处理时间的增加呈先上升后下降的变化趋势；且相关分析表明，脯氨酸含量与低温胁迫天数的相关性不明显。

POD、SOD均为生物体内的保护酶。研究表明，保护酶在植物体内活性的高低与植物的抗寒性强弱成正相关。本实验中，新疆野苹果叶片经低温处理后，POD、SOD呈先上升后下降的趋势，分别在2天和3天时达到最大值，这与冯昌军等（2005）对4℃处理下苜蓿幼苗中POD、SOD的变化研究相一致，反映出新疆野苹果叶片在低温胁迫前期出现了应激反应，通过调节POD、SOD活性来增加自身的抗寒性。但当低温胁迫超过其忍受范围时，保护酶活性不再增加反而下降，这又说明其忍受低温的能力有一定的限度。

蒋明义和杨文英（1994）指出，在低温条件下，叶绿素的减少能使植物吸收的光能减少，从而减轻过剩光能产生的活性氧的伤害。这不仅是低温胁迫的反映，还是植物长期适应低温的表现。本实验中，新疆野苹果叶片经低温胁迫处理后，叶片叶绿素含量基本符合这一变化趋势。

本实验结果表明，新疆野苹果离体叶片在低温胁迫条件下，其体内的保护性酶以及渗透调节物质会大量积累，可以抵御植物在低温胁迫下受到的伤害，说明新疆野苹果具有一定的抗寒能力。但随着低温胁迫时间的延长，其膜脂过氧化程度升高，植物体受到伤害。

植物的抗寒性不仅与植物本身的遗传基因有关，还与植物的生长环境有关。本实验只是在人工模拟的低温条件下对新疆野苹果离体叶片的抗寒生理特性进行了初步研究，对其抗寒能力的强弱和抗寒机理研究还需通过田间实验和分子生物学手段来检验。

4.2 盐胁迫下新疆野苹果离体叶片生理特性分析

土壤盐渍化是植物在自然界中遭受的非生物胁迫之一，它影响植物的分布、生长和发育（Arefian M et al., 2014）。据联合国粮食与农业组织评估，世界上约有6%的盐渍土壤，盐胁迫是植物生长的主要限制因子之一。土壤盐分过高影响植物生长的原因有两方面，一是土壤中的盐分降低了植物根系的吸水能力，导致植物体内水分亏缺；二是通过蒸腾作用，过多的盐离子进入植物体内，引起细胞离子毒害（Parihar P et al., 2015）。植物体可通过改变自身的形态结构、细胞结构及一系列生理变化来适应盐胁迫（Shah Fahad et al., 2015），如产生多元醇、脯氨酸、季胺类化合物及叔胺类化合物等渗透保护物质，以保证植物逆境条件下的水分正常供应（王东明等，2009）。

脯氨酸是植物细胞质中一种游离氨基酸，具有很高的水溶性，它可以保护细胞膜系统，降低植物叶片细胞的渗透势以防止细胞脱水（Dar Mudasir Irfan et al., 2016）。叶绿素是一类与光合作用有关的最重要色素，盐胁迫下，叶绿体是最敏感的细胞器之一，叶绿体片层结构逐渐降解，光合反应效率下降，从而使叶绿素含量下降（Yuan Yinghui et al., 2014），叶绿素含量的高低成为衡量植物耐盐性的一个重要指标。盐分能够增加膜的透性，加强膜质过氧化，丙二醛是其产物之一，丙二醛的多少常作为衡量膜损伤程度的指标。可溶性糖是另一类渗透调节物质，包括蔗糖、葡萄糖、果糖、半乳糖等，逆境条件下，促进淀粉降解为葡萄糖等可溶性糖。超氧化物歧化酶（SOD）和过氧化物酶（POD），是植物体内重要的抗氧化酶，具有清除活性氧自由基、保护膜系统的功能，常被作为判断植物抗逆性强弱的指标（陈建波等，2007）。

目前对新疆野苹果耐盐性的研究较少，本研究以新疆野苹果实生苗为材料，对其进行盐梯度处理，测定其叶片中脯氨酸、丙二醛、叶绿素和可溶性糖含量以及超氧化物歧化酶和超氧化物酶的活性，以期为研究新疆野苹果的耐盐性奠定基础理论，为其进一步开发利用提供科学依据。

实验采用新疆野苹果种子层积后培育出的一年生实生苗，种子于2012年采自新疆伊犁地区天山野果林保护区内。实验时间为2012年12月至2013年5月。

新疆野苹果种子用高锰酸钾进行消毒，河沙经高温灭菌（120℃，121.59kPa，20min），将种子与河沙按3：1混匀，装入编织袋中，于12月中旬土壤封冻前，选择地势高、背阴干燥处，挖层积沟，进行室外低温层积处理，温度2～7℃。翌年2月下旬，取出层积后的种子，播于蛭石：黑炭土=3：1混匀的基质中，待幼苗呈六叶一心时进行盐胁迫处理。

选长势一致、生长良好、无病虫害的幼苗带土坨连根拔起，将土轻轻拍掉，用自来水将根上基质轻轻洗干净，保证不伤及幼根。试验分为两组：①不同浓度NaCl溶液处理。试验设置6个NaCl浓度梯度，分别为0、0.2%、0.4%、0.6%、0.8%、1.0%，将新疆野苹果幼苗根部完全浸泡在不同浓度的NaCl溶液中处理4h，蒸馏水处理（0）作为对照。②不同时间NaCl溶液处理。试验采用NaCl溶液浓度为0.4%，试验设置7个时间梯度，分别为0、4、8、12、16、20、24h，处理方法同上，处理0h作为对照。每个处理30株幼苗，分别取样测定每个处理的叶绿素含量、MDA含量、脯氨酸含量、可溶性糖含量、SOD活性及POD活性6个生理生化指标。

每处理每个指标随机称取0.5g叶片，用液氮迅速冷冻15min，放入−20℃冰箱内保存备用，3次重复。叶绿素含量测定采用分光光度法，MDA含量测定采用硫代巴比妥酸（TBA）法，脯氨酸含量测定采用磺基水杨酸法，可溶性糖含量测定采用蒽酮比色法，SOD活性测定采用氮蓝四唑法，POD活性测定采用愈创木酚法（李合生，2000）。

4.2.1　盐胁迫对新疆野苹果幼苗脯氨酸含量的影响

植物中脯氨酸含量是抗逆研究的常用指标。在低浓度（0.2%～0.4%）盐胁迫下，新疆野苹果幼苗叶片中脯氨酸含量略有下降，但基本维持在正常水平。随着盐溶液浓度的升高，脯氨酸含量迅速升高，在NaCl浓度为0.6%时达到峰值（10.349 μg/g），比对照提高了63.1%，随后呈下降趋势（图4-6A）。

在0.4%NaCl溶液处理下，随着处理时间的延长，新疆野苹果幼苗叶片中的脯氨酸变化总体趋势与不同浓度的处理相似。处理前期，脯氨酸浓度总体维持在正常水平，在处理12h时达到峰值8.063 μg/g，相比对照提高了27.0%。16h后脯氨酸含量下降幅度较为明显（图4-6B）。

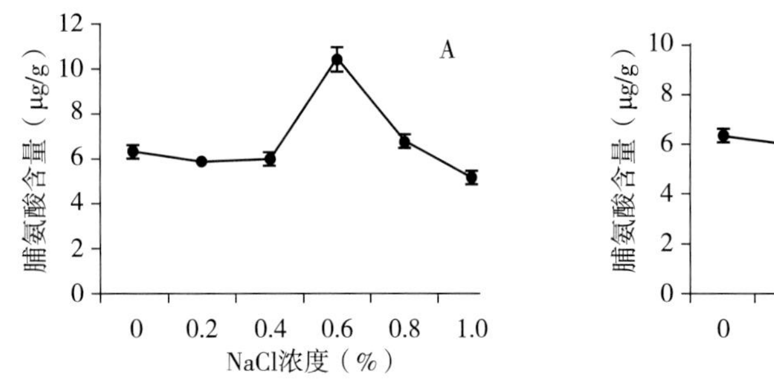

图4-6　盐胁迫对新疆野苹果幼苗叶片中脯氨酸含量的影响

4.2.2　盐胁迫对新疆野苹果幼苗丙二醛含量的影响

新疆野苹果幼苗随着盐浓度的升高或胁迫时间的延长，叶片中丙二醛含量逐渐升高（图4-7）。在低浓度盐溶液处理或盐胁迫初期，丙二醛含量增高幅度相对较小，随着NaCl浓度的升高或盐处理时间的延长，丙二醛含量升高幅度变大。说明低浓度盐胁迫下或盐胁迫初期，膜质过氧化程度较低，幼苗生长正常，表明对盐胁迫有一定的抵御能力。

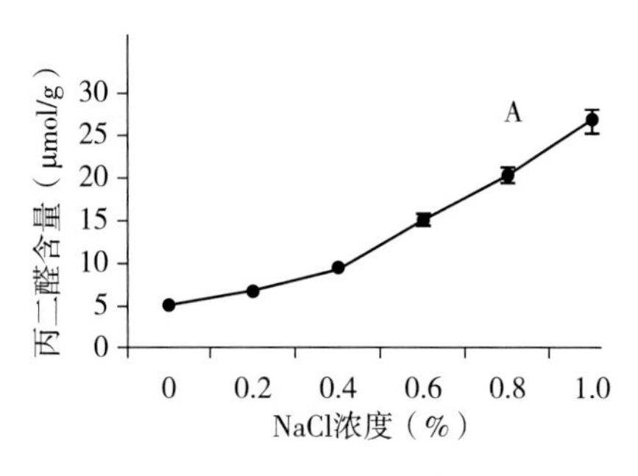

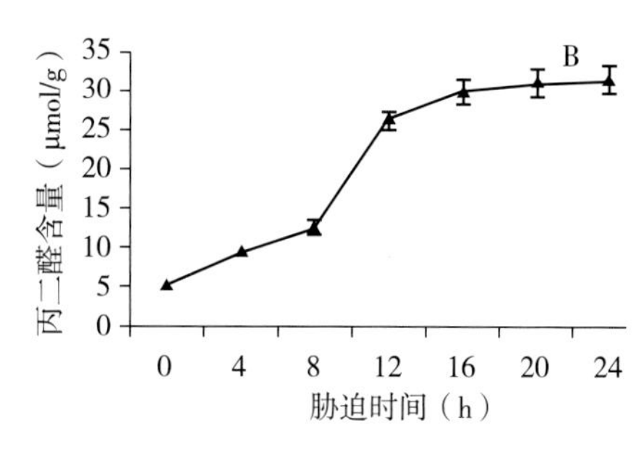

图4-7 盐胁迫对新疆野苹果幼苗叶片中丙二醛含量的影响

4.2.3 盐胁迫对新疆野苹果幼苗叶绿素含量的影响

叶绿素含量是影响植物光合作用的重要指标之一。随着盐胁迫浓度的增加，叶片中叶绿素的含量呈现先降低后升高再降低的趋势，但均低于对照（2.00mg/g）（图4-8A）。NaCl浓度为0.2%时，叶绿素含量急剧下降，仅为0.76mg/g，比对照下降了61.76%。随后，叶绿素水平又开始上升，当NaCl浓度为0.6%时恢复到2.00mg/g后呈现急速下降的趋势。

NaCl浓度为0.4%时，随着盐胁迫处理时间的延长，新疆野苹果幼苗叶绿素含量变化趋势同样呈现出先降低后升高再降低的变化趋势（图4-8B）。0.4%NaCl处理4h时，其叶绿素含量仅为1.08mg/g，比对照降低了45.7%。随后，叶绿素含量又逐渐升高，至12h时，含量达到1.69mg/g，之后叶绿素含量呈下降趋势，24h时，叶绿素含量降到0.99mg/g。这说明盐胁迫使新疆野苹果幼苗叶绿素含量有不同程度的降低，而降低后又会逐渐升高，说明其对盐胁迫有一定的适应能力。

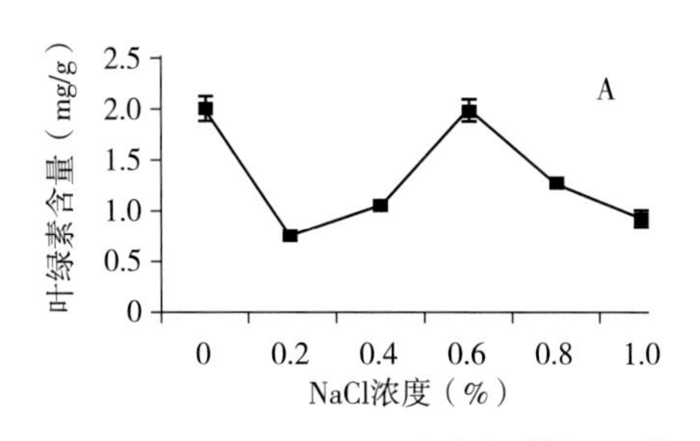

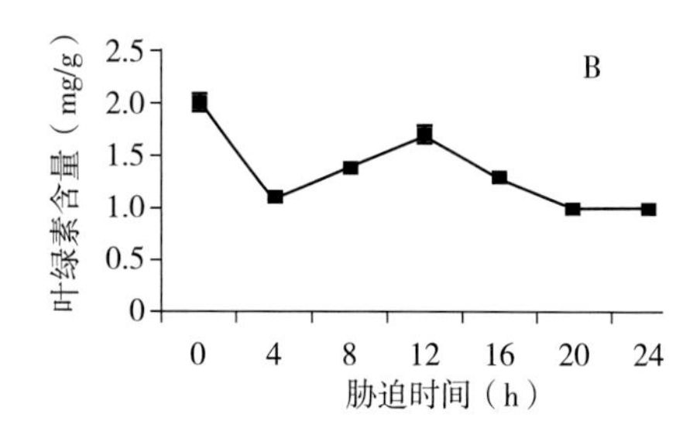

图4-8 盐胁迫对新疆野苹果幼苗叶片中叶绿素含量的影响

4.2.4 盐胁迫对新疆野苹果幼苗可溶性糖含量的影响

经盐胁迫处理后，新疆野苹果可溶性糖含量随盐浓度的升高逐渐缓慢上升，当NaCl浓度为0.8%时，达到峰值，从处理前的0.17mg/g上升到0.56mg/g，增加了约2.3倍，随后可溶性糖含量开始急剧下降（图4-9A）。在NaCl浓度为0.4%的情况下，随着胁迫时间的延长，可溶性糖含量呈现增高趋势，至12h达到峰值（0.83mg/g），比处理前增加了3.7倍（图4-9B）。这说明盐胁迫下，新疆野苹果幼苗可以在一定程度上积累可溶性糖，增加组织液浓度，提高渗透压，为植物体正常生长进行氧化供能，从而缓解盐胁迫对其产生的伤害。

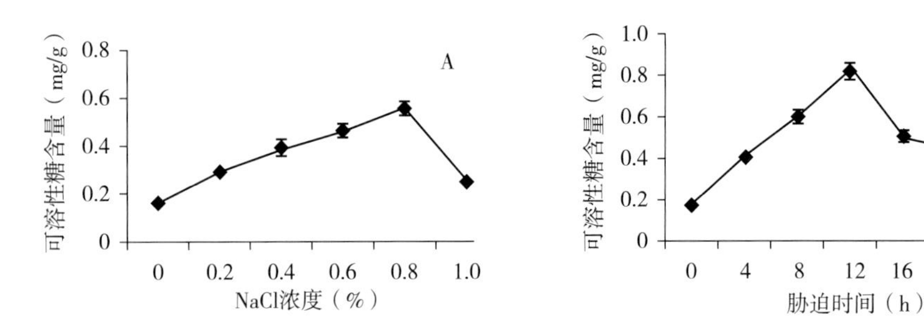

图4-9　盐胁迫对新疆野苹果幼苗叶片中可溶性糖含量的影响

4.2.5　盐胁迫对新疆野苹果幼苗SOD 活性的影响

由图4-10可知，SOD活性（以鲜质量计）随着NaCl溶液浓度的升高呈现出先升高后降低的趋势，在浓度为0.6%时，SOD活性最高，较处理前增加了2.2倍（图4-10A）。当NaCl浓度为0.4%时，SOD活性随着盐胁迫时间的延长先增加，到16h时，活性最高，由处理前的20.12U/g上升到60.98U/g，提高了约2倍，随后急速下降（图4-10B）。盐胁迫下，新疆野苹果SOD活性增加，有助于清除盐胁迫造成的细胞内的自由基积累，从而保护植物的细胞膜系统。

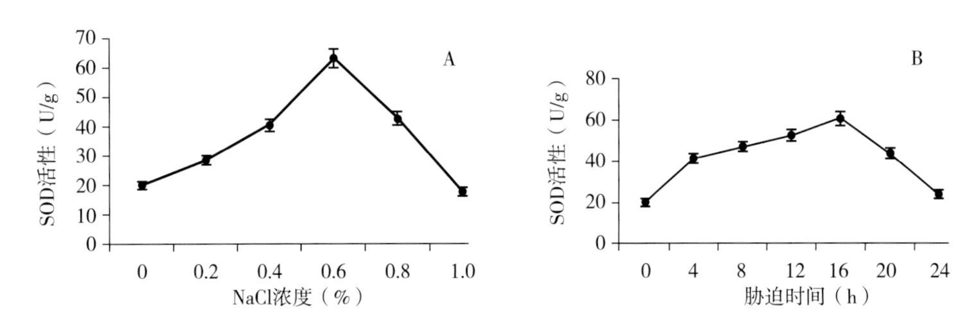

图4-10　盐胁迫对新疆野苹果幼苗叶片SOD活性的影响

4.2.6　盐胁迫对新疆野苹果幼苗POD活性的影响

POD活性随着NaCl溶液浓度的升高呈现出先升高后降低的趋势，在浓度为0.6%时，POD活性最高，由处理前的13.72U/g·min上升到32.44U/g·min（图4-11A）。盐浓度为0.4%时，POD的活性随着盐处理时间的延长呈现先升高后降低的趋势，在处理16h时达到峰值，随后急速下降（图4-11B）。盐胁迫下，新疆野苹果幼苗可以通过提高POD活性，消除大量积累的超氧阴离子自由基、活性氧，减轻盐胁迫对植物细胞产生的伤害。

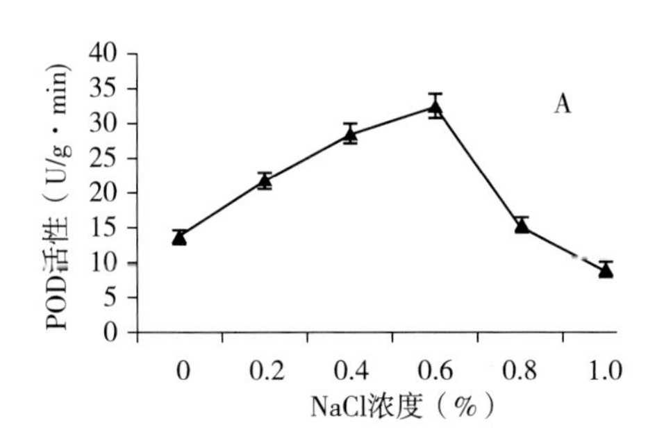

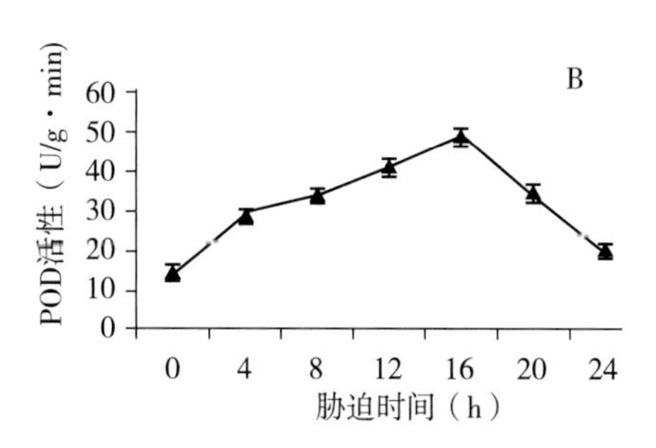

图4-11　盐胁迫对新疆野苹果幼苗叶片POD活性的影响

4.2.7　讨论

盐胁迫抑制植物的生长和发育，并引起一系列的代谢紊乱。植物中脯氨酸含量是抗逆研究的常用指标，它具有调节渗透及保护细胞膜结构稳定的作用。但脯氨酸在盐胁迫下植物体内的生理作用存在较大争议。一些报道表明遭受盐胁迫的植株中脯氨酸大量累积（Sawahe W A & Hassan A H，2002），并通过维持渗透调节、稳定蛋白质、保护细胞膜及胞质酶等在植物耐盐性中发挥作用（Demir Y & Kocacaliskan I，2002）。但张亚冰等（2006）对盐胁迫下不同耐盐性葡萄砧木丙二醛和脯氨酸含量变化研究认为，脯氨酸不宜作为葡萄耐盐性鉴定的指标。本研究中，在盐胁迫处理前期，随着盐浓度升高或处理时间延长，脯氨酸含量增加，说明新疆野苹果遭受盐胁迫后，能够及时产生大量的脯氨酸，降低叶片细胞的渗透势，防止细胞脱水，随着盐浓度的升高或时间的延长，其机体内受到损害，脯氨酸产量降低，这说明在一定的盐度下，新疆野苹果具有耐盐性。

丙二醛是膜质过氧化产物之一，其含量的多少代表膜受损害的程度，它又可与细胞膜上的蛋白质、酶等结合，引起蛋白质分子内和分子间的交联，从而使蛋白失活，破坏了生物膜的结构与功能（刘延吉等，2008）。许多学者研究认为随着盐浓度增加，丙二醛含量增加（刘延吉等，2008；

Chen Qiang et al., 2011），这一点与本文的论点一致。本研究中丙二醛含量随着盐处理的升高而升高，低浓度时，丙二醛含量增加比较缓慢，随着盐胁迫时间或浓度的延长或增加，丙二醛含量逐渐上升，可能是在短时间内，盐离子对新疆野苹果幼苗细胞膜的伤害小，植株能够通过动员自身的酶性和非酶性两类防御系统保护细胞免受氧化损伤，而随着时间的延长，盐离子对幼苗的伤害已经超过了幼苗自身的调节能力，细胞膜被严重损伤，丙二醛大量产生。

盐胁迫可提高叶绿素酶的活性，加速叶绿素降解，同时抑制叶绿素的合成（邹丽娜等，2011）。本试验中，叶绿素含量均有不同程度的降低。低盐或盐胁迫初期，叶绿素迅速下降，之后浓度增加或胁迫时间延长，叶绿素恢复到接近正常水平的峰值，这可能与新疆野苹果叶绿体对盐胁迫较为敏感有关，但随着机体内抗氧化酶及渗透调节物质在体内大量积累，修复损伤，叶绿素含量升高。但Alberte等人认为，盐分胁迫下，玉米叶绿素含量降低的主要原因是叶绿体片层中捕光Chla/b-pro复合体合成受抑制，随着盐浓度的增高，植株的代谢严重紊乱，生长受到不可恢复的抑制，植株开始衰亡，叶片叶绿素与叶绿素蛋白间的结合变得松弛，叶绿素易被提取，引起处理后期叶绿素含量相对升高（Alberte et al. 1997）。

可溶性糖作为重要渗透调节物质，主要来源于淀粉等碳水化合物的分解以及光合产物。逆境条件下，可加速淀粉可溶性糖的转化，使植物体积累大量的可溶性糖，从而增加组织液浓度和渗透压。植物细胞的渗透调节作用是植物适应环境、增强抗逆性的基础，也是植物对盐分胁迫的重要手段之一（周琦等，2015）。本研究中，随着盐浓度的升高，新疆野苹果的可溶性糖含量逐渐升高，当浓度超过0.8%时开始下降。这说明，盐胁迫条件下，新疆野苹果体内可将体内贮存的淀粉迅速转化为可溶性糖，对盐胁迫做出积极的响应。

SOD、POD作为植物体内抗氧化酶系统的重要组成部分，在清除自由基方面发挥重要作用。本研究中，在盐胁迫最初一段时间内或低于0.6%盐溶液下，新疆野苹果叶片中的SOD和POD活性呈上升趋势，随着胁迫时间的延长或浓度升高，SOD（POD）活力下降，说明新疆野苹果在盐胁迫的最初一段时间或中低盐浓度下，做出了应激的反应，表现为SOD（POD）活性增加，消除活性氧自由基能力增加，但随着盐胁迫处理加重，植物体受损，SOD（POD）本身也受到伤害，从而导致SOD（POD）活性下降。

4.3 新疆野苹果枝条内生菌的分离与鉴别

植物样品取自新疆伊犁谷地新源交托海野果林，选择2年生新疆野苹果健康植株（未带病原体）的茎段为材料，采集时间为2014年7月下旬。采集样带回实验室后，置常温水中培养、催芽，待芽锥膨大，取具有1～2个芽的茎段进行组织培养。

MS培养基（启动培养）：蔗糖30g/L+琼脂5g/L；基本MS培养基配制参照林顺权的方法。

PDA培养基（分离纯化）：马铃薯200g/L+葡萄糖20g/L+琼脂15～20g/L，自然pH值。

取具有1～2个芽的茎段，自来水冲洗2h，将表面尘土洗干净。在无菌条件下，用70%乙醇、0.1%氯化汞和70%乙醇依次消毒30s、7min和15s，再用无菌水反复冲洗，然后用无菌滤纸吸干水分，把消毒后的茎段下端剪出切口，接种到MS启动培养基上。培养条件为光照28℃/18h，黑暗24℃/6h，光强度为2000～3000lx。

待样品边缘有菌落长出时，按照菌落的外部特征（菌落颜色、表面特征、质地、色素颜色等）分为不同的菌株，共11株，同时编号（以新疆野苹果拉丁文*Malus sieversii*的缩写字母MS为编号）。通过生长时间和位置确认污染为内生菌，非操作污染时，取菌落边缘部分转到PDA分离培养基上，放置于恒温培养箱，28℃倒置培养，10天左右菌落长满整个平板，取菌丝−70℃保存待测，并接种到PDA试管斜面培养5～7天后，作为菌种置4℃保存。

菌丝体DNA的提取及检测：用北京天根公司的DNA试剂盒提取基因组DNA，1%琼脂糖凝胶电泳检测。

rDNA ITS区段的PCR扩增：将提取的菌丝体基因组DNA用超纯水稀释到20ng/μL，−20℃保存备用；dNTP、Taq酶、$MgCl_2$与Taq polymerase buffer等购自大连宝生物公司；通用引物序列为ITS1：TCCGTAGGTGAACCTGCGG和ITS4：TCCTCCGCTTATTGATATGC。PCR反应体系（25μL）如下：Tap polymerase buffer（10×，750mM Tris-HCl＋200mM（NH4）$2SO_4$＋0.1% Tween-20）2.5μL，25mM $MgCl_2$ 2.0μL，2.5mM dNTP1.5μL，2μm primer 2μL×2，Taq DNA polymerase 1U，DNA（20ng/μL）2μL，剩余体积用超纯水补足。每次反应都用超纯水代替模板DNA对照。PCR反应程序：预变性94℃3min，变性94℃30s，退火53℃30s，延伸72℃30s，重复变性到延伸，30个

循环，补平72℃10min。

将扩增产物用1%琼脂糖凝胶在1×TBE电泳缓冲液中经过电泳，紫外分光仪检测DNA浓度与质量，用Bio-rad凝胶成像系统检测并记录。

rDNA-ITS序列测序PCR产物经电泳检测后，由北京华大基因公司进行测序。MS1的ITS序列长度为545bp，在GenBank中未发现有新疆野苹果内生菌序列，故将此序列登录在GenBank中，登录号为KR061359；MS6的ITS序列共计510bp，在GenBank中的登录号为KR061363；MS9的ITS序列共计512bp，在GenBank中的登录号为KR061366（表4-2）。

DNA序列分析及系统发育树的构建DNAMAN软件分析测序所得序列两两比较分组，然后Blastn确定其种属，最后DNAMAN分析比对构建系统发育树。

表4-2 新疆野苹果内生真菌序列在GenBank中登录信息

登录号	GI	网址
KR061359	961373887	https://www.ncbi.nlm.nih.gov/nuccore/KR061359
KR061360	961373888	https://www.ncbi.nlm.nih.gov/nuccore/KR061360
KR061361	961373889	https://www.ncbi.nlm.nih.gov/nuccore/KR061361
KR061362	961373890	https://www.ncbi.nlm.nih.gov/nuccore/KR061362
KR061363	961373891	https://www.ncbi.nlm.nih.gov/nuccore/KR061363
KR061364	961373892	https://www.ncbi.nlm.nih.gov/nuccore/KR061364
KR061365	961373893	https://www.ncbi.nlm.nih.gov/nuccore/KR061365
KR061366	961373894	https://www.ncbi.nlm.nih.gov/nuccore/KR061366
KR061367	961373895	https://www.ncbi.nlm.nih.gov/nuccore/KR061367

4.3.1 内生菌分离

内生菌经过启动培养，然后分离纯化。分离状态：在黑暗条件下，PDA培养基倒置培养10天左右长满整个平板，其菌落颜色、表面特征、质地、产生的色素颜色都有明显的区别，MS6呈环状，菌丝质地柔软；MS7呈斑点状，菌丝棉絮状；MS9和MS10呈放射状，均产生明显的紫色素（图4-12）。

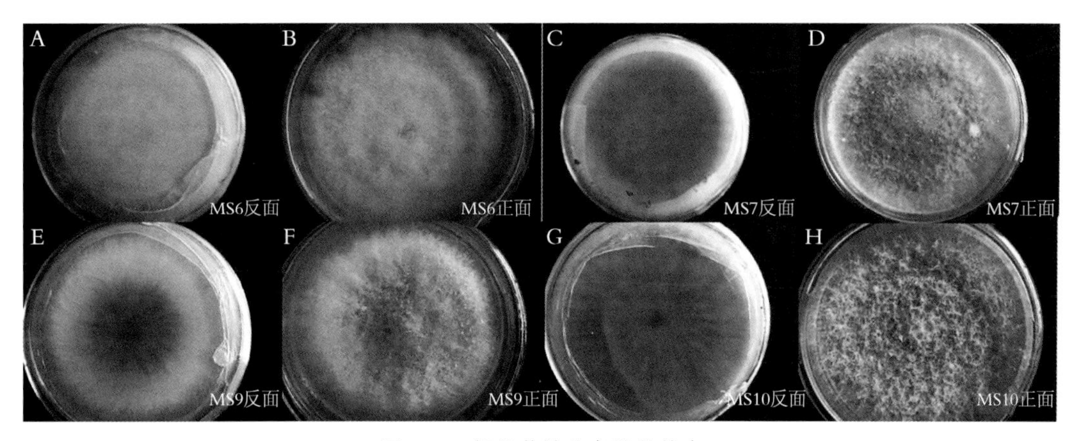

图4-12　部分菌株分离纯化状态

注：菌株长满整个平板后正反面生长状态为A.MS6反面；B.MS6正面可见明显的环状，菌丝质地柔软；C.MS7反面；D.MS7正面，正反面均成斑点状，菌丝棉絮状；E.MS9反面呈放射状；F.MS9正面菌丝质地柔软；G.MS10反面呈放射状；H.MS10正面，菌丝棉花状。

4.3.2　不同菌株基因组DNA的提取

从新疆野苹果茎上分离得到的菌株中，挑取菌丝体提取基因组DNA，经过电泳分析仪和凝胶分析仪检测。1%琼脂糖凝胶电泳（图4-13A）显示除MS10菌株以外，其他的都为单一条带，均能满足后续试验要求。

4.3.3　不同菌株PCR扩增

分别以各菌株基因组DNA为模板，以ITS1和ITS4为引物，进行PCR扩增产物的电泳检测结果（图4-13B）：MS0为对照组，泳道无条带，其他泳道呈现单一条带且明亮，但MS10条带浅暗，PCR扩增产物浓度低，不满足测序对浓度最低要求。

4.3.4　扩增序列的分析

运用DNAMAN软件对菌株的rDNA ITS区段的DNA序列进行两两比对，其

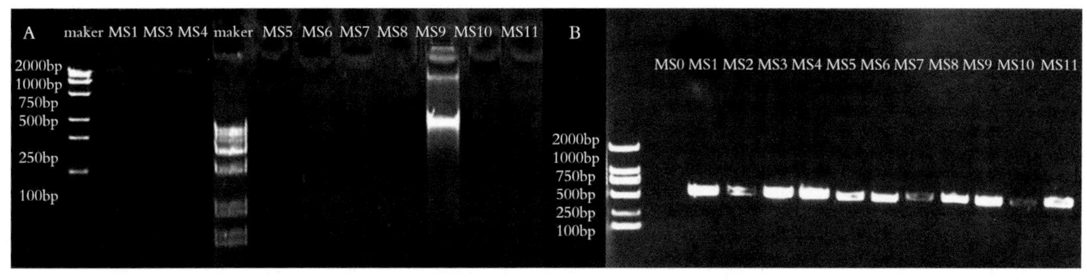

图4-13　基因组DNA和PCR产物电泳检测图

注：A.DNA基因组电泳检测，Marker为2000bp；B.基于ITS1和ITS4引物的菌株PCR扩增产物，MS0为对照，以PCR水代替模板，其他加入量不变，MS1与MS2为同一菌株。

中，MS1、MS2、MS3、MS4、MS7、MS8和MS11相似性为100%；MS5和MS6的相似性为100%；MS9与其他相似度极低，故可判断成功测序的菌株中仅有3个种。分别对菌株MS1、MS6和MS9的序列进行BLAST分析，运用DNAMAN中的Blastn比对呈95%以上的5条序列和植物内生菌同源性都为100%的5条序列，未选择细菌作为外围序列，使用最大似然法比对分析，得到系统发育树。

MS1菌株的系统发育树（图未显示）：MS1菌株序列与链格孢属的多条序列相似程度较高，同源性在99%以上，KF951149在同一分支上，且此登录号的菌为新疆地区枣树上的内生菌，因此，将该菌株鉴定为链格孢（*Alternaria* sp.）的极细链格孢菌（*Alterneria tenuissima*）。

MS6菌株的系统发育树（图未显示）：MS6菌株序列与镰刀菌属的多条序列相似程度较高，同源性在99%以上，与KP006339分支最近，且此登录号的菌为棕榈树的内生菌，因此，将该菌株鉴定为镰刀菌属（*Fusarium* sp.）。

MS9菌株的系统发育树：MS9菌株序列与镰刀菌属的多条序列相似程度较高，同源性在99%以上，与KM65551在同一分支上，且此登陆号的菌为甘蔗的内生菌，因此，将该菌株鉴定为镰刀菌属（*Fusarium* sp.）。

本研究中鉴定的链格孢属真菌可能促进了新疆野苹果的生长，增强了抗干旱、盐碱等胁迫的能力，而鉴定出的3种真菌可能都不产生有毒的生物碱，因新疆野苹果可作为牲畜的食料。本研究首次采用PDA结合MS启动培养分离法分离新疆野苹果内生菌，并通过分子生物学方法鉴定得到链格孢属和镰刀菌属两个属，包括极细链格孢菌以及分别与棕榈和甘蔗内生菌高度相似的两个内生菌。

研究中获得的菌种测序结果均提交到NCBI数据库，提交时间为2017年4月10日，登录号分别为KR061359、KR061360、KR061361、KR061362、KR061363、KR061364、KR061365、KR061366、KR061367，新疆野苹果内生真菌5.8S，28S及转录间隔序列的核酸序列在Genbank公布，其登录号及网址详细信息见表4-2。

4.4 新疆野苹果花粉萌发试验

2014年4月，样品采集于新疆野苹果伊犁谷地分布区新源交托海居群，于新疆野苹果初花期（花前期）采集饱满未开放的花蕾，用镊子取出里面的花药，通风处阴干后，立即收集于硫酸纸袋中（从采集到干燥7～10天）低温保存（−4℃），进行花粉萌发试验。

花粉萌发的培养基参照唐巧红（2013）的配方：10%蔗糖+0.01%硼酸+0.7%琼脂。将配好的培养基高温灭菌，待冷却后，迅速用滴管滴一滴于干净的载玻片上，用橡皮筋蘸取少量的花粉，均匀弹于培养基上。将培养基放入铺有湿润滤纸的培养皿中，盖上盖子，置于25℃的恒温培养箱中培养。花粉吸水后，观察湿花粉的形状。于2h、3h、4h用LEICA DM4000LB显微镜分别观察培养基花粉的萌发情况。随机选取20个视野，计算花粉萌发率，每个视野不低于30粒花粉。花粉萌发率（%）= 每个视野萌发的花粉数/每个视野中总的花粉数 × 100%。花粉萌发结果用LEICA（DFC450）相机拍照，LAS AF Lite软件采集图像并进行图像分析，测量花粉管萌发的长度。

新疆野苹果花粉在显微镜下观察为一粒一粒分散开的，因此属于单粒花粉。干燥的花粉形态多长扁圆形，少数为近圆形，显微镜下可见明显的萌发孔及花粉沟。将-4℃保存的花粉散落到培养基中，花粉会迅速吸收培养基中的水分及营养成分成为饱满状态（图4-14B）。

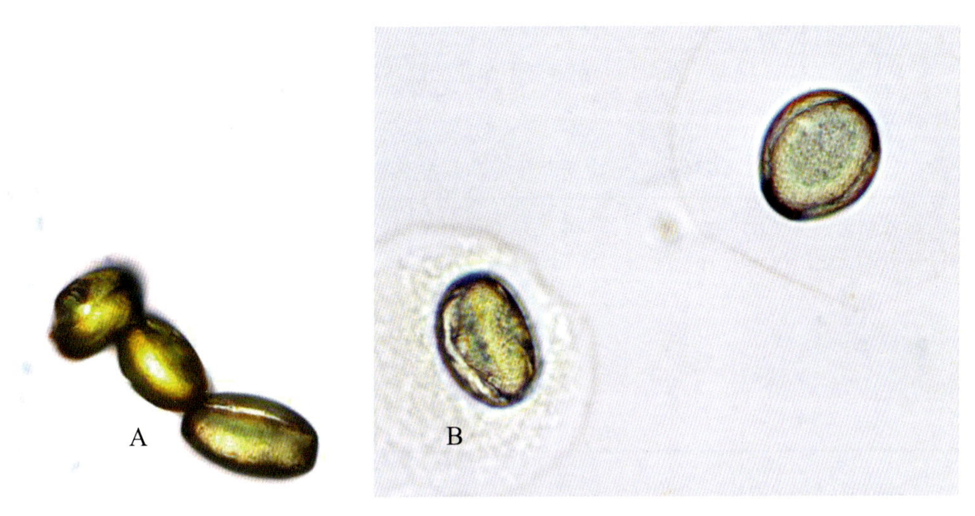

图4-14　新疆野苹果花粉形态

注：A.干花粉；B.湿花粉。

将干花粉散在培养基中，并置于培养箱中进行培养。分别于2h、3h、4h后开始观测新疆野苹果花粉的萌发率并测量花粉管长度，其花粉萌发的过程如图4-15所示。花粉萌发率和花粉管长度结果见图4-16和表4-3。

由表4-3可以看出，萌发2h时，其萌发率可以达到58.93%，花粉管长度可达249.95μm。3h时，其萌发率与2h时相差不大，为59.10%，花粉管长度为276.92μm。4h时，花粉的萌发率可达到68.98%，花粉管长度为566.30μm。4h之后，花粉萌发率不会再升高。

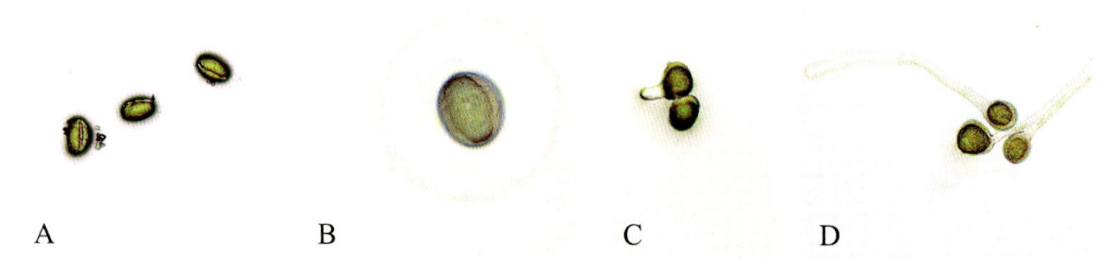

图4-15 新疆野苹果花粉萌发的过程
注：A.花粉干花粉；B.花粉吸水膨胀；C.花粉开始萌发；D.花粉管伸长。

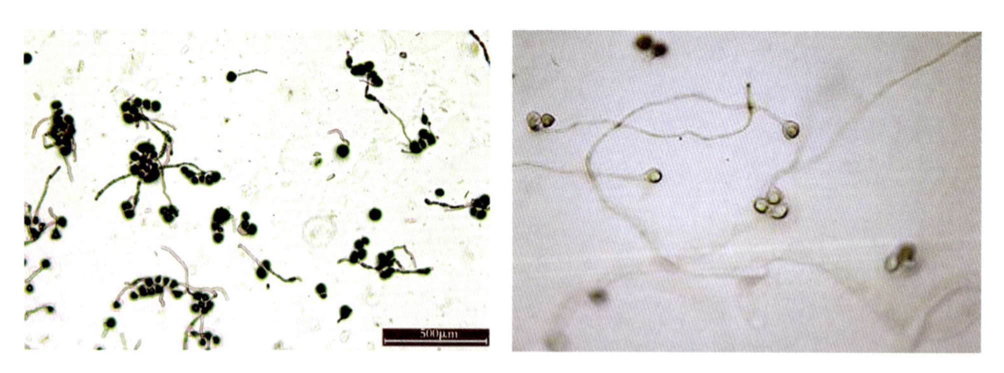

图4-16 新疆野苹果花粉整体萌发情况

表4-3 新疆野苹果花粉萌发率及花粉管长度

萌发时间（h）	花粉萌发率（%）	花粉管长度（μm）
2	58.93	249.95
3	59.10	276.92
4	68.98	566.30

新疆野苹果花粉萌发试验表明，其最高萌发率为68.98%，造成花粉萌发率偏低的原因为部分花粉发育不良、花粉活力低，也可能与花粉采摘后保存时间及保存环境有关。

不同培养基对于花粉的萌发具有很大的影响，如硼酸对花粉的萌发及花粉管的伸长具有决定性作用。若培养基中不含硼酸，实验发现花粉不萌发或者生长不良，过高浓度的硼酸含量也会影响花粉的生长及其伸长。有研究表明，培养基内硼酸浓度高达0.1%会抑制花粉的萌发及花粉管生长（张绍铃等，2003），故而本研究采用0.01%的硼酸对新疆野苹果的花粉萌发进行试验（唐巧红，2013），结果花粉萌发率较高而且花粉管伸长速度快，这表明0.01%的硼酸是一个较适合新疆野苹果花粉萌发的浓度，这为后期的花粉萌发机制研究提供了一个基本的理论基础。但是，由于在实验中使用的培养基种类比较少，并且花粉萌发及花粉管生长还受其他外源物质的影响，因此还无法确定最适宜不同居群新疆野苹果的培养基组分及浓度。

花粉萌发实验结果表明，花粉的采集是研究花粉的基础，为防止花粉释放或杂交的现象出现，必须采集含苞待放的花朵；为保证花粉的成熟度，要采集饱满的花蕾；花粉的保存对于花粉的萌发极为关键；花粉的再生依赖于培养基的成分，不同浓度的成分除了为花粉的萌发提供足够的营养外，也会对其产生不同的影响，因此适宜浓度的培养基成份对花粉的萌发至关重要，今后应继续加强对不同居群的新疆野苹果花粉离体萌发最适培养基成分的研究。

4.5　新疆野苹果种子萌发生理特性研究

供试材料取自于新疆伊犁地区的新源居群、巩留居群、那拉提居群的新疆野苹果种子以及数量较少的红肉苹果种子。采集时间分别为2008年8月、2011年8月、2012年8月、2013年8月、2014年8月等。

4.5.1　不同处理方式对种子萌发的影响

供试种子均为巩留居群当年新种子，试验设置3种处理方式，每个处理100粒种子，重复3次。

（1）室外低温层积处理

将种子用清水浸泡4h，与湿沙（需清洗并经高压灭菌）以1：3的体积充分混匀，装入编织袋，置于室外排水良好、背阴干燥处预先挖好的坑中，深度40～50cm，其上覆以干草和土。40天后开始检查并记录种子萌发情况（图4-17）。

（2）冰箱冷藏层积处理

种子与河沙处理同（1），将两者混匀后，装入自封袋（未完全封口），置于4℃冰箱内，定期检查种子萌发情况，并及时补充一定水分。

图4-17　新疆野苹果种子沙藏层积处理

（3）种子去皮处理

将种子用清水浸泡12h，吸水纸吸干表面水分，剥掉种皮，均匀置于铺有一层消毒纱布的培养皿中，用蒸馏水润湿纱布，上面再覆一层湿纱布，盖上盖子，并将培养皿置于25℃条件下培养，每天观察种子的萌发情况，并补充一定的水分。

室外低温层积、冰箱冷藏层积及种子去皮3种处理方式对种子萌发进程的影响差异很大（图4-18）。种子去皮处理，大大加快了种子的萌发速度，其萌发率3天可达到100%，第3天子叶开始变绿，第4天时子叶展开，第5天根尖伸长（图4-19）。另两种层积处理的种子萌发速度相对较慢。室外低温层积的种子40天左右开始萌发，种子发芽不整齐，100天时，其种子萌发率仅为85.67%。冰箱冷藏层积的种子60天才开始萌发，但发芽相对较集中，80～90天为发芽高峰，发芽率从22%上升到91.33%。推测种皮为限制新疆野苹果种子萌发的主要影响因素。

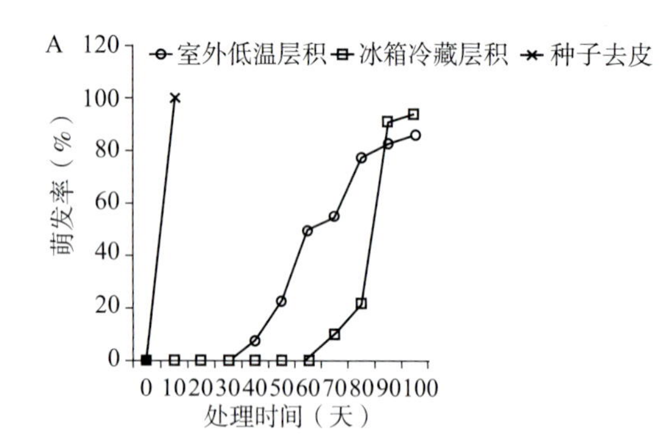

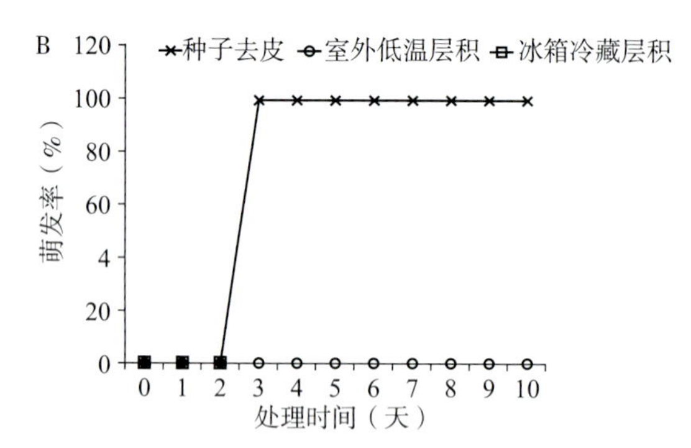

图4-18　不同处理下新疆野苹果种子萌发进程

注：A.30天时室外低温层积的种子开始萌发，60天时冰箱冷藏层积的种子开始萌发；B.图A中0～10天的放大图，显示3天时，种子去皮处理的萌发率达100%。

图4-19　种皮去除处理种子萌发情况

注：1天时，未见萌动；2～3天时，子叶开始变绿；3天时，根尖露白；4～5天时，子叶展开，根尖继续伸长；6～7天子叶继续展开；8天时，个别种子出现真叶。

4.5.2　不同储藏时间种子萌发特性

供试种子均来自新源居群，种子贮藏的时间分别为0年（新种子）、1年、2年、3年、7年，种子萌发采用室外层积方式，定期观察种子的萌发情况，每个处理种子100粒，重复3次。

不同年份采集的种子发芽率存在一定差异（图4-20）。30天内，不同年份的种子均没有发芽，40天除贮藏7年的种子未发芽外，其余种子均有不同程度的萌发。总体上，贮藏期0年、1年、2年、3年的种子萌发率没有明显差异，说明新疆野苹果的种子常温保存3年仍可保持较高生活力。7年种子40天时才有个别萌发，最终的发芽率仅为31.6%，与1年的种子相比，发芽率下降了近70%。这说明随着时间延长，种子的活力逐渐减弱。

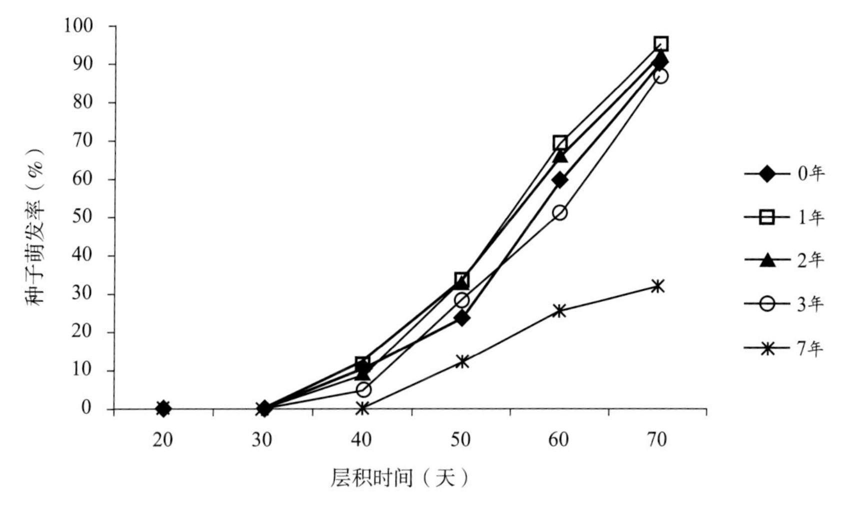

图4-20　不同贮藏时间种子萌发情况

注：图中0年、1年、2年、3年、7年分别表示贮藏期为0年、1年、2年、3年、7年的种子。除7年的种子40天萌发外，其他4个处理均在30天时开始萌发。7年处理的萌发率为31.6%，远低于其他处理。

4.5.3　不同居群新疆野苹果与红肉苹果种子萌发特性

供试种子来自新源（XY）、巩留（GY）、那拉提（NY）居群的新疆野苹果以及红肉苹果（HR），种子均为当年新种，种子萌发采用室外层积方式，每5天定期观察种子的萌发情况。每个处理100粒种子，重复3次。

种子萌发存在一定差异（图4-21），其中以红肉苹果发芽率最高，达到93%，新源居群次之，最低的为那拉提居群，为74%。巩留居群的种子前期萌发率较高，巩留居群与红肉苹果萌发高峰期较其他两个居群提前，集中在50～80天。

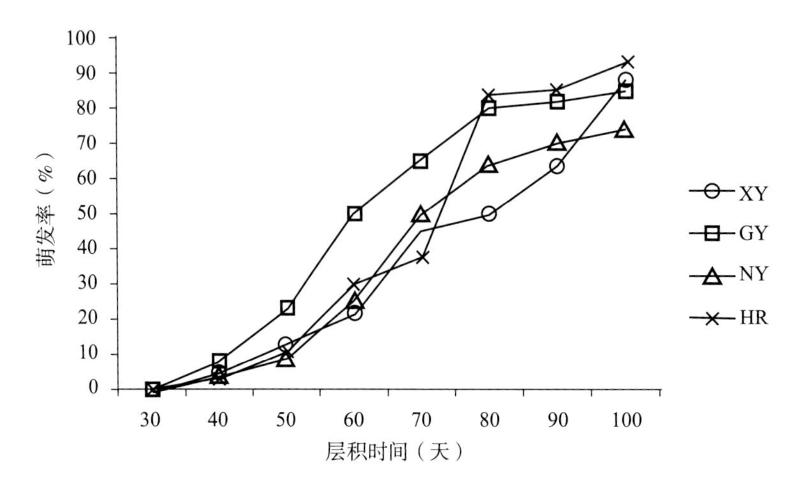

图4-21　不同居群新疆野苹果与红肉苹果萌发进程

注：图中XY、GY、NY、HR分别表示新源居群、巩留居群、那拉提居群、红肉苹果。

4.5.4　讨论与小结

新疆野苹果种子的种皮颜色多为黄褐色、褐色和深褐色，在取样过程中由于成熟度不同造成千粒重差异较大。本试验中不同居群的新疆野苹果在种子的千粒重和色泽方面也表现出较大的差异。

种子休眠是植物长期适应外界环境的一种生态对策（张秋香等，2004），新疆野苹果也是如此，种子具有生理休眠的特性，种子成熟后种皮有一层蜡质层（杨磊等，2008）。研究发现新疆野苹果种皮透水性良好，但透气性差，且种皮和子叶中含有较多的抑制剂（陈开秀等，1988）。在自然环境条件下，种子休眠可以安全度过严酷的冬季，以避免种子萌发后幼苗被冻死。由于种子休眠深度不同，萌发不整齐，幼苗生长缓慢，加之过度放牧等人为活动的干扰，使得幼苗被踩踏、取食，使其在种间竞争中处于不利地位，导致新疆野苹果自然更新困难。

本试验在去种皮后，种子的透水性和透气性大大提高，使种子萌发所必需的O_2供应充分，且去除了种皮自身所含有的抑制剂，打破了种子的休眠，使种子3天后萌发率可达到100%。低温是打破种子休眠的有效方法，本试验中，分别采用室外低温层积处理，以及置于4℃冰箱低温细沙层积40～60天均能打破新疆野苹果种子休眠。去种皮费力、费时，适于小面积育苗试验，可为组培快繁及分子生物学研究及时提供研究材料。传统的室外低温层积一般每年只能在冬季进行，对时间要求较为苛刻，但后面的栽培试验中发现，室外层积的小苗较冰箱层积方法培育的苗健壮，因此适宜大面积育苗、人工抚育，促进新疆野苹果种群更新。

4.6　新疆野苹果的繁殖以及根系分布特点

4.6.1　新疆野苹果自然更新

自然分布的新疆野苹果种群结构复杂，其年龄结构呈现幼龄个体减少而老龄个体增加的态势，老化趋势较为明显。由于新疆野苹果生长缓慢且树干低矮，加之环境和人为因素的影响，其自然更新速度缓慢。新疆野苹果的自然更新主要以实生繁殖为主，根蘖繁殖为辅。

4.6.1.1 实生繁殖

实生繁殖即种子繁殖，主要是新疆野苹果果实成熟后自然坠落，果实由枯枝烂叶覆盖，经过冬季自然低温层积后，待翌年春季种子萌发。或秋季果实脱落后被牛等家畜取食，经粪便排出，被冰雪覆盖，第二年春季冰雪消融，种子开始萌发（图4-22），这种实生繁殖萌发的苗呈簇出现，不均匀。

图4-22　春季牛粪中萌发出的野苹果苗

4.6.1.2 根蘖繁殖

新疆野苹果林下自然更新的另外一种繁殖方式是自然根蘖繁殖，这种方式是新疆野苹果由主根或侧根部位萌发出不定芽，由不定芽继而萌发长出苗，进而长成植株。

4.6.1.3 自然更新的现状

一般来说，天然林的种群更新以自然更新为主，但新疆野苹果的种群更新却受到了前所未有的威胁。由于山区的开发，新疆野苹果的生态环境受到了严重的影响。此外当地居民对新疆野苹果果实连年进行人为采收，作为其收入的一项来源，致使林下自然脱落的果实种子逐年减少，实生繁殖的幼苗也逐年减少，少数幸存的自然更新苗受人为的践踏和牛羊的啃食，自然成苗率极低，新疆野苹果种群的自然更新面临着前所未有的困难。

4.6.2 人工抚育更新

由于新疆野苹果单纯依靠种群的自然繁殖很难保证野苹果永续更新，为有效保护新疆野苹果资源，人工辅助更新是一种有效的手段。项目组成员花费了大量的人力、物力和财力用于新疆野苹果的人工抚育更新。

为了使新疆野苹果树苗更加健壮，促进苗木成活率，本试验在人工育苗、移栽基础上，对移栽的新疆野苹果苗进行平茬处理，以期为人工抚育更新提供更为有效可行的方式。平茬即苗木在移植2～3年后，从根颈处全部剪截去上面的枝条，使之重新发出通直而粗壮的主干来。经过平茬的刺激作用，根部积累的养分越多，平茬后主干生长得越快、越高。经过平茬的苗木，不仅通直，而且粗壮，根际处很少萌生根蘖苗与其争夺养分，生长旺盛，也少病虫危害，苗木优质化程度大大提高，并有助于移栽成活率的提高。

项目组人工抚育更新实验于2007年开始进行，实验地设置在新源资源圃内（图4-23）。为进一步保护更新苗生长，2011年5月，项目组成员通过集资方式，在资源圃内部东面海拔约1500m开阔地带又进行围栏封闭，为人工抚育重点保护区，面积约46亩，其东界海拔为1476m，该区域坐标N：43°37′53″，E：83°53′50″，连续3年用于新疆野苹果的人工辅助更新试验。

新疆野苹果种子来自霍城大西沟。种子经层积处理，分别于2010年、2011年和2012年的11月份土壤封冻前，挖沟将种子土中埋藏，积雪覆盖，于第2年3月底挖出，待种子露白，立即播种（图4-24）。

第2年4月，将层积好的种子播种于资源圃中，实验采用点穴播种法，播种粒数为300穴×10粒，播种后调查出苗率，7月调查幼苗成活率。2011年，于春秋两季，将1年生苗定植于园中园中部；2012年春季和秋季，沿着园中园东侧东界从北至南分别种植2年生和3年生苗，形成过渡梯度（过渡型）；2013年秋季在园中园西侧移植2600株5年生苗和1000株3年生苗，定植后分别于第2年夏季调查幼苗的成活率，以基部有嫩叶、有新叶展开和有新枝为标准统计成活率。每年春季5月初，将移植的更新苗进行平茬处理，平茬高度为距离地面15cm处，第2年调查苗木基径和树木高度。5年生更新苗位于园中园上游，海拔相对较高，其他更新苗位于园中园下游。

图4-23　新疆野苹果抚育更新试验区

图4-24　冬季播种新疆野苹果种子

4.6.2.1 出苗时间与出苗率

新疆野苹果种子4月1日穴播后，调查发现幼苗于4月22日破土，露出两片子叶（图4-25），从播种到出土约20天。

图4-25 新疆野苹果出苗情况

由连续3年的播种出苗率调查数据显示，新疆野苹果种子经层积处理后出苗率极高，3年数据均高于90%（表4-4），说明种子的成熟度较好，种子质量不是限制其自然更新的主要因素。

表4-4 新疆野苹果出苗率

年度（年）	播种数（粒）	萌发数（粒）	出苗率（%）
2011	3000	2761	92.03
2012	3000	2822	94.06
2013	3000	2713	90.43

通过人工育苗结果说明新疆野苹果种子自然成熟度较高，层积处理是打破新疆野苹果种子休眠和促进种子萌发的较为实用和简单的处理方式。此外，在园中园进行人工抚育，可以防止幼苗遭到人为及放牧干扰，提高其成苗率，使新疆野苹果的繁殖速度快速上升，种群恢复的情况得到大大的改善。因此，有必要坚持并加强人工辅助更新繁育，促进新疆野苹果种群的更新，防止种群衰退。

4.6.2.2 苗木移栽成活率调查

新疆野苹果幼苗移栽定植后，第二年夏季其移栽成活率调查结果如表4-5所示。调查结果显示，2011年4月定植的20株苗中，只有4株成活，其移栽成活率只有20%，原因是由于2012年，苹果小吉丁虫危害严重，使许多幼苗茎部发红，茎干处树皮脱落，最后因茎干和枝干裂开而导致死亡。存活的苗子位于平坦的地方，具体位于园中园东部上游。

2011年10月，在园中园中进行第2次移栽，共移栽1年生苗200株，成活率约为70%。2011年，春植更新苗成活率明显低于秋植，其原因可能与春季苹果小吉丁虫爆发，且当年秋季降雨量多于春季有关。

表4-5　新疆野苹果移栽成活率调查

移栽时间	树龄	移栽株数（株）	成活株数（株）	移栽成活率（%）
2011.4	1年生	20	4	20.00
2011.10	1年生	200	140	70.00
2012.4	2年生	249	135	45.90
2012.10	3年生	213	192	88.50
2013.10	3年生	1000	500	50.00
2013.10	5年生	2600	1835	70.59

2012年两次移栽的成活率显示，春季移栽的249株2年生苗中，有135株成活，成活率为45.90%。秋季移栽的213株3年生苗，成活192株，成活率达到88.50%，明显高于春季移栽的苗木。与2011年春植成活率低于秋植成活率原因一样，可能是当年春季的降雨量少于秋季。

2013年的两次移栽均是在秋季进行的，分别移栽了1000株3年生苗和2600株5年生苗，分别成活了500株和1835株，其成活率分别为50.00%和70.59%，这说明同时间移栽的苗木，其成活率与新疆野苹果的树龄有关，5年生的苗成活率高于3年生苗木。

通过3年的移栽实验显示，移栽的成活率与当年的气候有关，一般来说，秋季移栽的成活率要优于春季。实验结果显示5年生的新疆野苹果苗其秋季的移栽成活率达到70.00%。一般来说，5年生的野苹果树苗其株高和粗度达到了一定程度，在自然条件下受牛羊践踏、啃食致死的几率较低，通过移栽实验表明，在园中园育苗，然后移栽至野苹果林中，进行人工抚育更新，是一种行之有效的手段。

4.6.2.3 苗木生长量调查

2014年4月分别对育苗圃2年生、3年生实生苗生长状况调查：自西向东，第1行和第2行为保护行，自西向东阳光逐渐充足，西侧树木遮阴，长势普遍弱于东侧阳光充足无遮挡的苗木，第3～4行，受树木树势影响，稍阴，长势较弱，第17行阳光充足，长势良好。

调查结果显示（表4-6），2014年4月，2年生实生苗的基径2.69～12.04mm，平均5～6mm，3年生的苗在经过两次平茬后，其平均基径可以达到11mm，比2年生苗粗度增加了近1倍（图4-26，图4-27）。2014年7月调查的2年生苗播于2013年春季，2014年5月1日在距离地面5cm处平茬。数据显示，2年生的野苹果苗7月份树苗基径可以达到7mm左右，比春季的野苹果苗直径增加1～2mm。

表4-6　2014年园中园实生苗生长量测定

调查时间	树龄	行数	基径最高值（mm）	基径最低值（mm）	基径均值（mm）
2014.4	2年生	第3行	8.69	3.13	5.02
2014.4	2年生	第4行	9.16	2.69	4.78
2014.4	2年生	第17行	12.04	4.06	6.71
2014.4	2年生	第27行	11.18	2.94	6.71
2014.4	3年生	第5行	15.37	6.24	11.19
2014.7	2年生	第3行	8.59	3.82	6.92
2014.7	2年生	第17行	13.80	6.40	7.23

图4-26　平茬之后的新疆野苹果定植苗

图4-27　苗圃中的新疆野苹果苗

注：A. 2年生；B. 1年生。

4.6.3　根系分布与调查

新疆野苹果幼苗期根部发育阶段有较明显的垂直主根和侧根的分化，以垂直分布为主（图4-28），但成年植株根系分布以水平分布为主（图4-29），根系水平分布半径可达4～8m，水平根分布半径可以接近或超过树冠半径，根系垂直分布可达1～3m。

图 4-28　新疆野苹果幼苗根系

4.6.3.1 根系生长情况调查

随机对40株1年生苗的株高、地上部长度、根长、叶片数及植株鲜重做了调查，如表4-7所示。从表中数据可以看出，1年生苗根系的垂直生长速度较快，根系平均长度为16.58cm，约为植株总长度的60%，地下部根系的生长量高于地上部分。这说明幼苗期根系的生长以主根的垂直生长为主，这可能与生长气候有关，过高的太阳辐射导致浅土层水分不足，使新疆野苹果幼苗必须通过深扎根来获取水养资源，以供给地上部水分和养分。

表4-7 新疆野苹果1年生苗生长量调查

参数	株高（cm）	地上部（cm）	根长（cm）	叶片数（个）	鲜重（g）
平均	27.68±4.28	11.10±2.78	16.58±8.35	8.79±2.01	0.88±0.21
最高	33.00	14.50	24.50	15.00	1.40
最低	17.80	5.10	8.80	6.00	0.44

4.6.3.2 大树根系分布实地调查

2015年4月，作者在调查新疆野苹果巩留大莫合居群时发现了一株分布在河滩的新疆野苹果（海拔1500m）成年大树（图4-29）。经过现场测量，该株新疆野苹果大树树干基径44.2cm，胸径41cm，东西冠幅6.8m，南北冠幅9.4m，单侧根幅长达到了7.8m，也就是说本株水平分布根半径远远大于植株的树冠半径（3.4～4.7m）（图4-30）。

图4-29 新疆野苹果大树根系分布调查

图4-30 新疆野苹果大树根系分布

2015年4月，调查古树分布区一株新疆野苹果树根系水平分布情况，海拔1700m，坡顶半阴坡分布有一株新疆野苹果树大树，因为当地修建道路（山区简易公路）的破坏和影响，该株大树的根部20%～30%遭受破坏和切割，实地调查其树根裸露的部分，大树基部周长3.77m，株高14～15m，冠幅11～13m，植株的树冠半径（5.5m×6.5m），测量单侧水平分布根幅最长可达8.2m（图4-31），调查说明本株新疆野苹果水平分布根半径远远大于树冠投影面积。

以此说明，新疆野苹果成年树的水平根向四周分布，面积大，区域广，水平根分布面积远远大于树冠的投影面积。

图4-31　古树分布区新疆野苹果根系调查

4.6.4　小结

新疆野苹果作为第三纪孑遗植物和国家二级重点保护野生植物，近年来由于人为活动不断增加，牧业过度增长及过快发展，导致水土流失、山体滑坡现象日益严重，新疆野苹果天然野果林的面积日趋缩减，新疆野苹果种群数量在减少，缺乏管理，病虫害频发，新疆野苹果种群更新困难，使得保护该种质资源变得日益严峻起来。种子质量不是限制种群更新的原因。通过人工抚育更新，对于保护新疆野苹果天然野果林的种质资源具有十分重要的意义。因此，人工抚育更新工作有必要坚持并加强，但需要政府更多的人力、物力和财力的支持。

第5章 | 新疆野苹果的表型多态性研究

新疆野苹果种内蕴藏着丰富的遗传多样性，林培均和崔乃然（2000）将新疆野苹果划分为84个类型，见表5-1。新疆野苹果不仅具有现代栽培苹果的全部品质，而且具有抗旱、抗寒、抗病虫等众多优良性状，是开展和保障栽培苹果新品种培育和遗传改良工作最为重要的原始基因库。

通过多年的实地调查，我们从花、果实、叶片、种子等形态学特征方面进行归纳总结，以及对不同居群的新疆野苹果进行了分析与比较，结果显示，新疆野苹果具有种内多态性和丰富的遗传多样性等特点。

表5-1　新疆野苹果的类型（林培均和崔乃然，2000）

类型编号	名称	类型编号	名称
1	早花矮苹果	43	圆果野苹果
2	多刺矮苹果	44	短圆柱野苹果
3	小果矮苹果	45	开张型野苹果
4	锈果矮苹果	46	倒卵状野苹果
5	长梗矮苹果	47	扁圆野苹果
6	光花柱矮苹果	48	倒圆锥野苹果
7	光滑矮苹果	49	黄圆果野苹果
8	短梗矮苹果	50	狭深梗洼野苹果
9	野红苹果	51	黄绿野苹果
10	大高桩野苹果	52	霍城圆果
11	大红野苹果	53	红花野苹果
12	高桩野苹果	54	多棱野苹果
13	铃铛果	55	清香野苹果
14	香甜野苹果	56	直萼野苹果

（续）

类型编号	名称	类型编号	名称
15	小花多雄蕊野苹果	57	新源圆锥果
16	香酸野苹果	58	反萼野苹果
17	短梗红霞野苹果	59	五肋野苹果
18	微香野苹果	60	小黄酸果
19	红晕野苹果	61	大扁心野苹果
20	长柄红霞果	62	小扁心野苹果
21	全红纹野苹果	63	小花野苹果
22	红纹野苹果	64	无锈斑野苹果
23	红条霞野苹果	65	晚花野苹果
24	霍城红霞果	66	短梗野苹果
25	霍城全红纹果	67	多雄蕊野苹果
26	红圆锥果	68	圆头形野苹果
27	红扁圆果	69	黄圆野苹果
28	浓香野苹果	70	蜜腺野苹果
29	小红扁圆果	71	新源绿果
30	大黄绿果	72	大白花野苹果
31	长柄大黄绿果	73	锥心野苹果
32	大扁圆果	74	畸形野苹果
33	大扁圆柱果	75	早熟野苹果
34	大扁圆锥果	76	少毛叶野苹果
35	绵酸野苹果	77	大花野苹果
36	细脆野苹果	78	白花野苹果
37	金色野苹果	79	绿圆野苹果
38	圆锥野苹果	80	疏毛野苹果
39	深梗洼野苹果	81	球花野苹果
40	丰产野苹果	82	伞形野苹果
41	大叶野苹果	83	等蕊野苹果
42	矩圆野苹果	84	小扁圆苹果

5.1 花

5.1.1 花的形态差异

新疆野苹果花期在4月下旬至5月初，伞房花序，每花序有4～8朵花，其中以6朵偏多。花冠直径为4～6cm；萼筒钟状，外被绒毛；萼片三角形，全缘；花瓣数为5个，形状有圆形、椭圆形、卵圆形、长圆形、宽卵圆形、倒宽卵形、阔卵圆形，多数为倒卵圆形。

花的颜色表现出明显的多样性，花蕾的颜色有红色、桃红色、浅桃红色、粉红色、白色（图5-1，表5-2），开花期花瓣为白色、浅粉色、粉红色、粉白色、白微粉色、白微带粉红色、淡红色（图5-2，图5-3，表5-2）。

此外，还有很多的中间类型，一般花朵开放后颜色变浅，脉纹颜色有红色和白色（图5-4，表5-2）；雄蕊19～31枚，通常为20枚，雄蕊长0.78～1.0cm，一般为0.85cm左右；花柱5个，柱头长0.98～1.28cm，一般为1.1cm左右；基部合生；花梗长0.8～4.8cm，花梗粗0.11～0.14cm，花梗具有较密的茸毛。新疆野苹果花丝为黄绿色，花药有浅黄色、黄色和深黄色（图5-5）。

表5-2 新疆野苹果花的类型

指标	类型
花瓣	颜色：白色、浅粉色、粉红色、粉白色、白微粉色、白微带粉红色、淡红色 形状：圆形、椭圆形、卵圆形、长圆形、宽卵圆形、倒宽卵形、阔卵圆形 脉纹颜色：红色、白色
花蕾	颜色：红色、桃红色、浅桃红色、粉红色、白色
花药	颜色：黄色、淡黄色、深黄色
雄蕊	个数：19～31个 高度：等于雌蕊；高于雌蕊；低于雌蕊 长度：0.78～1.0cm，一般为0.85cm左右
花梗	长度：0.8～4.8cm 粗度：0.11～0.14 cm，花梗具有较密茸毛
花柱	基部：有毛或无毛，合生 柱头长：0.98～1.28cm，一般为1.1cm
每花序花苞的个数	4～8个
花冠直径	4～6cm

图5-1　新疆野苹果现蕾期花色类型
注：A.红色；B.桃红色；C.浅桃红色；D.白色；E.粉红色。

图5-2　新疆野苹果盛花期花色类型
注：A.粉色；B、C浅粉色；D.白色。

图5-3（1）　新疆野苹果不同植株花色表现各异
注：A.粉色；B.白色。

图5-3（2） 新疆野苹果不同植株花色表现各异（粉色与白色整体对比）

图5-4　新疆野苹果花瓣的形状及脉纹类型

注：A.椭圆形（脉纹红色）；B.卵圆形（脉纹红色）；C.宽卵圆形（脉纹白色）；D.圆形（脉纹白色）。

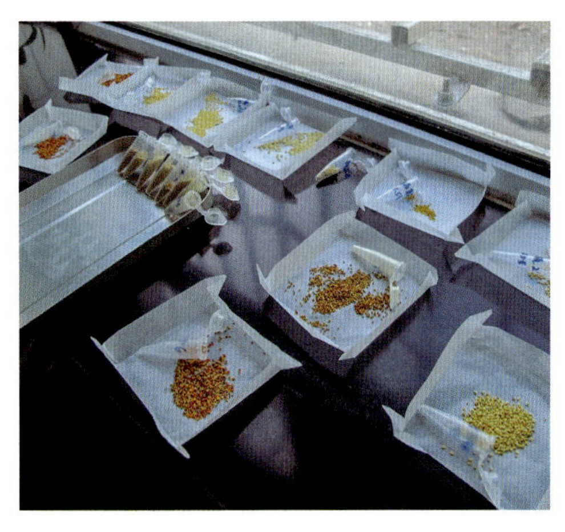

图5-5 新疆野苹果花药类型采集

不同居群新疆野苹果花的大小表现出较大的差异，对新源交托海（XY）、巩留莫合尔（GY）和新源那拉提（NY）3个居群的新疆野苹果的花指标进行观测（表5-3），研究结果表明，新源那拉提居群的新疆野苹果单花蕾大小、花丛冠径以及花梗长度，均小于其他两个居群；新源交托海与巩留莫合尔两个居群的生物性状数值相差较小。

表5-3 不同居群新疆野苹果花指标测定

居群	花苞个数／花序（个）	单花蕾大小（cm）		花丛冠径（cm）		花梗长度（cm）
		花蕾横径	花蕾纵径	横径	纵径	
新源交托海居群	5～7	1.50±1.30	1.90±1.49	4.58±1.60	5.19±1.60	1.98±0.60
巩留莫合尔居群	5～7	2.26±1.90	2.48±2.10	5.94±1.90	6.39±2.00	1.89±0.30
新源那拉提居群	5～7	0.59±0.03	0.67±0.05	2.76±0.80	3.14±0.50	1.26±0.30

通过对新源交托海（XY）、新源那拉提（NY）、霍城大西沟（DY）和巩留莫合尔（GY）4个居群的花丝和子房的调查结果表明：巩留莫合尔居群新疆野苹果的花丝以及子房长度较大，花丝长度约为4.73mm，子房长度约为5.27mm（表5-4）。盛花期不同居群新疆野苹果花丝长度由高到低依次为巩留莫合尔居群>新源交托海居群>霍城大西沟居群>新源那拉提居群。

表5-4 不同居群新疆野苹果花丝、子房测定

居群	花丝长度（mm）	子房长度（mm）	备注
新源交托海居群	4.34±1.10	4.70±0.70	盛花期初期
巩留莫合尔居群	4.73±1.20	5.27±0.40	盛花期初期
新源那拉提居群	3.64±0.60	4.58±0.50	盛花期初期
霍城大西沟居群	3.82±0.40	4.91±0.50	盛花期初期

5.1.2 开花物候期

本项调查是在新疆野苹果伊犁谷地分布区——新源交托海居群，建立的原位保护研究基地——新源资源圃（N：43°16′59″，E：84°01′09″，海拔1300～1550m），记录了新疆野苹果物候期如表5-5、图5-6所示。

表5-5 新疆野苹果物候期观测（新源资源圃，2013—2014年）

物候期	2013 年 （月 . 日）	2014 年 （月 . 日）
现蕾初期	3.29～4.1	4.22～4.24
现蕾盛期	4.1～4.9	4.25～4.26
初花期	4.10～4.14	4.26～4.29
盛花期	4.14～4.16	4.29～5.1
开花末期	4.16～4.18	4.30～5.2
坐果期	4.19～7.30	5.3～8.1
果熟期	8月上旬	8月中上旬

据长期观测和记录，新疆野苹果新源交托海居群开花期一般为4月20日至5月1日。但2013年因气候变动（稍有异常），新源野苹果资源圃内新疆野苹果3月29日至4月9日开始显蕾，4月10日开始进入初花期，持续3天，4月13日花朵陆续绽放，持续4天花期结束，进入坐果期，8月上旬果实逐渐成熟。新疆野苹果单花花期为1周左右。2013年与2014年的开花物候期有所不同，2014年4月初，新源县气温偏低，

图5-6　新疆野苹果开花物候图
注：A.现蕾期；B.初花期；C.坐果期；D.果熟期。

遭冷空气侵袭，直到4月22日新疆野苹果才开始现蕾，2014年与2013年相比，其开花物候期普遍推迟20天左右。根据两年的气象资料发现，2014年3～4月气温较2013年同期低，其原因是2014年3月23日和24日资源圃大雪，积雪厚度14～15cm，导致新疆野苹果物候期推后。

不同居群的新疆野苹果开花物候期有差异，以2015年为例，对霍城大西沟、新源交托海、巩留莫合尔、新源那拉提4个居群以及古树分布区进行调查，其主要的开花物候期见表5-6。

表5-6　不同居群新疆野果开花时间调查（2015年）

时间（月.日）	调查地	海拔（m）	经纬度	物候期
4.26	霍城县大西沟	1147.2	N：43°25′48″ E：80°46′48″	盛花期
4.28	新源资源圃门口大树	1145.0	N：43°24′2″ E：83°33′33″	盛花期
4.28	景区	1411.7	N：43°22′39″ E：83°36′19″	盛花期

（续）

时间（月.日）	调查地	海拔（m）	经纬度	物候期
4.29	那拉提	1458	N：43°18′36″ E：84°07′11″	盛花期
4.30	新源果树王	1940	N：82°57′18″ E：43°16′15″	现蕾期
	古树区路边	1749	N：43°15′36″ E：82°55′48″	初花期
	新源平台1	1330.5	N：43°15′38″ E：82°51′35″	盛花期
	新源平台2	1328.0	N：43°15′38″ E：82°51′28″	盛花期
5.1	巩留县	1400.5	N：43°15′3″ E：82°51′36″	盛花期
	巩留县大莫合	1380.1	N：43°11′24″ E：82°46′48″	盛花期

不同地区新疆野苹果物候期不同，新疆野苹果开花物候期与海拔高度有关，它随着海拔高度的升高而推迟，古树分布区的新疆野苹果由于海拔高，处于初花期，而海拔低的新疆野苹果处于盛花期。

同一时期，不同海拔的新疆野苹果植株物候期差异较大，随着海拔的降低，物候期提前，在海拔1940m的野苹果处于现蕾期时，海拔在1382m的野苹果已进入盛花期（图5-7）。

在花朵开放前3～5天，通过定株定点观测（连续4天）和观察花丛及花朵的生长和变化，发现新疆野苹果的单花开放度较好，单个花丛张开张度很好，花朵膨大，花丛直径快速增长，花色愈艳（图5-8），记录数据如表5-7所示。

表5-7　新源资源圃新疆野苹果花朵数及大小

编号	花朵数（朵）	第1天花丛直径（mm）	第4天花丛直径（mm）
1号花丛	7	25.1	42.6
2号花丛	5	20.3	39.2
3号花丛	6	23.5	43.3

图5-7　同一时期不同海拔新疆野苹果开花状况

注：A.现蕾期（海拔1940m）；B.花蕾膨大期（海拔1749m）；C.初花期（海拔1411m）；D.盛花期（海拔1382m）。

图5-8　新疆野苹果单花开放度

5.1.3　花粉多态性

花粉的形态受基因的调控而不受环境的影响，因此花粉的形态可以作为果树的分类以及系统进化的依据。随着科技的进步，扫描电镜（SEM）和计算机技术等在花粉研究中发挥了至关重要的作用，对花粉的形态观察由显微形态观察到超微形态观察，研究更加精确，成为种质鉴定的常用手段之一。花粉的超微形态特征主要包括：花粉形状（pollen shape）、极轴（polar axis）、赤道轴（equatorial axis）、极轴/赤道轴（P/E）、极面观（amb）、萌发孔（aperture）、外壁纹饰（exine sculpture）等。许多学者以花粉形态特征为依据，对苹果种质资源进行了鉴定。杨晓红等（1986）通过对不同苹果属植物花粉形状、大小、纹饰等的研究发现不同苹果属植物花粉存在明显差异，这些差异可以作为分类的标准。秦伟等（2010）对新疆野苹果花粉矿质元素成分的研究表明，新疆野苹果比栽培苹果更加具有丰富的遗传多样性，新疆野苹果的变异系数为3.30%～41.85%。

杨晓红和李育农（1995）对中亚的3个新疆野苹果类型花粉进行了观察，结果表明，新疆野苹果的花粉形态为圆球形、长球形和近长球形，伊犁地区花粉的P/E值大于中亚地区本种的P/E值。张元明和阎国荣（2001）对75个居群的新疆野苹果花粉形态特征进行观察，发现新疆野苹果花粉外壁纹饰存在变异，根据形态差异将其分为6种类型。对来自托里（TY）、额敏（EY）、霍城大西沟（DY）和新源交托海（XY）4个次级分布区（大居群）的野苹果花粉扫描电镜分析显示，新疆野苹果的花粉形状主要有圆球形、近扁球形、近长球形3种类型，其中以圆球形居多。花粉粒的大小在居群间表现出明显的差异（表5-8，图5-9）。

表5-8　新源居群新疆野苹果花粉极轴和赤道轴长度统计（阎国荣，2010）

序号	采集号或名称	形状	极轴长度(μm)	赤道轴长度(μm)	P/E	沟间距(μm)	沟宽(μm)
1	TY-1	圆球形	28.50	26.83	1.06	21.57	6.02
2	TY-2	圆球形	29.25	31.24	0.94	22.97	8.19
3	TY-3	近扁球形	25.83	29.77	0.87	22.29	6.41
4	TY-4	近扁球形	25.67	29.95	0.86	23.83	7.43
5	EY-1	圆球形	29.79	31.03	0.96	23.18	5.79
6	EY-2	圆球形	28.89	25.77	1.12	17.64	7.23

（续）

序号	采集号或名称	形状	极轴长度(μm)	赤道轴长度(μm)	P/E	沟间距(μm)	沟宽(μm)
7	EY-3	圆球形	32.20	31.23	1.03	23.98	8.20
8	EY-4	圆球形	29.34	28.94	1.01	20.86	5.51
9	EY-5	圆球形	30.27	29.13	1.04	21.49	6.20
10	DY-1	圆球形	30.71	30.02	1.02	21.56	6.44
11	DY-2	圆球形	29.35	27.93	1.05	19.19	6.61
12	DY-3	近长球形	29.34	22.75	1.29	21.56	6.44
13	DY-4	圆球形	29.38	29.88	0.98	21.75	6.80
14	DY-5	圆球形	28.85	30.11	0.96	21.48	7.50
15	DY-6	圆球形	30.55	29.78	1.02	21.87	6.45
16	DY-7	圆球形	30.79	29.85	1.03	22.50	5.83
17	DY-8	圆球形	27.73	28.89	0.96	20.18	6.88
18	DY-9	圆球形	29.49	29.16	1.01	20.28	6.25
19	DY-10	圆球形	30.82	29.66	1.04	21.11	5.83
20	DY-11	圆球形	31.05	30.66	1.01	22.75	5.97
21	DY-12	圆球形	26.73	29.80	0.89	20.21	6.90
22	DY-13	圆球形	29.92	30.51	0.98	22.71	6.52
23	DY-14	圆球形	29.88	30.31	0.98	22.63	8.75
24	DY-15	圆球形	29.68	29.15	1.02	20.41	6.45
25	DY-16	圆球形	28.92	29.01	0.99	20.76	6.80
26	DY-17	圆球形	28.39	28.49	0.99	20.94	5.90
27	DY-18	圆球形	30.04	30.59	0.98	17.50	5.20
28	XY-5	圆球形	28.16	28.47	0.99	21.86	5.81
29	XY-14	圆球形	27.15	27.35	0.99	21.94	5.90
30	XY-15	圆球形	29.01	29.50	0.98	22.81	5.78

注：表中TY、EY、DY、XY分别代表托里居群，额敏居群、霍城大西沟居群和新源交托海居群。花粉形状采用 G. Erdtman 的划分方法，花粉 P/E值在 0.75～0.88为近扁球形；0.88～1.14，为圆球形；1.14～1.33为近长球形。

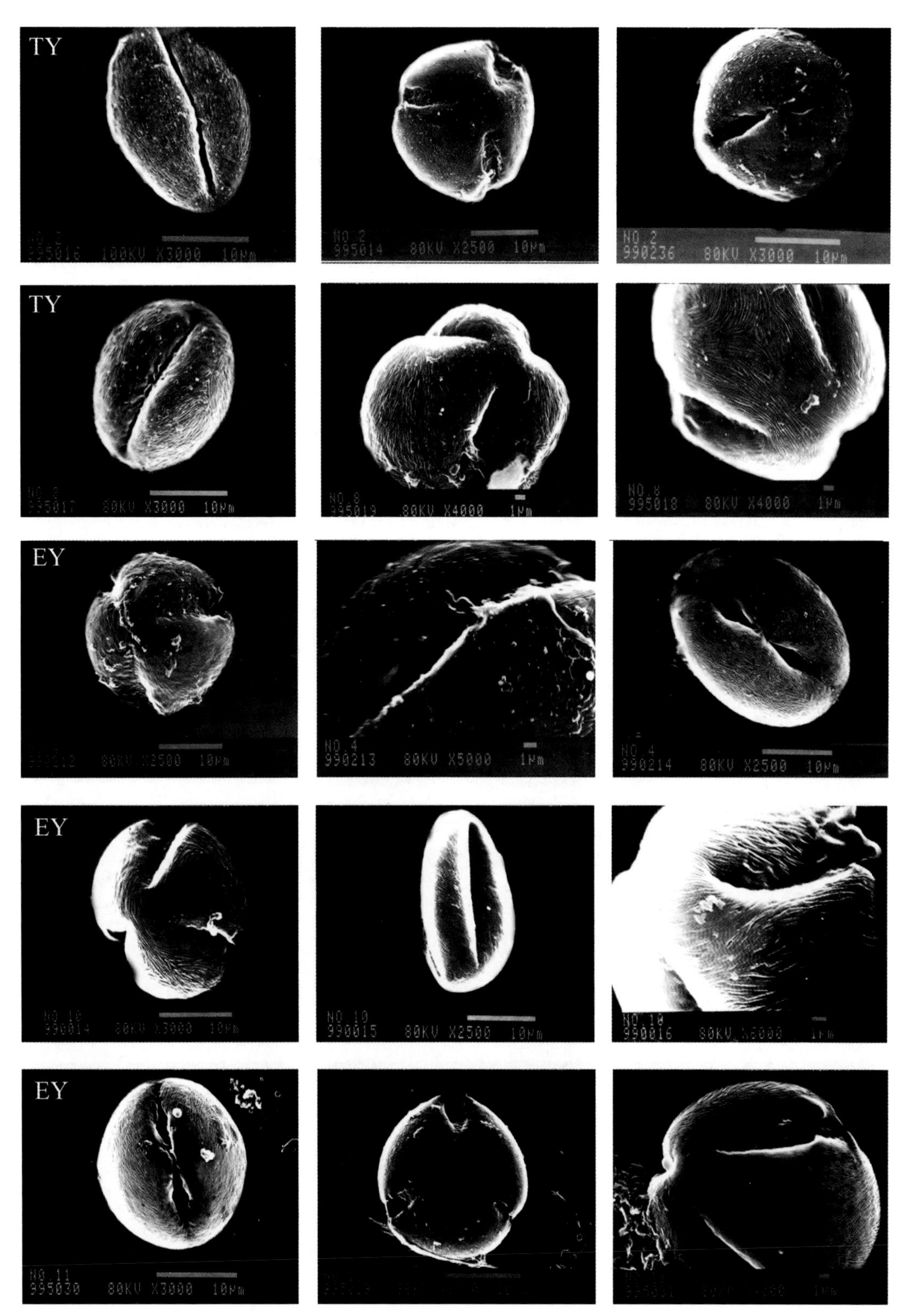

图5-9A　不同居群新疆野苹果花粉扫描电镜图

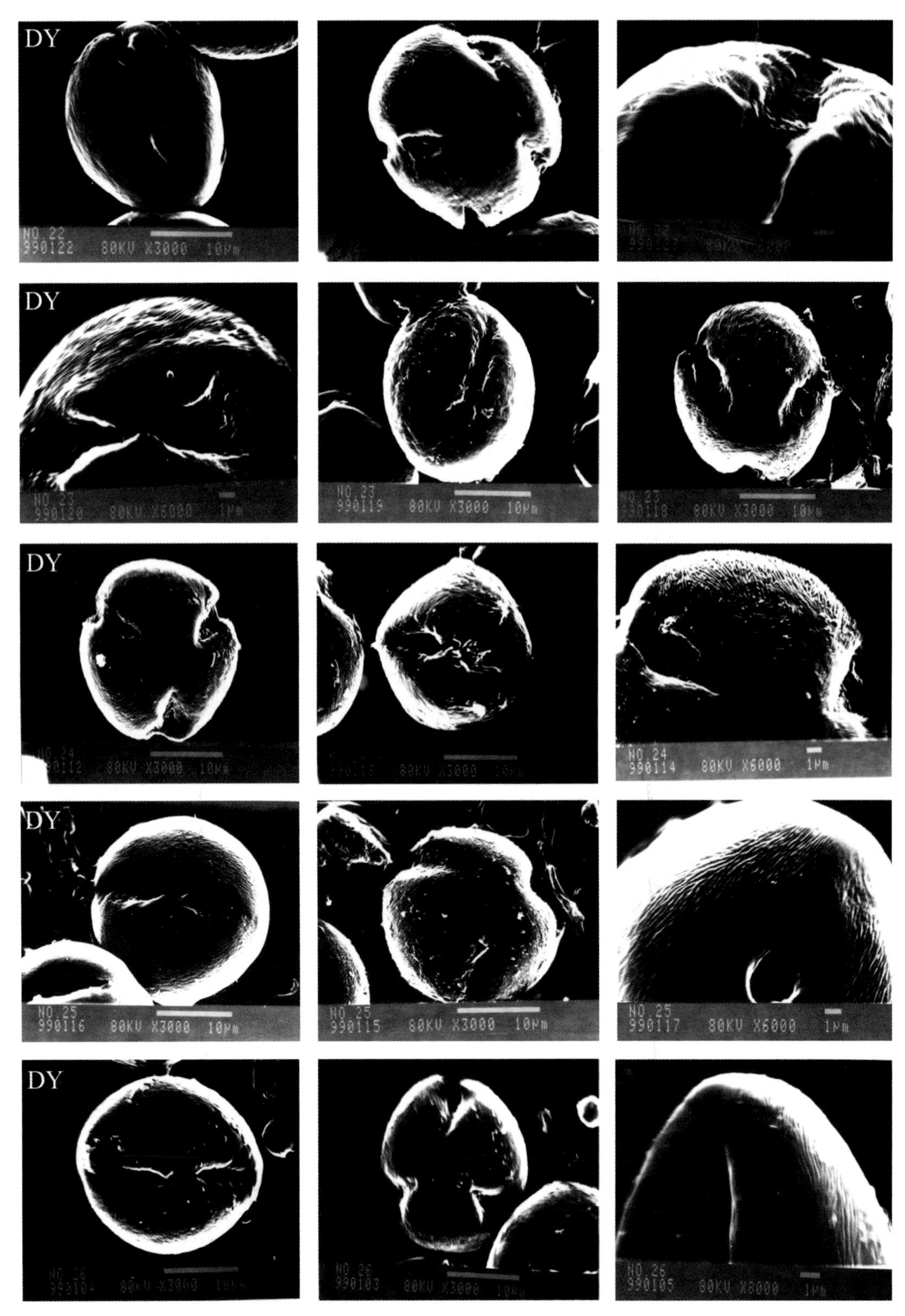

图5-9B　不同居群新疆野苹果花粉扫描电镜图

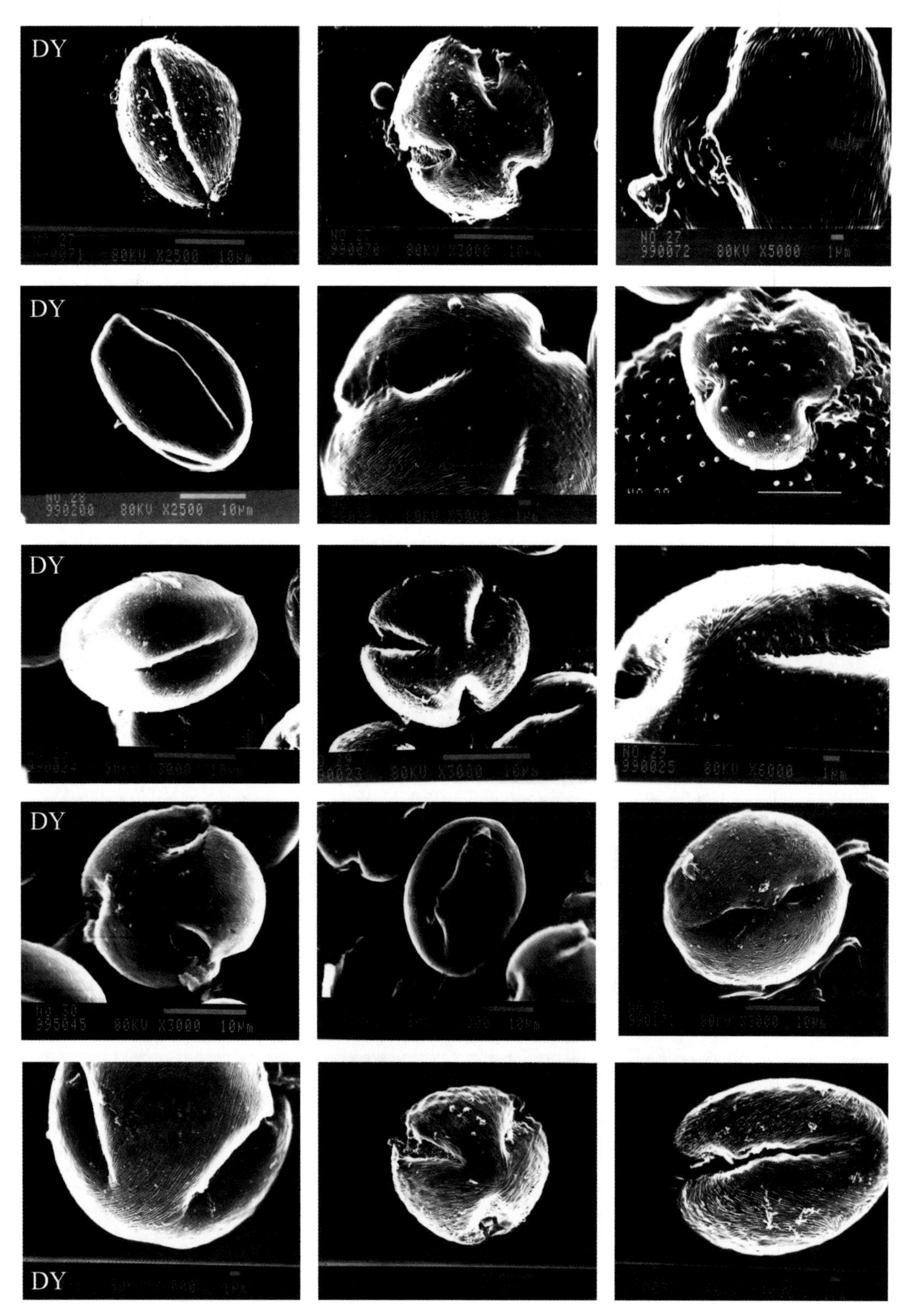

图5-9C　不同居群新疆野苹果花粉扫描电镜图

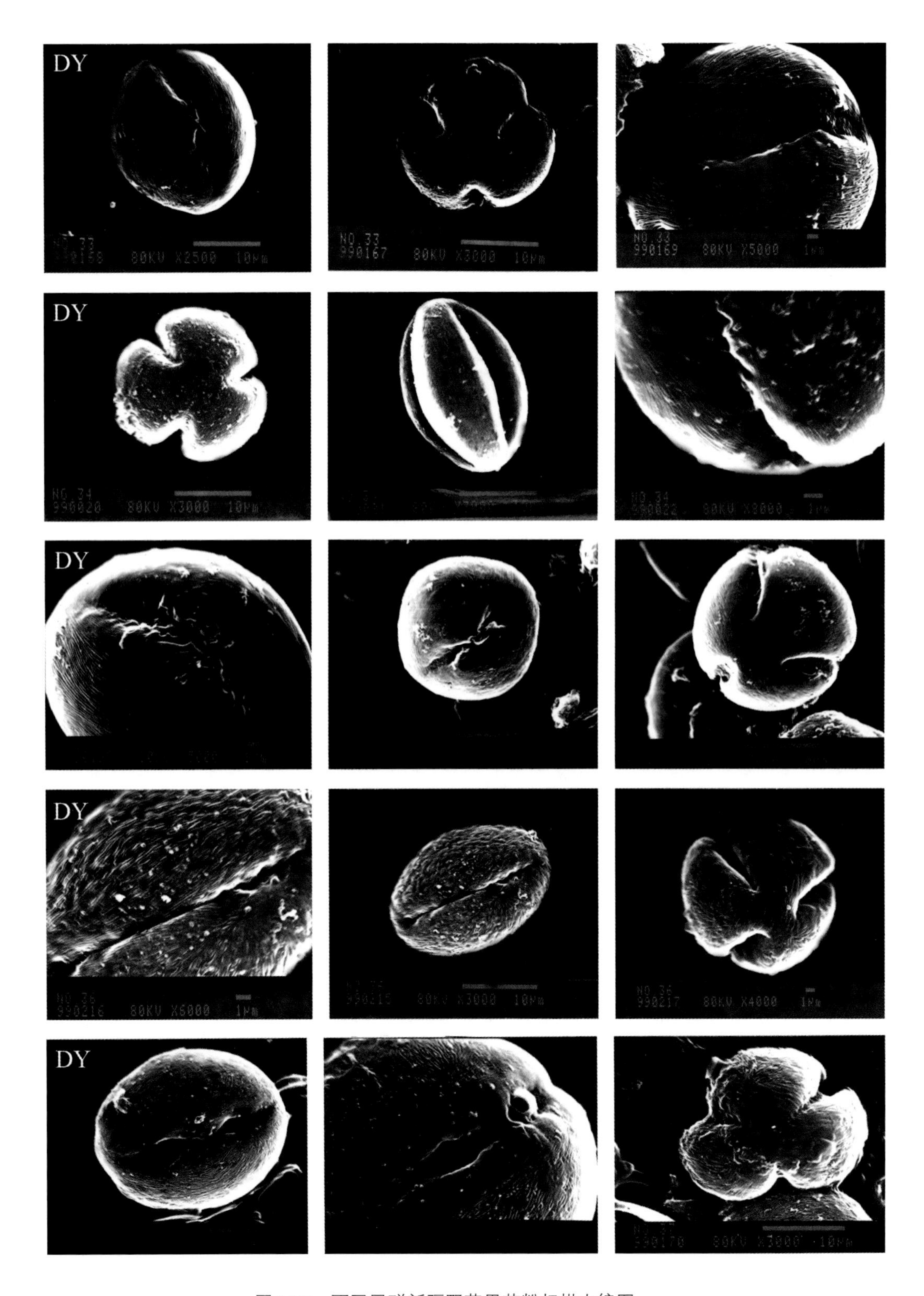

图5-9D　不同居群新疆野苹果花粉扫描电镜图

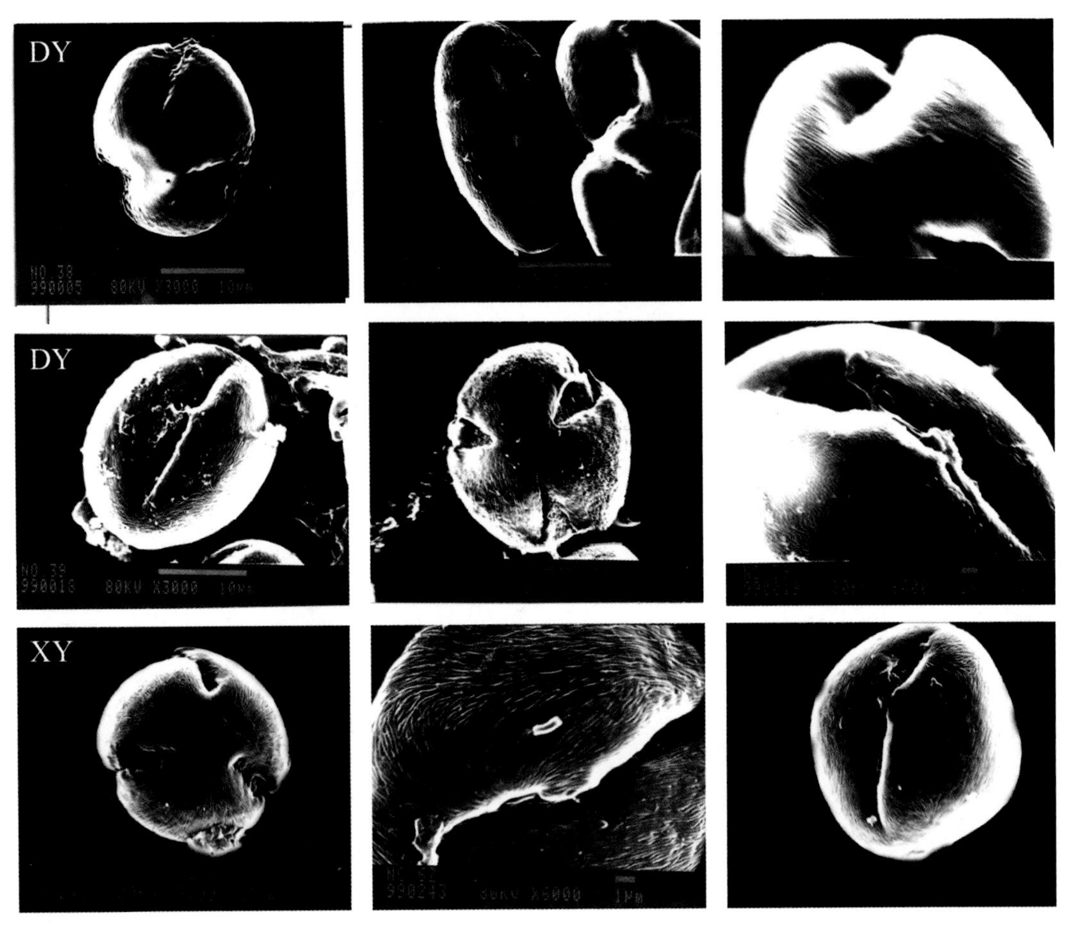

图5-9E　不同居群新疆野苹果花粉扫描电镜图

不同居群的新疆野苹果的花粉在形态、大小及外壁特征上均存在一定的差异。苹果属的花粉粒形状大多为圆球形，多数样品的花粉粒形状为圆球形，但托里居群TY-3、TY-4号样却为近扁球形，而霍城大西沟居群DY-3号样则为近长球形（表5-8），说明不同地理居群的新疆野苹果，不仅在居群间存在差异，居群内也存在明显的变异。

初步研究结果表明，新疆野苹果花粉性状在居群间和居群内均有明显的分化，并与生态地理条件有明显的相关性。新疆野苹果花粉在居群间的变异程度大于居群内的变异。

2013—2016年，我们对新源交托海居群花粉粒进行赤道轴和极轴长度的测定，结果表明：居群内不同花粉个体的极轴长度也存在差异，新疆野苹果花粉的极轴长度介于31～45μm；赤道轴的长度介于28～40μm；赤极比（P/E）均大于1，可见新源交托海居群新疆野苹果的花粉多呈圆球形（P/E值在0.88～1.14）（表5-9）。

表5-9 新源交托海居群新疆野苹果花粉极轴和赤道轴长度

编号	极轴长度（μm）	赤道轴长度（μm）	赤极比
1	40.19	34.64	1.16
2	37.33	38.74	0.96
3	42.49	40.95	1.04
4	33.25	32.01	1.04
5	37.67	30.13	1.25
6	42.13	37.25	1.13
7	33.09	30.13	1.10
8	31.09	28.24	1.10
9	36.77	28.33	1.30
10	36.78	29.90	1.23
11	32.43	28.53	1.14
12	32.84	30.21	1.09
13	42.37	40.00	1.06
14	40.36	37.85	1.07
15	42.73	38.51	1.11
16	44.97	39.39	1.14
17	43.33	39.03	1.11
18	41.85	35.62	1.17
19	44.07	39.83	1.11
20	42.57	36.50	1.17

5.1.4 小结

新疆野苹果花的多态性较丰富，从大小、花色、形状、脉纹、雄蕊的数量等方面均存在差异。花色多为粉色，每花序含花苞朵数不同，一般为4～8朵，其中以6朵偏多。不同居群间花朵的大小、花丝及子房长度有差别，以那拉提居群的花最小，巩留居群的花丝及子房长度最长，这可能由于生境的不同决定的，是植物长期适应环境的表现。

新疆野苹果花药为浅黄色、黄色、深黄色。新疆野苹果的花粉有丰富的遗传多样性，花粉形状主要有圆球形、近扁球形和近长球形3种类型，其中以圆球形居多。不同地理居群的新疆野苹果，不仅在居群间存在差异，在居群内也存在明显的变异。

5.2　果实

5.2.1　果实类型

新疆野苹果的果实表现出更为丰富的多态性，1956年新疆农业厅对天山的新疆野苹果果实调查后认为新疆野苹果存在长红果型、红果型、黄果型、白果型和绿果型5个类型；据1959年的调查有43个类型；林培钧和崔乃然（2000）发现新疆野苹果果实形态存在较广泛的变异，将天山山区的新疆野苹果分为84个类型，认为新疆野苹果群体内部具有丰富的遗传多样性。

课题组通过多年的调查研究，发现新疆野苹果果实无论从果形、果色、果实风味都存在丰富的遗传多样性（表5-10），且这种多样性在居群内和居群间都存在。

表5-10　新疆野苹果果实的性状

指标	性状
果色	绿色、黄色、红色、白色、黄绿色、黄白色、白绿色、红条纹、红霞、红晕
果形	圆形、扁圆形、扁圆偏斜形、近圆形、椭圆形、短圆柱形、倒卵形、葫芦形、圆锥形、长圆形
果实大小	横径2～5cm；纵径2～6cm
果梗	果梗长1.20～3.50cm；果梗粗0.10～0.18cm
果肉	果肉白色、白黄色、绿色、绿白色
果实风味	果实味甜、涩、酸，香、部分稍有苦涩味等；果香无、微香或浓郁
单果重	4.50～51.60g，一般25～30g

果色方面，未成熟果实为全绿色，果实成熟时有黄色（黄果型）、绿色（绿果型）、红色（红果型）、白色（白果型），还有诸多的中间类型，如黄绿色、黄白色、白绿色、红条纹、红霞果和红晕果（表5-10，图5-10）。果肉颜色一般为白色，白黄色和绿白色，少数绿色。

从果形和果实大小来看，新疆野苹果的遗传多样性也较为丰富。其果实表面常有5条棱起。果形有圆形、扁圆形、扁圆偏斜形、近圆形、椭圆形、短圆柱形、倒卵形、葫芦形、圆锥形和长圆形，以近圆形、扁圆形居多（表5-10，图5-11）。果实较栽培苹果小，一般果实横径2～5cm，果实纵径2～6cm，果梗长1.20～3.50cm，果梗粗0.10～0.18cm；果实单果重4.50～51.60g，一般果重25～30g（表5-10）。在巩留莫合尔居群发现了大果型，果实横径5～7cm（图5-10G）。

图5-10　新疆野苹果的果实颜色多样性
注：A.绿果型；B.黄绿果型；C.黄果型；D.红果型（全红）；E.红果型（红条纹）；F.红晕果；G.绿果（大果型）。

果实风味多样，味甜、涩、酸或苦涩。果实酸度较高，但也有风味香甜型。果香表现无香味、微香或香味较浓郁，在野生类群中也有果实醇香味浓郁，甜酸度适中，风味较好的类型和单株。

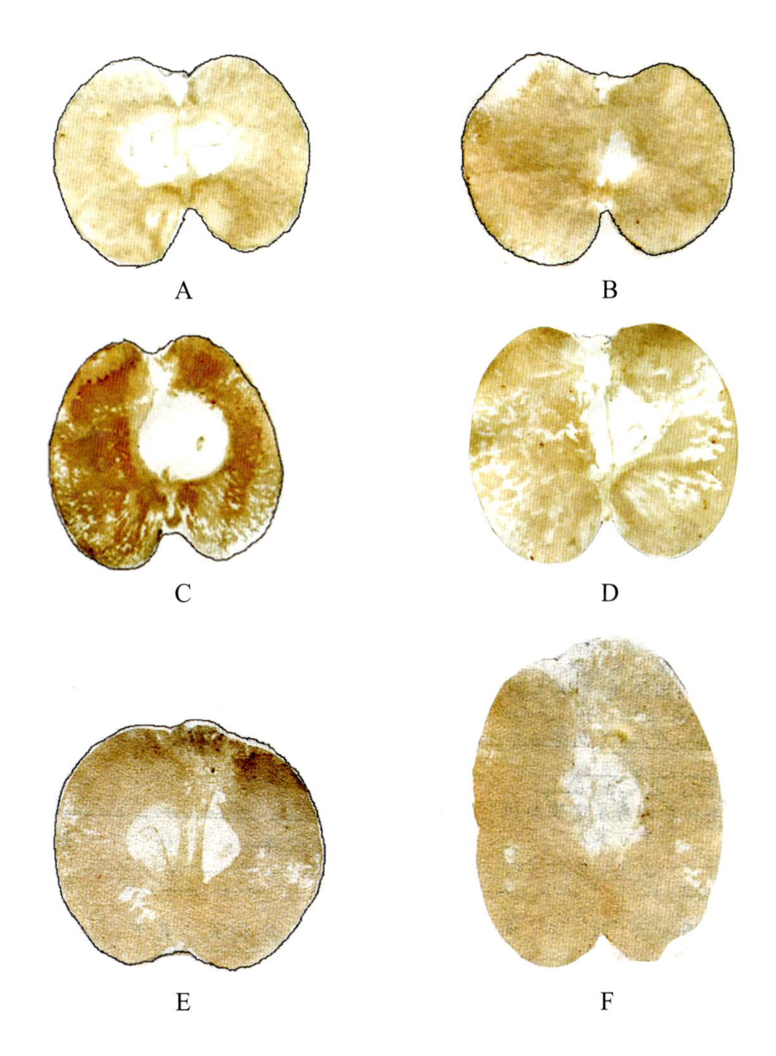

图5-11　新疆野苹果的果实形状多样性（部分果实拓印）
注：A.扁圆形；B.扁圆偏斜；C.圆锥形；D.圆形；E.椭圆形；F.圆柱形。

5.2.2　居群内及居群间新疆野苹果果实性状的变异

采集不同居群的新疆野苹果果实，测定其横径、纵径、果梗长、果梗粗等指标，计算每份样品的平均值，并观察记录果色、果锈及果香等性状，对果实进行拍照，对其横切面和纵切面进行拓印（图5-12），并对观察结果进行居群内与居群间的果实性状的差异性比较。

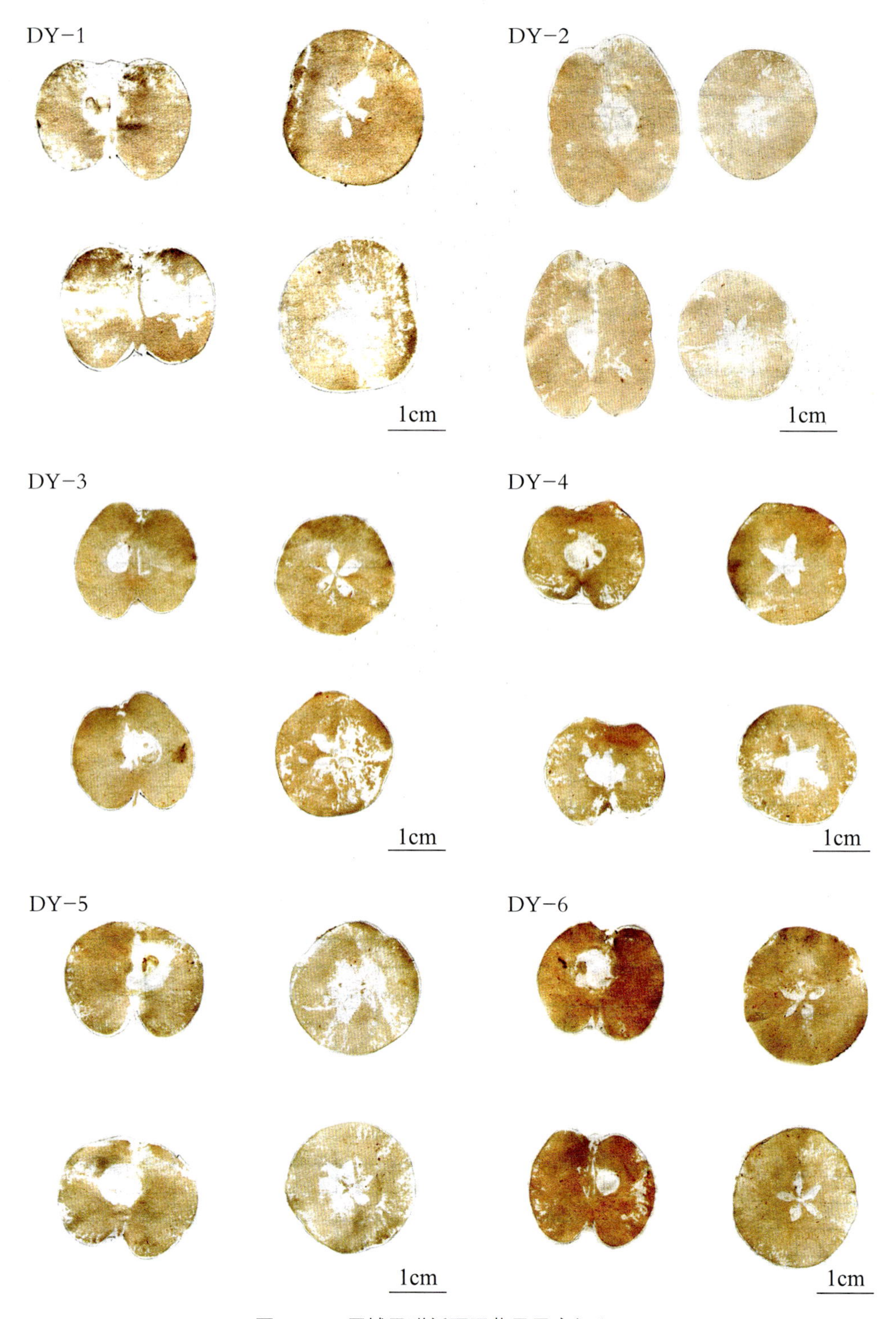

图5-12A　霍城居群新疆野苹果果实拓印

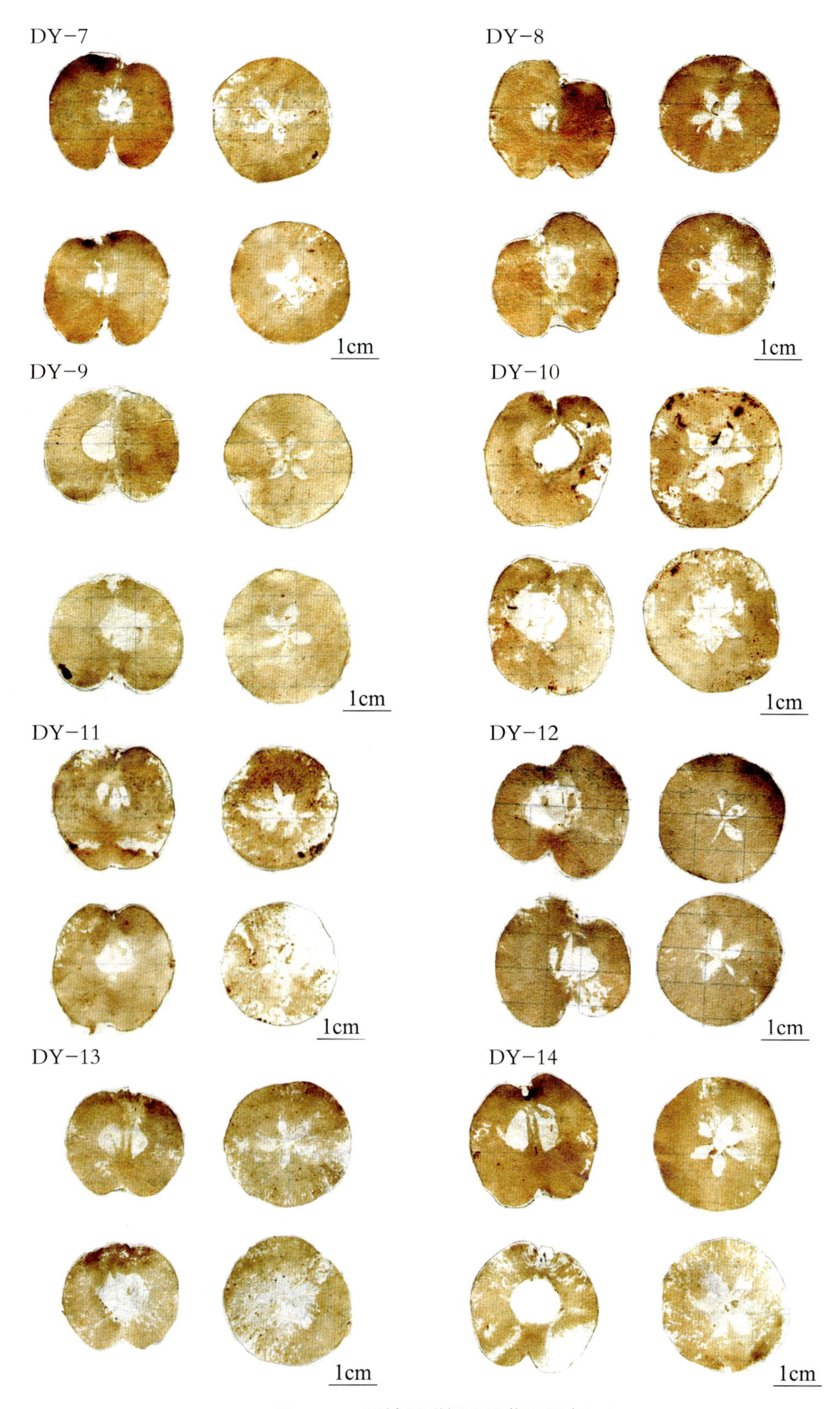

图5-12B 霍城居群新疆野苹果果实拓印

5.2.2.1 居群内果实性状的变异

经过调查发现新疆野苹果的果实在同一居群内部存在丰富的遗传多样性。在1996—1998年，作者对霍城居群（DY）分布的17个单株（分别编号DY-1～DY-17，采集地主要在大西沟）共计304个果实样品进行了调查，结果见表5-11。

由表5-11和图5-13所示，霍城居群内新疆野苹果的果实类型单株间的变异较大，大部分的果实呈扁圆形、扁圆偏斜形和近圆形。特别值得一提的是还出现了极为少见的圆柱形（DY-2），且果实较大，平均果实纵径为4.57cm，平均单果重在34.0g，最大单果重51.6g。

通过调查发现，霍城居群内部几乎涵盖了新疆野苹果所有的果实颜色类型，从绿色、黄色、黄绿色、白色、红色以及中间类型均有分布，果肉白色、绿白色或乳白色，以黄色或黄绿色为主（图5-13）。其中DY-5为全红的果实类型，DY-1和DY-4的果实颜色为深色红条纹，接近全红类型。DY-3、DY-12、DY-17为全绿色。在17个单株中，果实多数具有香气，只有4个单株的果实没有香味。

霍城居群内果梗长度差异明显，介于1.07～3.75cm，果梗最长的为DY-3，最短的是DY-4，平均长度仅为1.08cm。梗洼深度和广度在不同单株间表现不一致，以广、深的占大多数。果实含糖量在11.5～15.2%，果实硬度在7.7～13.1kg/cm^2。部分单株果香浓郁，果实酸甜适中，可以直接食用，这说明新疆野苹果霍城居群在居群内的多样性程度很高，具有很高的变异性。

图5-13A　霍城居群新疆野苹果果实

图5-13B　霍城居群新疆野苹果果实

图5-13C　霍城居群新疆野苹果果实

与霍城居群不同，额敏居群的群内差异相对较小。其果实大多呈扁圆形，果实左右基本对称，果实颜色相对较少，大多为黄绿色，极少数果实带有红霞。10个单株中，仅EY-2果实为圆形，而EY-10更为特殊，是椭圆形，且果萼部分突出，与其他单株均不同。额敏居群的果实总体较大，其中EY-6和EY-7平均单果重超过30g，其次为EY-8，平均单果重达到了27g以上，而其他单株的平均单果重在8.6～20.7g（表5-12，图5-14）。

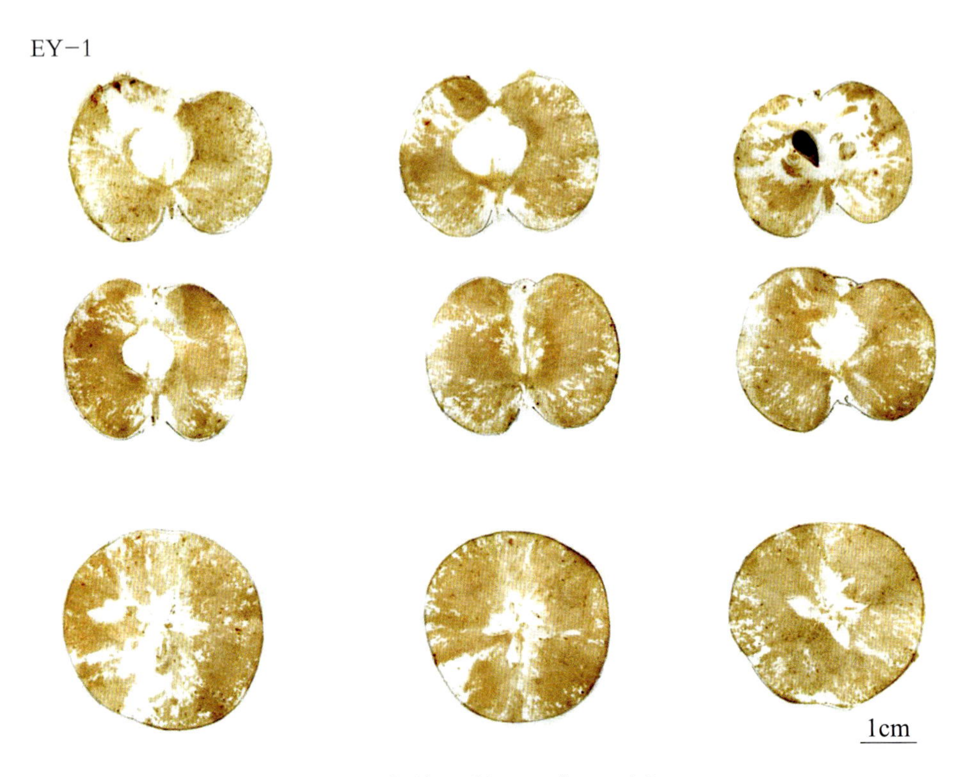

图5-14A　额敏居群新疆野苹果果实拓印

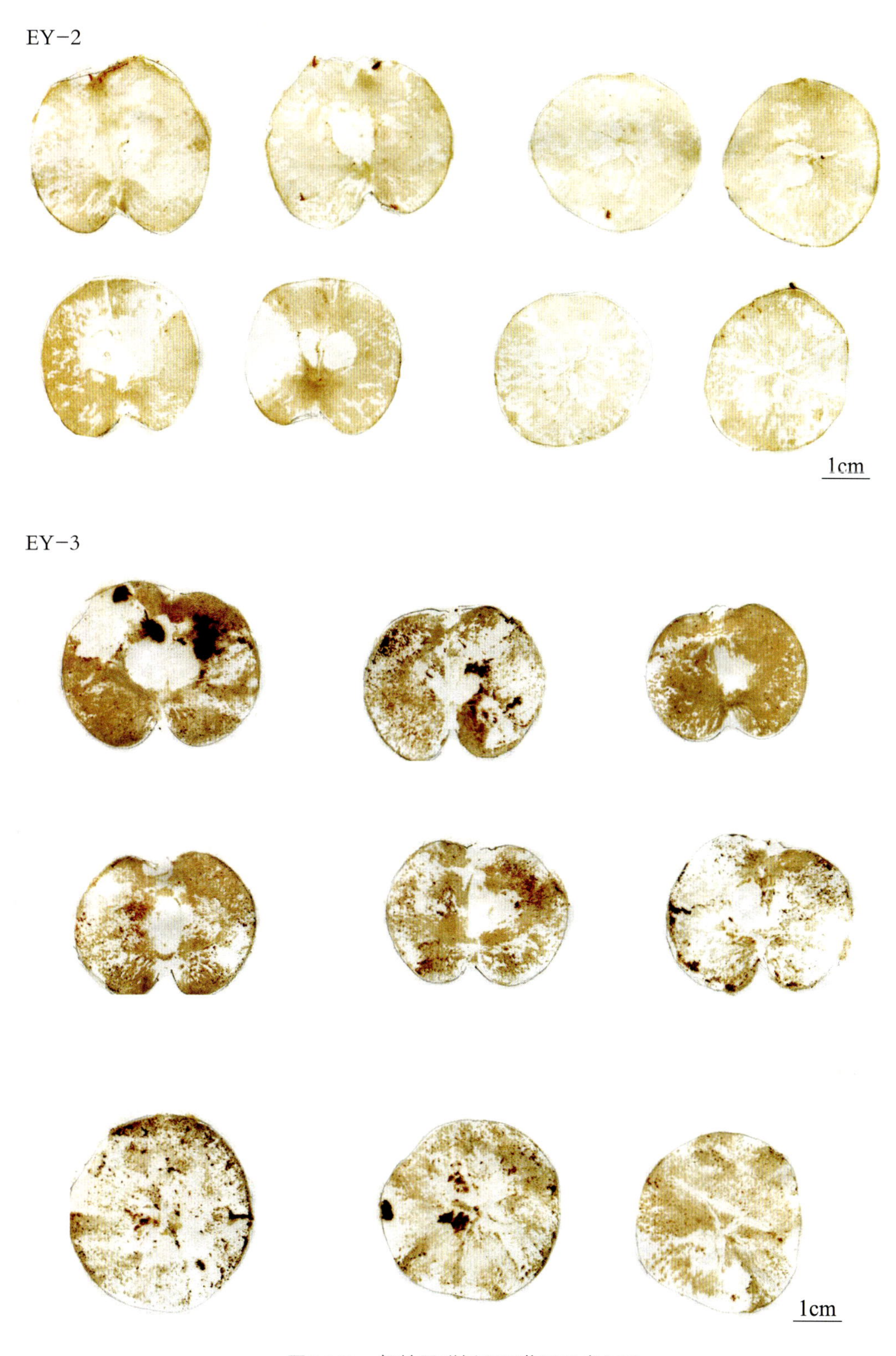

图5-14B　额敏居群新疆野苹果果实拓印

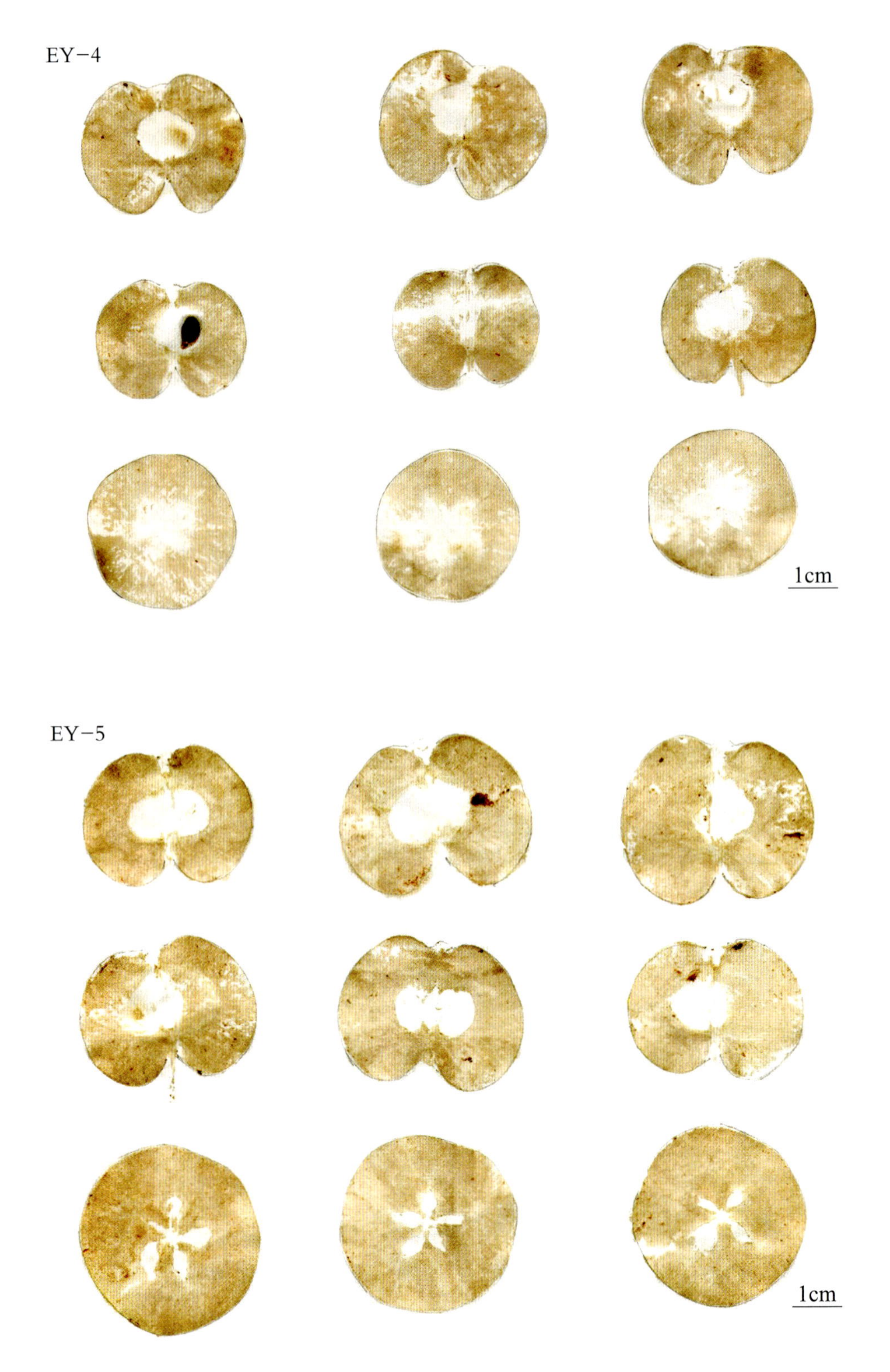

图5-14C　额敏居群新疆野苹果果实拓印

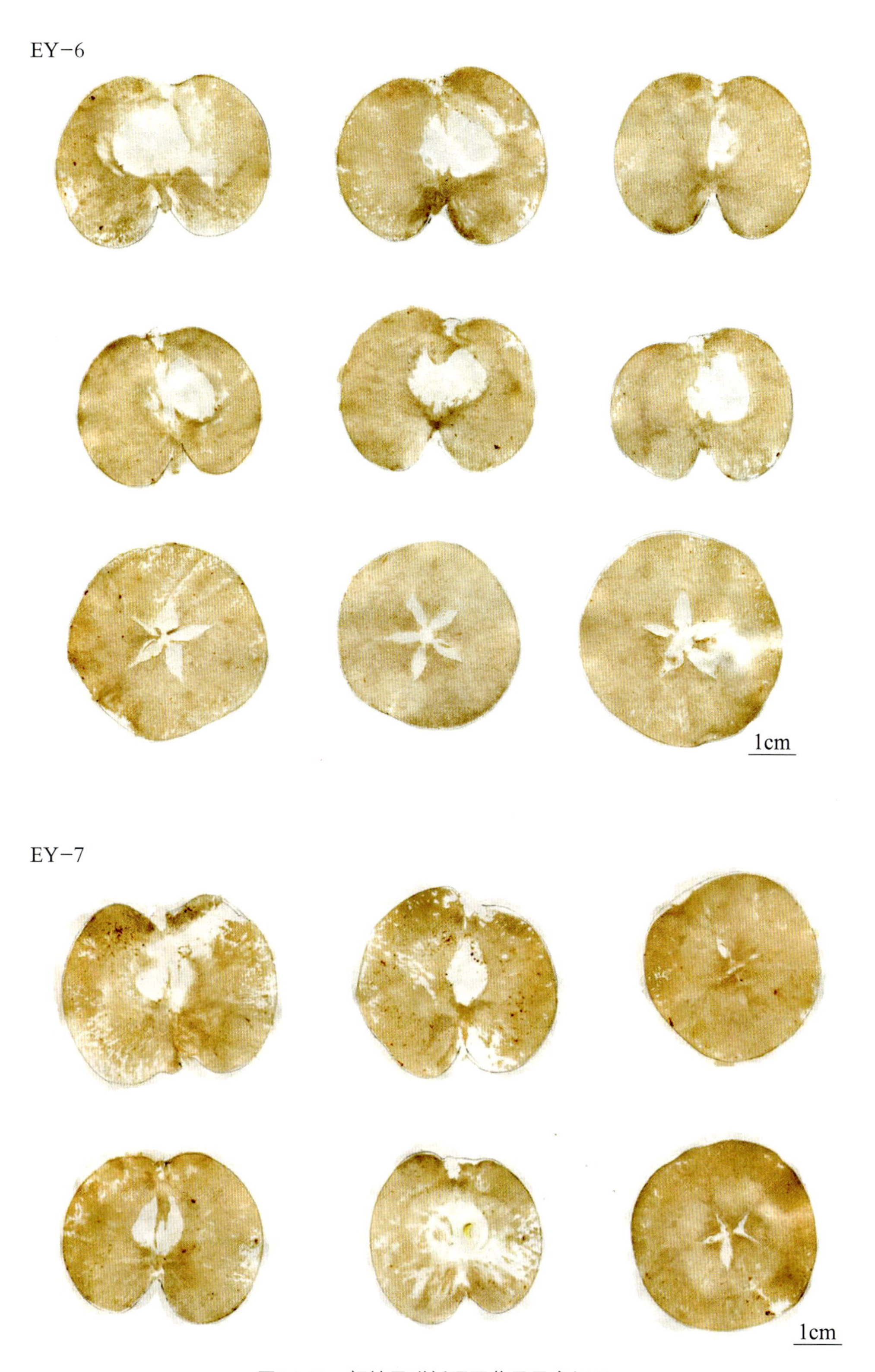

图5-14D　额敏居群新疆野苹果果实拓印

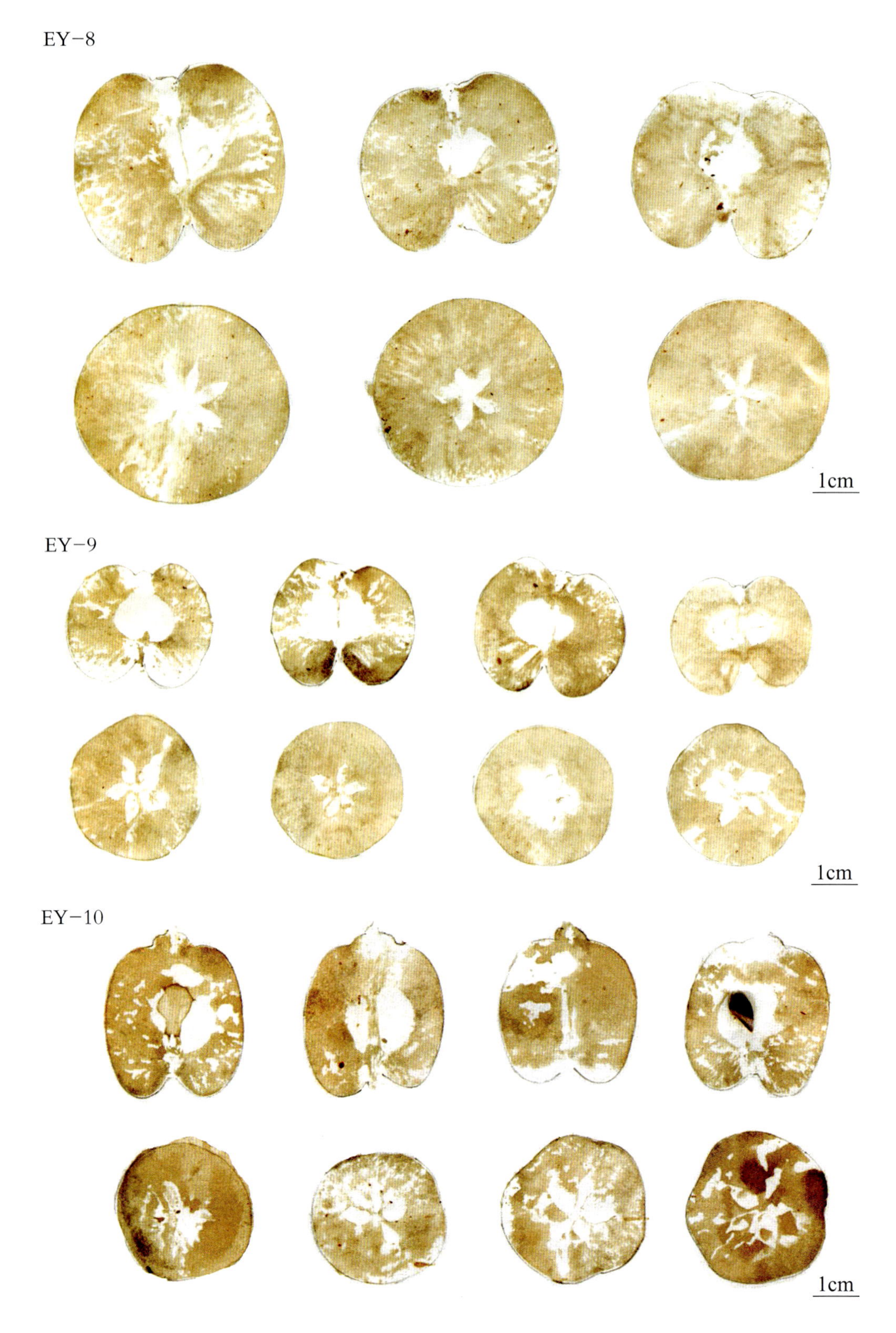

图5-14E　额敏居群新疆野苹果果实拓印

表5-11　霍城居群（DY）果实性状调查

编号	横径（cm）	纵径（cm）	纵/横	果梗长度（cm）	果梗粗（cm）	梗洼	平均单果重（g）	最大单果重（g）	最小单果重（g）	果锈	果色	可溶性固形物（%）	硬度（kg/cm^2）	风味
DY-1	3.21±0.23	2.76±0.22	0.86±0.06	2.62±0.39	0.17±0.01	浅、广	12.0	17.0	6.9	无	红色深条纹	12.9	9.3	浓郁
DY-2	3.92±0.27	4.57±0.43	1.16±0.08	2.05±0.18	0.17±0.01	深、狭	34.0	51.6	22.4	有	黄色红条纹	14.0	9.6	微香
DY-3	3.38±0.18	3.12±0.22	0.92±0.04	3.29±0.02	0.13±0.01	中深、狭	16.5	21.4	10.8	有	绿色	12.2	13.1	无
DY-4	3.27±0.38	2.94±0.47	0.88±0.16	1.08±0.01	0.15±0.01	中深、狭	9.0	14.4	4.5	无	红色深条纹	13.8	9.4	微香
DY-5	3.22±0.18	2.82±0.16	0.88±0.05	2.58±0.29	0.13±0.01	中深、中广	14.1	22.5	8.5	无	全红	13.4	9.6	浓郁
DY-6	3.23±0.17	2.88±0.15	0.89±0.04	2.29±0.25	0.13±0.01	中深、中广	13.8	18.9	8.9	无	条红色	13.6	9.5	较浓郁
DY-7	2.66±0.21	2.37±0.32	0.89±0.06	2.30±0.42	0.13±0.01	广、浅	7.4	12.5	4.5	无	黄绿色有红条纹	14.0	11.3	微香
DY-8	3.01±0.17	2.62±0.15	0.87±0.02	2.34±0.23	0.15±0.01	中深、中广	11.5	15.6	8.6	无	黄色	13.6	10.4	微香
DY-9	3.20±0.22	3.26±0.25	1.02±0.05	1.73±0.37	0.15±0.01	狭、中深	13.1	16.6	9.4	无	黄色	13.0	7.7	微香
DY-10	3.51±0.36	3.46±0.35	0.99±0.06	1.71±0.12	0.13±0.01	广、深	19.6	30.8	7.5	稍有	黄色	13.0	9.1	微香
DY-11	2.65±0.13	2.36±0.2	0.89±0.05	1.72±0.23	0.2±0.02	广、深	7.9	10.6	5.0	稍有	白色	11.5	8.8	无
DY-12	3.42±0.25	3.01±0.17	0.88±0.03	2.74±0.29	0.13±0.01	广、深	16.5	24.5	8.4	无	绿色	12.8	9.9	无
DY-13	3.67±0.32	3.41±0.27	0.92±0.05	1.82±0.21	0.15±0.01	广、深	20.6	35.0	10.5	有	绿色、黄绿色	13.0	9.8	浓郁
DY-14	2.97±0.28	2.81±0.17	0.95±0.10	3.26±0.54	0.12±0.01	中广、中深	11.5	16.0	6.8	中	黄绿色	15.2	7.9	微香
DY-15	2.96±0.25	2.61±0.14	0.89±0.06	1.76±0.07	0.13±0.01	中广、中深	10.9	12.8	6.0	有	黄绿色	13.2	8.7	浓郁
DY-16	3.39±0.18	3.00±0.18	0.87±0.02	2.09±0.43	0.13±0.01	狭、深	17.8	22.8	14.0	无	黄色	12.0	8.5	无
DY-17	3.55±0.29	3.13±0.26	0.88±0.04	2.37±0.19	0.12±0.02	广、深	18.5	26.8	12.5	无	绿色	12.0	8.5	有

表5-12　额敏居群（EY）果实性状调查表

编号	横径（cm）	纵径（cm）	纵／横	果梗长度（cm）	果梗粗（cm）	梗洼	平均单果重（g）	最大单果重（g）	最小单果重(g)	果锈	果色	可溶性固形物（%）	硬度（kg/cm^2）	风味
EY－1	3.13±0.20	2.50±0.16	0.80±0.05	2.59±0.08	0.11±0.01	中广、中深	10.4	13.7	6.2	无	黄色	11.5	8.7	有
EY－2	3.43±0.33	3.44±0.33	1.00±0.08	2.65±0.41	0.12±0.01	广浅、广平	14.1	19.8	9.4	有	黄绿色	10.0	4.4	微香
EY－3	3.93±0.23	3.22±0.20	0.82±0.03	2.60±0.24	0.13±0.01	中深、狭	20.2	26.8	11.8	有	黄绿色	12.2	13.1	微香
EY－4	3.38±0.17	2.78±0.21	0.82±0.03	2.11±0.04	0.12±0.01	中深、狭	14.5	20.2	9.7	无	黄绿色少带红霞	12.5	11.4	微极个别有
EY－5	3.91±0.31	3.09±0.21	0.79±0.02	2.32±0.19	0.13±0.01	中深、中广	20.7	25.5	12.1	无	黄绿色	11.8	9.0	有
EY－6	4.72±0.27	3.81±0.23	0.81±0.03	2.89±0.07	0.18±0.01	狭、深	32.3	46.4	17.0	无	黄绿色	11.8	11.8	微香
EY－7	4.41±0.33	3.92±0.19	0.89±0.05	1.91±0.14	0.14±0.01	狭、中深	32.4	46.9	26.9	无	绿色	14.0	11.3	无
EY－8	4.18±0.25	3.59±0.30	0.86±0.03	2.81±0.63	0.14±0.01	狭、中深	27.5	39.5	18.0	无	白色	13.6	10.4	微香
EY－9	3.22±0.22	2.79±0.25	0.87±0.03	2.18±0.07	0.13±0.01	狭、中深	12.9	17.0	7.5	无	黄绿色	12.3	12.8	微香
EY－10	2.46±0.15	2.51±0.17	1.03±0.07	3.43±0.73	0.11±0.01	广、深	8.6	11.2	6.0	稍有	黄白色	17.5	15.0	微香

5.2.2.2 不同居群果实性状调查

2013—2016年对来自新源交托海（XY）（图5-15）、霍城大西沟（DY）（图5-16）、巩留莫合尔（GY）（图5-17）、托里（TY）（图5-18）、新源那拉提（NY）（图5-19）、额敏（EY）和野苹果“树王”（WY）（图5-20）的20多个单株，共计600余个果实样品进行表观性状测量，调查结果见表5-13。

图5-15　新源交托海居群野苹果果实

图5-16　霍城大西沟居群新疆野苹果果实

图5-17　巩留莫合尔居群新疆野苹果果实

图5-18　托里居群新疆野苹果果实

图5-19　新源那拉提居群新疆野苹果果实

图5-20　新疆野苹果“树王”果实

表5-13　不同居群新疆野苹果果实表型性状数据统计

居群	纵径(mm)	横径(mm)	果柄长(mm)	果柄粗(mm)	单果鲜重(g)	纵径/横径	果色
XY-1	35.00±1.50	34.82±1.43	21.71±1.37	1.46±0.20	15.61±1.74	1.00±0.01	绿色、黄绿色、黄色、红条纹、全红；酸涩，氧化较慢
XY-2	34.41±2.40	35.72±2.40	22.10±4.11	1.69±0.13	15.89±2.62	0.96±0.03	
XY-3	32.11±1.65	32.29±1.73	24.22±2.31	1.17±0.10	10.22±1.44	0.99±0.06	
XY-4	33.79±1.75	34.61±1.53	19.69±4.86	1.16±0.09	16.40±1.92	1.00±0.04	
平均	32.56±4.59	33.92±2.75	20.23±5.23	1.48±0.31	14.55±3.11	0.96±0.09	
GY-1	31.89±1.04	31.77±1.03	20.32±3.49	1.41±0.26	12.35±0.77	1.00±0.05	绿色、黄色带红色条纹；香甜，氧化较慢
GY-2	32.02±1.17	31.84±1.54	20.40±4.51	1.34±0.20	12.36±0.09	1.00±0.06	
平均	32.02±1.13	31.84±1.51	20.42±4.24	1.34±0.19	12.36±0.86	1.01±0.05	
NY-1	30.87±1.89	30.38±2.36	13.59±3.30	1.54±0.09	16.07±2.63	1.00±0.03	黄绿色、黄色；酸涩，极易氧化
NY-2	31.61±2.09	32.00±1.93	10.91±2.78	1.52±0.27	13.61±1.94	0.99±0.06	
NY-3	34.78±2.13	34.23±2.33	6.96±1.83	1.77±0.40	16.09±2.65	1.02±0.05	
NY-4	30.39±1.85	30.37±1.54	8.96±2.17	1.48±0.21	11.33±1.57	1.00±0.03	
平均	32.26±2.75	32.20±2.52	8.83±2.75	1.59±0.33	13.68±2.86	1.00±0.05	
WY-1	24.04±1.70	26.49±1.79	30.02±4.92	2.28±0.17	7.08±1.13	0.91±0.05	绿色
WY-2	22.83±2.06	25.70±2.34	24.82±2.26	2.61±0.58	7.17±1.33	0.89±0.06	
WY-3	23.18±2.17	26.66±1.40	27.60±6.64	2.63±0.32	8.11±1.34	0.87±0.06	
平均	23.20±2.09	26.27±1.92	26.68±6.00	2.59±0.45	7.58±1.39	0.88±0.06	

（续）

居群	纵径（mm）	横径（mm）	果柄长（mm）	果柄粗（mm）	单果鲜重（g）	纵径/横径	果色
TY−1	28.53±6.39	33.23±6.25	20.07±6.59	1.25±0.25	11.03±2.76	0.85±0.03	绿色、黄色、中间类型（黄绿色、红霞、红晕）
TY−2	29.84±5.40	35.13±5.41	21.86±5.56	1.24±0.23	11.96±1.54	0.85±0.04	
平均	29.12±5.8	34.18±5.83	20.92±5.82	1.24±0.24	11.62±2.22	0.85±0.04	
DY−1	29.74±5.06	32.21±3.38	22.48±4.92	1.41±0.19	11.05±1.73	0.92±0.07	全红、黄色、绿色，中间类型（红条纹、红霞、黄绿、黄白）
DY−2	36.83±2.06	34.97±2.66	14.62±3.54	1.60±0.31	18.93±3.17	1.05±0.05	
DY−3	33.67±1.98	32.69±1.89	16.12±3,54	1.19±0.18	15.39±2.42	1.03±0.02	
DY−4	31.09±1.90	30.40±1.68	10.29±1.70	1.45±0.15	11.00±1.70	1.02±0.04	
DY−5	30.72±1.57	29.96±1.76	15.01±3.57	1.35±0.23	10.95±1.71	1.03±0.02	
Dy−6	32.12±1.97	31.00±2.16	17.59±4.28	1.47±0.16	12.66±2.08	1.04±0.04	
DY−7	31.33±1.37	30.43±1.32	19.49±5.11	1.42±0.25	11.46±1.38	1.03±0.02	
平均	32.62±2.79	31.57±2.62	15.49±4.71	1.41±0.25	13.40±3.62	1.03±0.04	
EY−1	31.34±6.42	36.8±6.42	25.47±4.11	1.30±0.17	16.56±3.22	0.86±0.07	绿色、黄绿色、黄色、少数红霞
EY−2	26.67±1.66	32.8±1.02	24.77±5.72	1.41±0.11	14.62±4.40	0.81±0.04	
EY−3	33.31±2.44	39.85±2.10	25.89±4.02	1.35±0.15	17.23±3.88	0.84±0.04	
平均	32.11±7.54	38.15±8.81	25.49±4.26	1.36±0.14	16.48±4.56	0.81±0.16	

注：XY代表新源交托海居群；GY代表巩留居群；NY代表那拉提居群；WY代表新疆野苹果“树王”，TY代表托里居群；DY代表霍城大西沟居群；EY代表额敏居群。

新疆野苹果果实在居群间表现出较大的差异，在果实大小、果形、果色等方面差异明显。其中，额敏居群的果实较大，最大单果横径约40mm，平均单果重16.48g。新源交托海居群单果重次之，霍城大西沟和那拉提居群的果实大小差异不大。值得一提的是霍城大西沟居群内，其果实形状丰富多样，出现有较稀少的圆柱状果形，并且个体较大。

新源交托海居群果皮颜色有绿色、黄绿色、黄色，少数有红条纹或全红，果实香气浓郁，口感酸涩，果实剖开后氧化较慢。巩留居群果实大小均匀，绿色，成熟果皮颜色有的类似黄元帅且有光泽，有的呈红色条纹状，口感香甜，果肉氧化较慢。那拉提居群果实颜色多为黄绿色、黄色，口感生涩，果实剖开后，果肉极易氧化，果型略同巩留居群果实，果顶略平或下凹。托里居群有绿色、黄色、黄绿色和红霞果，以果实底色为黄色，着色片状红晕居多。野苹果“树王”果实均为绿色。

从果实形状看，果实形状多样性较丰富，有圆形、扁圆形、扁圆偏斜形、圆柱形、圆锥形等，果型指数在0.85～1.05，除托里、额敏及野苹果“树王”果实多为扁圆形外，其他居群果实近圆形。其中那拉提居群的果实果形差异几乎为零，差异较小。

不同居群间的果柄长度差异较大，顺序为新疆野苹果“树王”>额敏居群>巩留居群>新源交托海居群>托里居群>霍城大西沟居群>新源那拉提居群，新源那拉提居群的果柄长度仅为8.83mm，野苹果“树王”的果柄长度约为那拉提居群的3倍。在果柄粗度方面，新疆野苹果“树王”的数值也最大。

5.2.3 小结

新疆野苹果果实有绿色、黄绿色、黄色、全红、红条纹、红霞等多种颜色，野生状态单个果实较小，部分居群中有大果型果实。果实多为圆形及扁圆形，个别出现圆柱形、圆锥形等。

野苹果在不同居群间果实大小、果柄长度等表现出较大差异，其中以新疆野苹果“树王”果实的果柄长度和粗度在所有居群中最长和最粗，那拉提居群的果柄长度最短且果形差异很小。

同一居群内，果实颜色也变化多样，例如，霍城大西沟居群的果色变化最多，有全红、黄色、绿色以及众多的中间类型。这说明新疆野苹果在居群内的多样性程度很高。这明显地反映了新疆野苹果在果实上的多态性，分析发现，果实的多态性与生态地理并不相关，并非由于生态条件引起的变化，而是具有一定的遗传基础。

5.3 叶片

新疆野苹果叶片呈阔披针形、长椭圆形、卵形至圆形，长5～10cm，宽3～5cm，先端尖，基部楔形至圆形，边缘具钝锯齿，叶下面有疏绒毛，幼叶较密；叶柄长1.5～4cm，疏生柔毛，托叶膜质，披针形，边缘有毛，早落。

对来自新源、托里和额敏3个居群的23个单株的394个叶片进行测定表明，新疆野苹果的叶片长度在5.7～9.2cm，变化幅度较大；叶片宽在2.8～4.9cm；叶片P/E值在1.5～2.7；叶柄粗在0.08～0.12cm；叶柄长在1.2～3.6cm（表5-14）。通过对3个居群叶片长度对比发现，额敏居群新疆野苹果的叶片长度最长，新源居群次之，托里居群最小。叶片宽度在3个居群中表现出相同的结果，即额敏居群>托里居群>新源居群”。从叶型指数来看，以托里居群的

P/E值最大，叶片呈狭长型，而额敏居群的P/E值最小，新源居群居中。但居群内部叶片形状差异较大，如新源居群，XY-2单株的P/E值接近2，比较狭长，但XY-9单株的P/E值为1.08，接近1，接近圆形。额敏居群和托里居群内部的差异相对较小。叶柄粗度为额敏居群＞新源居群＞托里居群。各居群间的叶柄长度差异较大，最长的为新源居群，平均长度达到2.68cm，远高于额敏居群和托里居群。此外，各居群叶片在叶尖，叶基部等方面也存在差异。

表5-14　新疆野苹果叶片性状统计

居群	叶片长(cm)	叶片宽(cm)	长/宽	锯齿数目(个/cm)	叶柄粗(cm)	叶柄长(cm)	矩形	叶尖	叶基部
XY-1	6.55±0.95	3.47±0.37	1.86±0.27	6.15±1.50	0.08±0.01	3.06±0.43	1	1	1
XY-2	7.30±0.82	3.71±0.52	1.99±0.25	4.67±0.85	0.08±0.01	2.44±0.33	1	5	6
XY-3	7.65±0.67	3.95±0.37	1.95±0.23	8.00±1.17	0.08±0.01	2.61±0.41	4	3	1
XY-4	7.94±0.81	4.28±0.32	1.86±0.16	6.40±1.08	0.10±0.01	2.60±0.42	6	3	2
XY-5	5.92±0.58	3.43±0.50	1.74±0.19	5.73±0.96	0.08±0.01	2.19±0.24	1	2	2
XY-6	6.72±0.79	3.57±0.33	1.89±0.21	5.38±0.78	0.08±0.01	2.98±0.38	1	3	1
XY-7	6.64±0.98	5.08±0.80	1.34±0.32	3.48±0.49	0.07±0.01	2.75±0.51	1	3	2
XY-8	8.77±0.69	5.02±0.96	1.82±0.42	4.37±0.48	0.07±0.01	2.61±0.35	1	2	1
XY-9	6.09±0.70	5.77±0.98	1.08±0.21	3.84±0.43	0.08±0.01	2.67±0.44	6	5	2
XY	7.06±1.18	4.25±1.01	1.86±0.27	5.33±1.62	0.08±0.01	2.68±0.53	1,4,6	1,2,3,5	1,2,6
EY-1	7.20±0.26	3.80±0.38	1.91±0.19	3.59±0.81	0.09±0.01	1.71±0.49	1	1,2,3	1,2,3
EY-2	8.28±1.77	4.67±0.74	1.77±0.31	3.20±0.40	0.11±0.02	2.18±0.74	1,2,3,4,5	1,2,3,6	1,2,3,4
EY-3	7.62±1.30	4.69±0.74	1.66±0.30	3.58±0.78	0.11±0.01	1.75±0.41	1,2,5,6	1,3,6	1,2,3,4
EY-4	6.91±0.85	4.47±0.41	1.54±0.12	3.07±0.40	0.10±0.01	1.38±0.29	1,3,6	1,2,3	1,3,4
EY-5	7.13±0.90	4.60±0.29	1.56±0.19	3.55±0.79	0.10±0.01	1.88±0.40	1,2,6	1,3	1,2,3,4
EY-6	8.71±0.93	4.51±0.63	1.96±0.23	3.29±0.74	0.11±0.15	2.61±0.41	1	1,3,5	1,2,3
EY-7	9.16±0.89	4.60±0.76	1.93±0.49	3.59±0.81	0.12±0.01	1.71±0.27	1,2,4	1,5	1,2
EY-8	7.82±1.11	4.51±0.44	1.73±0.11	3.40±0.80	0.10±0.01	1.51±0.25	1,2,4,6	1,3,5	1,2
EY-9	8.63±1.23	4.83±0.49	1.80±0.24	3.74±0.72	0.10±0.01	2.01±0.32	1,2,4,6	1,3,4,5	1,2,3,4
EY	8.00±1.33	4.52±0.68	1.77±0.31	3.47±0.75	0.11±0.02	1.85±0.54	1,2,3,4,5,6	1,2,3,4,5,6	1,2,3,4
TY-1	7.88±1.52	3.56±0.59	2.21±0.28	4.16±1.11	0.09±0.02	1.76±0.67	1,2,3,4,5	1,2,3	1,2,3,5
TY-2	7.94±0.70	4.20±0.81	1.95±0.34	3.58±0.79	0.10±0.01	2.12±0.55	1,2,3,4	1,3	1,2,3
TY-3	7.37±0.72	2.91±0.56	2.70±0.48	5.19±1.24	0.08±0.01	2.06±0.46	1,2,4	1,5	1,2
TY-4	5.71±0.48	3.04±0.27	1.92±0.26	3.74±0.69	0.07±0.01	1.89±0.21	4	1,3,5	1,2
TY-5	6.56±0.75	3.29±0.39	2.02±0.32	4.51±1.00	0.10±0.02	1.29±0.38	0,1,2,3,4	1,3	1,2,3
TY	6.95±1.28	3.34±0.70	2.15±0.45	4.26±1.17	0.09±0.02	1.79±0.02	0,1,2,3,4,5	1,2,3,5	1,2,3,5

根据来自新源居群、托里居群和额敏居群的3个地理居群的叶片比较研究结果，反映了新疆野苹果叶片形态变化与生态地理条件间的密切关系。从相似度分析，新源居群与托里居群距离较近，而与额敏居群距离较远。居群内个体间的变化并不明显。这在一定程度上说明，叶片的变异主要是由生态环境条件变化引起的。

5.4 种子

新疆野苹果的种子色泽、重量因果实成熟程度不同存在一定的差异性。不同发育期的种子，种皮的颜色随着其发育的进程，由白色向褐色转变。各居群的种子的颜色多为黄褐色、褐色和深褐色（图5-21）。各居群的种子调查数据见表5-15。

图5-21 不同居群的种子颜色

注：XY、Y、DY、NY、WY、GY分别代表新源交托海居群、新源古树分布区、霍城大西沟居群、那拉提居群、野苹果“树王”、巩留居群，其中WY样品采集时，果实尚未完全成熟。

由统计数据可知，各居群间新疆野苹果在单果种子粒数和千粒重方面差异明显。种子数量不等，为7～16粒。新源交托海居群单果种子数量在8～11粒不等。巩留莫合尔居群单果种子数量在7～10粒不等，千粒重最大，平均为25.63g。新源那拉提居群单果种子数量在8～10粒不等，千粒重19.76g（表5-15）。各居群新疆野苹果平均千粒重为19.76～25.63g。

表5-15　不同居群新疆野苹果种子指标观测与统计

居群	单果种子数（粒）	千粒重（g）	颜色
新源交托海	8～11	23.58±0.89	褐色、深褐色
巩留莫合尔	7～10	25.63±0.22	深褐色
新源那拉提	8～10	19.76±1.80	黄褐色、深棕色
霍城大西沟	7～16	24.17±0.84	黄褐色

第 6 章 | 新疆野苹果的组织解剖学研究

植物的根、茎、叶等器官的解剖结构特征在一定程度上也可以反映与生态环境之间的关系，每种植物在生长的不同发育阶段或在不同生境下，其植物解剖结构特征有一定的差异性。此章是对新疆野苹果的根、茎、叶等营养器官进行了解剖学研究，同时比较了不同居群叶片解剖结构的差异性，并研究了子房和花药发育的特点，比较了不同树龄的新疆野苹果的叶片及其与珠美海棠叶片解剖结构的差异，为新疆野苹果的进一步研究提供基础资料。

6.1 根的解剖结构研究

2013年8月取生长期为3个月的1年生新疆野苹果实生苗的侧根和主根，参考《植物显微技术》（李和平，2009）进行永久切片的制作，具体流程如下。①固定：采样后的实验材料迅速带回实验室进行分割，分割后将材料迅速放入FAA固定液中固定超过24h。②脱水：固定后将材料取出依次按照酒精梯度进行脱水，分别经过30%、50%、70%、85%、95%、100%乙醇（两次），每级脱水时间1h，可以在70%乙醇中过夜。③透明：二甲苯透明，脱水后将材料分别经乙醇：二甲苯（1：1）→二甲苯→二甲苯顺序进行透明，每级3h。④浸蜡：材料浸蜡，按照顺序50%石蜡→70%石蜡→纯石蜡Ⅰ→纯石蜡Ⅱ→纯石蜡Ⅲ，每级1h。⑤包埋：用牛皮纸折包埋盒，标明日期和材料名称，将组织直立放入，经生物组织包埋机用已溶解的石蜡进行包埋。⑥切片：将蜡块修正后，粘于台木，使组织垂直于台木块，用徕卡RM2235轮转式切片机切片，调整切片厚度8～10μm，进行切片。⑦展片、粘片、烘片：载玻片先用酸酒精进行清洗，然后展片，每张载玻片上放一个蜡片，粘片后将材料放于摊片盘上，放置于36℃温箱中进行烘干。⑧脱蜡、透明：将待脱蜡载玻片有材料的一面朝向标签，置于卧式染缸中进行二甲苯脱蜡25min，然后在二甲苯中进行透明10min。⑨染色：采用番红—固绿染色对染。⑩透明：依次滴加乙醇：二甲苯（1：1）、二甲苯，每级5s。⑪封片、烘片：树胶封片，封片后将材料置于摊片盘上，36℃烘箱内进行烘烤。⑫镜检、拍照：将烘干的玻片经镜检，显微摄影。

对新疆野苹果主根和侧根横切面进行显微结构观察，发现同一生长时期主根和侧根组织结构有很大差异（图6-1）。

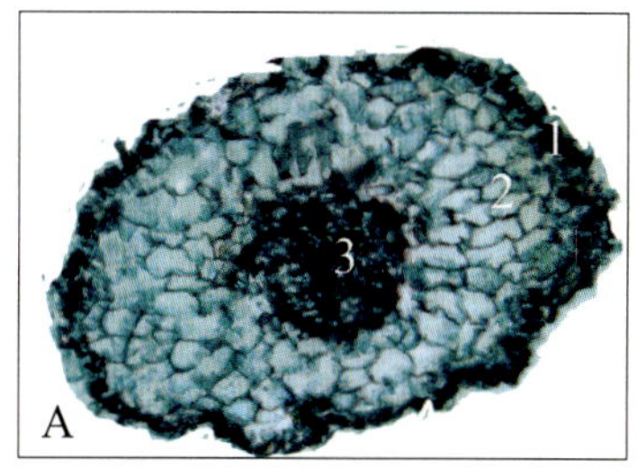

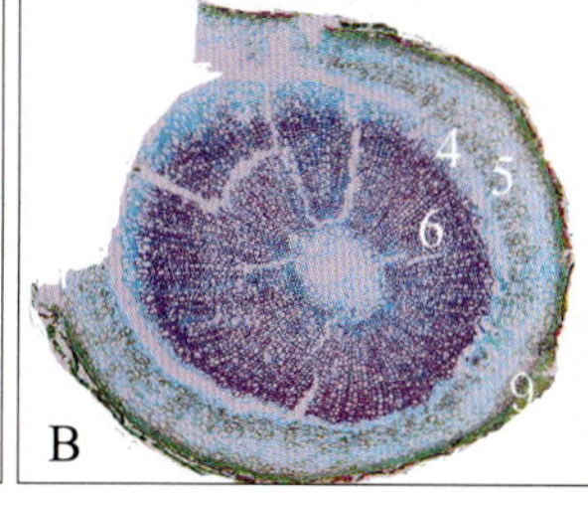

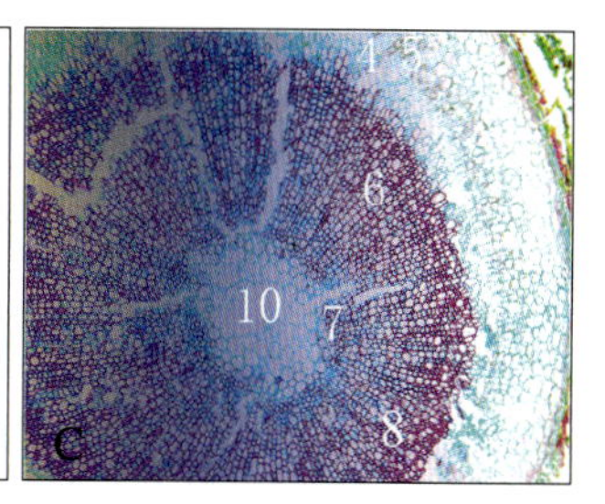

图6-1　新疆野苹果同一生长时期主根和侧根解剖结构

注：A.侧根；B.、C.主根；1.表皮；2.皮层；3.中柱鞘；4.形成层；5.次生韧皮部；6.次生木质部；7.初生木质部；8.导管；9.周皮；10.髓。

由图6-1A可以看出，生长期为3个月的新疆野苹果二级侧根尚处于初生结构阶段、结构简单，由表皮、皮层和中柱鞘构成。表皮由单层细胞构成，排列紧密但不整齐，凹凸不平，有些表皮细胞外壁突出，有形成根毛的趋势。皮层位于表皮内侧，由多层扁圆形的薄壁细胞组成，皮层细胞有贮藏养料和横向运输根毛吸收的水和无机盐到维管柱中去的功能。皮层的内侧为中柱鞘，是位于中间的最内层细胞，细胞较小，且排列整齐紧密。

由图6-1B、C可以看出，生长期3个月的新疆野苹果主根结构较为复杂，已经分化出次生结构，从外至内依次为：周皮、次生韧皮部、形成层、次生木质部、初生木质部、髓。由图可见，新疆野苹果3个月主根最外侧的表皮和皮层已经开始脱落、更新，由周皮代替。位于初生韧皮部与初生木质部之间的薄壁细胞和中柱鞘细胞恢复分裂能力产生形成层，形成层向外产生次生韧皮部，向内产生次生木质部。韧皮部细胞为活细胞，细胞偏大，且排列紧密，由筛分子、厚壁组织细胞和薄壁组织细胞组成，由固绿染成绿色。木质部细胞为死细胞，由番红染成红色，木质部细胞大小不一，有导管和管胞，而且还分布有木射线。初生木质部内侧为髓。

6.2　茎的解剖结构研究

2013年8月，取生长时期分别为2个月和3个月的1年生新疆野苹果实生苗的主茎进行石蜡切片制作，制作方法同6.1。

不同生长时期的新疆野苹果茎解剖结构有显著差异（图6-2）。由图6-2A可以看出，生长时期为2个月的新疆野苹果茎结构相对简单，主要由初生结构构成，最外一层为表皮细胞，表皮细胞较小，形状似砖形，排列整齐、相互嵌合，表皮细胞的外壁部分角质化，并形成角质层，角质层染色较深；表皮细胞内侧为木栓层，木栓层由4～5层细胞构成，细胞比表皮细胞大，形状较规则；木栓层向内为皮层，皮层由5～6层薄壁细胞构成，细胞较大，细胞大小不一，形状似球形，排列不规则；皮层内部为形成层，形成层细胞染色较深，在叶柄的横切面呈一圆周形，形成层向内分化出次生木质部，木质部内有导管，导管被番红染成红色，除导管外的细胞较小，紧密排列在一起；木质部的内侧即叶柄横切面的正中为髓，髓由薄壁细胞构成，薄壁细胞体积较大，近似圆球形，呈不规则排列。由图6-2D可以看出，生长时期为3个月的新疆野苹果茎解剖结构较为复杂，已分化出次生组织，次生木质部位于形成层的内部，由几层排列较紧密的细胞组成，次生木质部细胞更小，染色较浅，将初生木质部细胞挤压成弯曲状。

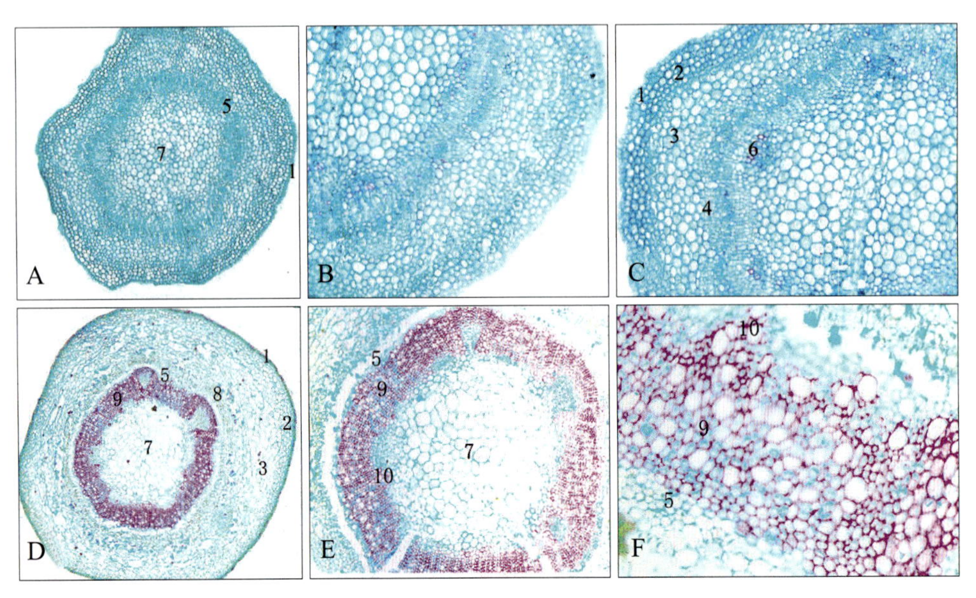

图6-2　不同时期新疆野苹果茎解剖结构图

注：A、B、C生长期为2个月；D、E、F生长期为3个月；1.表皮；2.木栓层；3.皮层；4.韧皮部；5.形成层；6.木质部；7.髓；8.次生韧皮部；9.次生木质部；10.初生木质部。

6.3　叶片的解剖结构研究

于2013年8月采集不同居群（新源居群、巩留居群、额敏居群和托里居群）和不同树龄（1年生、2年生、5年生、多年生和新疆野苹果“树王”）的新疆野苹果叶片，对不同居群、不同树龄叶片的解剖结构特征进行比较；采集新疆野苹果与珠美海棠叶片（采集于天津农学院资源圃），比较两种同属植物叶片解剖结构的差异性。叶片解剖结构采用常规石蜡切片法，方法同6.1。

6.3.1　叶片的解剖结构

如图6-3所示，新疆野苹果叶片的结构由表皮、叶肉、叶脉三部分组成。表皮包被着整个叶片的外围，分上表皮和下表皮。上下表皮均由一层生活细胞组成，细胞形状为长方形或正方形，彼此互相嵌和，紧密相连，没有缝隙，下表皮细胞体积明显小于上表皮细胞。在叶片主脉处，下表皮细胞增长增厚，上表皮细胞则明显变小，使叶片在主脉处形成弓形。上表皮细胞中不含叶绿体，下表皮中，组成气孔的肾形细胞中含叶绿体。气孔只在下表皮存在，而上表皮没有。

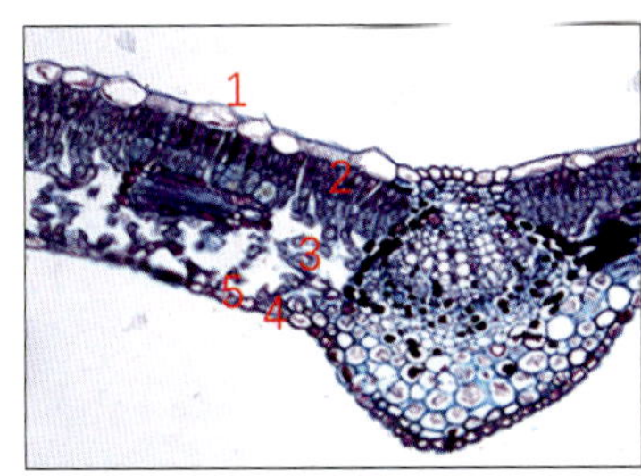

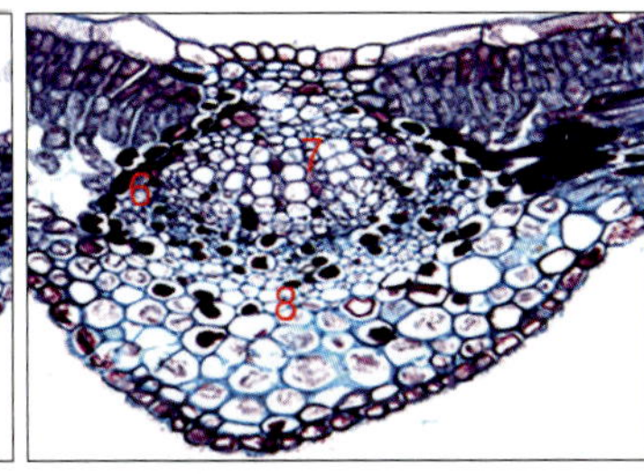

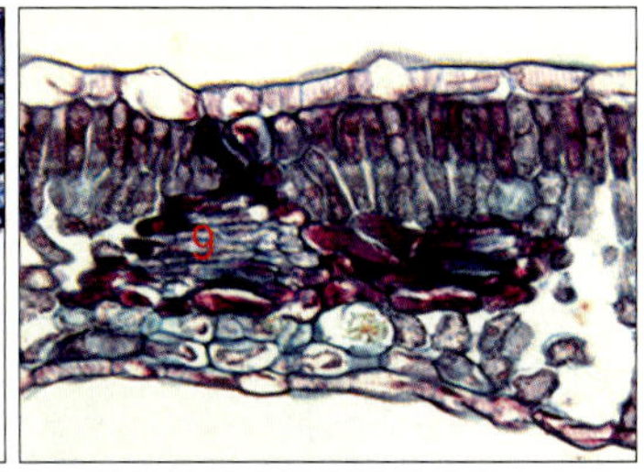

图6-3　新疆野苹果叶横切面解剖图

注：1.上表皮；2.栅栏组织；3.海绵组织；4.下表皮；5.角质层；6.木质部；7.韧皮部；8.薄壁细胞；9.小叶脉。

叶肉细胞内含有许多叶绿体，是进行光合作用的主要场所，分别由栅栏组织和海绵组织组成。栅栏组织位于上表皮下方，为长柱形，由2层细胞上下紧密排列而成，细胞间隙很小，内含叶绿体较多。海绵组织位于栅栏组织与下表皮之间，细胞形状不规则，排列疏松，间隙较大。

叶脉是叶片中的维管束，位于叶肉中，分为主脉和各级侧脉。主脉结构较复杂，由维管束、薄壁细胞和机械组织组成。机械组织主要是纤维，位于维管束和下表皮之间。侧脉越小，结构越简单，只有简单的管胞及筛管等构成。

6.3.2　不同居群新疆野苹果叶片解剖特征差异

叶片是植物进行光合作用和蒸腾作用的主要器官，与植物的生长环境有着密切的关系，因而植物本身对环境的适应性直接反映到叶片形态和结构上（Holbrook N M & Putz F E，1996）。目前已有许多叶片形态和解剖结构对环境适应性的报道（Beikircher B B & Mayr S, 2013; Tsukaya H, 2002; Bondada B R, 2011; Somavilla N S et al., 2013; Guan Zhijie et al., 2011; Molas J, 1997; Lu Gan et al., 2013）。新疆野苹果由于特殊的地理分布，不同居群差异造成的叶片解剖结构的变异还不清楚。

本研究通过对不同居群（巩留居群、额敏居群、新源居群、那拉提居群以及托里居群）的新疆野苹果叶片解剖结构（叶片总厚度、栅栏组织厚度、海绵组织厚度、海绵组织与栅栏组织的比值等）的变化进行观察、研究，分析了野苹果叶片结构变异的特点，对新疆野苹果遗传多样性和生态适应性进行了探讨，为新疆野苹果原位保护、繁殖保育提供实验依据。

综合多个样品的叶片横切面解剖学特征分析，既有相同之处，也有很大的差异（图6-4）。共同的特点是：新疆野苹果的叶片属于典型的异面叶，叶的横切面解剖结构分为上表皮、栅栏组织、海绵组织、下表皮，上表皮外侧被覆了一层较厚的角质层。上、下表皮均是由一层近似长方形的细胞紧密排列在一起形成，但是，下表皮细胞明显小于上表皮细胞，在叶主脉处，下表皮细胞会加长加厚，上表皮细胞会缩短，使叶片在主脉处形成弓形；叶片的栅栏组织由1～3层长圆柱形细胞组成，排列紧密整齐；海绵组织细胞一般为短圆柱形或近

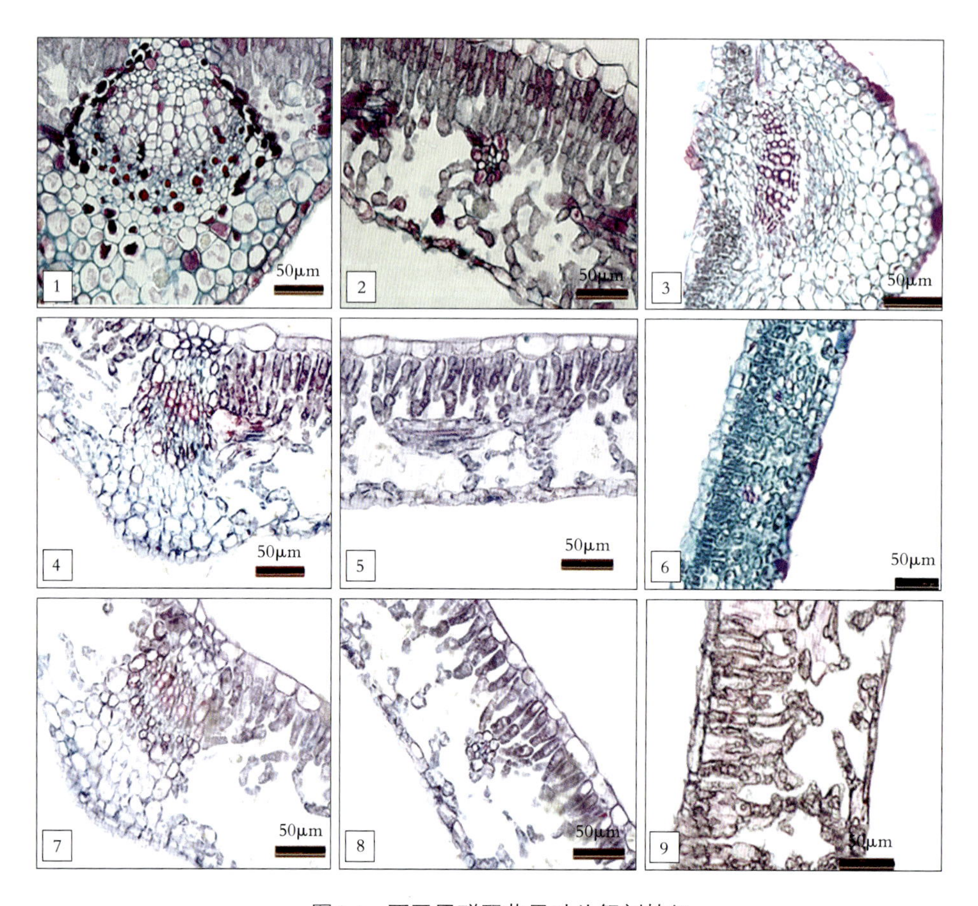

图6-4　不同居群野苹果叶片解剖特征

注：1、2为巩留居群；4、5为额敏居群；3、6为新源居群；7、8为那拉提居群；9为托里居群，放大倍数为400×。

似椭圆形，排列不规则，在近下表皮处有较大的细胞间隙；主脉由薄壁组织及维管束组成，维管束发达；在叶肉中，有结构简单的维管束。不同之处是：栅栏组织的细胞层数与形态不同，巩留居群的为3层，且3层细胞的形态大致都是长圆柱形，托里居群、额敏居群、新源居群的为2层，近表皮处的一层为长圆柱形，第2层细胞多呈楔形，那拉提居群的只有1层细胞构成栅栏组织；主脉处维管束中的导管数量不同，巩留居群有10～11列，每列6～7个导管，额敏居群有9～10列导管，每列4～5个导管，新源居群有8～9列导管，每列有3～4个导管，那拉提居群有4～5列，每列4～5个导管；在新源和额敏居群的样品中，可以清晰地看见靠近主脉处的叶肉组织中有螺纹导管，其他居群则没有；从图6-4中可看出，每个样品的叶片厚度不同，按厚度排序，那拉提居群>巩留居群>额敏居群>托里居群>新源居群。

表6-1显示各居群样品的叶片厚度差异极显著，那拉提居群的最厚为166.38 μm，新源的最薄为90.98 μm，叶片厚度按顺序排列为那拉提>巩留>额敏>托里>新源；上表皮厚度无明显差异，范围在10.42～15.66 μm；下表皮厚度在0.01水平上无差异，在0.05水平上，额敏居群明显高于其他居群样品，而且额敏居群的表皮总厚度也是最厚的；巩留居群样品的栅栏组织明显高于其他样品，新源居群的最薄为25.59 μm，小于额敏的50%；海绵组织的厚度有差异，但是不明显；栅栏组织和海绵组织的比在一定程度上决定叶片的抗逆性，巩留居群比值最高，为1.5，其中，巩留、额敏、那拉提居群比值均大于1，说明栅栏组织较海绵组织厚，栅栏组织和海绵组织的比值大小顺序为巩留>额敏>那拉提>托里>新源。

表6-1　野苹果叶片组织结构参数

样品	T_L (μm)	T_{UE} (μm)	T_{LE} (μm)	T_P (μm)	T_S (μm)	T_{RPS}
巩留	128.97BCc	13.82a	8.67Ab	61.73Aa	41.70Aab	1.50Aa
托里	115.68Dd	13.64a	11.65Aab	26.68Cc	30.89Ab	0.93Aab
额敏	124.18CDc	15.66a	13.79Aa	46.68Bb	38.63Aab	1.32Aab
那拉提	166.38Aa	14.07a	9.96 Aab	42.85Bb	41.81Aab	1.03Aab
新源	90.98Ee	10.42a	8.78Ab	25.59Cc	36.55Aab	0.72Ab

注：T_L表示叶片厚度；T_{UE}表示叶片上表皮厚度；T_{LE}表示叶片下表皮厚度；T_P表示栅栏组织厚度；T_S表示海绵组织；T_{RPS}表示栅栏组织与海绵组织之比。

6.3.3　不同树龄新疆野苹果叶片解剖特征差异

2013年8月，以新疆新源为采集地，以1年生、2年生、5年生、多年生（60～80年）和新疆野苹果“树王”叶片为试材，比较不同树龄新疆野苹果叶片解剖结构。

不同树龄新疆野苹果叶片结构组成相同，均由上表皮、栅栏组织、海绵组织和下表皮组成，但不同树龄间的相同组织厚度及细胞排列方式均有差异（图6-5）。不同树龄新疆野苹果的叶片厚度依次为XY-1（1年生）>XY-2（2年生）>XY-3（5年生）>XY-4（多年生）>XY-5（新疆野苹果"树王"）。XY-1和XY-2叶片厚度极显著高于XY-3、XY-4和XY-5，其中，XY-1叶片最厚，为211.61 μm，XY-5叶片最薄，为126.37 μm。上表皮厚度为8.16～12.77 μm，下表皮厚度为7.27～10.45 μm，上表皮厚度明显高于下表皮厚度，XY-1上表皮厚度最厚，XY-5上表皮厚度显著低于XY-1、XY-2、XY-3和XY-4，为8.16 μm；XY-3下表皮厚度最厚，XY-5下表皮厚度最小（表6-2）。

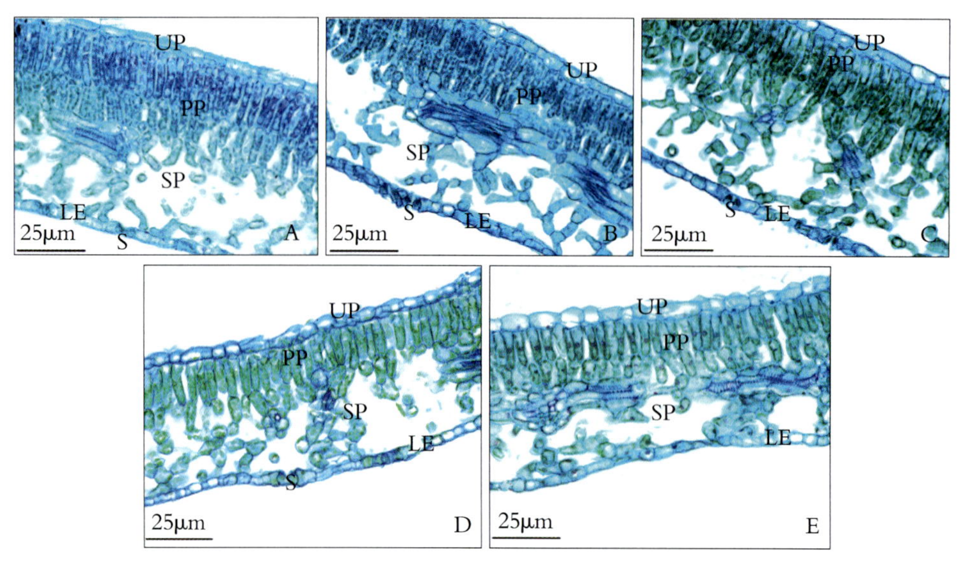

图6-5　不同树龄新疆野苹果叶片组织结构特征

注：A. 1年生（XY-1）；B. 2年生（XY-2）；C. 5年生（XY-3）；D. 多年生（XY-4）；E.新疆野苹果"树王"（XY-5）；UE. 上表皮；LE. 下表皮；PP. 栅栏组织；SP. 海绵组织；V. 导管；C. 晶体；S. 气孔。

新疆野苹果叶片栅栏组织细胞均呈长圆柱形，但不同树龄新疆野苹果栅栏组织细胞排列方式不同，XY-1和XY-2栅栏组织由两层细胞构成，上下两层细胞紧密排列，且组织中嵌入着晶体；XY-3栅栏组织两层细胞中上层细胞排列紧密，下层细胞排列相对疏松；XY-4两层细胞为短圆柱形，上层细胞较下层细胞长，且较下层细胞排列紧密；XY-5栅栏组织仅由一层细胞构成，XY-4和XY-5栅栏组织厚度差异不显著，分别为59.17 μm、49.52 μm。海绵组织厚度与细胞排列方式存在着差异，组织厚度位于49.51～94.35 μm，XY-4和XY-5海绵组织厚度极显著低于XY-1、XY-2，分别为49.51 μm和61.44 μm；XY-1和XY-2海绵细胞排列较XY-3、

XY-4和XY-5疏松，细胞间隙较大，有导管分布，但导管数少，XY-3、XY-4和XY-5海绵组织中分布导管发达。

表6-2　不同树龄新疆野苹果叶片组织结构参数

测定指标	1年生（XY-1）	2年生（XY-2）	5年生（XY-3）	多年生（XY-4）	果树王（XY-5）
T_{L}-叶片厚度（μm）	211.61Aa	189.82Bb	181.20Cc	129.21CDd	126.37De
T_{UE}-上表皮厚度（μm）	12.77Aa	10.95ABa	12.36Aa	12.00Aa	8.16 Bb
T_{LE}-下表皮厚度（μm）	7.32Bc	9.11ABab	10.45Aa	8.53ABabc	7.27Bbc
T_{PP}-栅栏组织（μm）	97.18Aa	72.68Bb	74.80Bb	59.17BCc	49.52Cc
T_{SP}-海绵组织（μm）	94.35Aa	97.08Aa	83.58ABa	49.51Cc	61.48BCb
P/S-栅栏组织/海绵组织	1.03Aab	0.75Ab	0.90Aab	1.19Aa	0.81Ab
CTR-叶片组织结构紧密度（%）	45.92Aa	38.29Cc	41.28Bb	45.79Aa	39.18Cc
SR-叶片组织结构疏松度（%）	44.59ABb	51.14Aa	46.13Aa	38.32Bb	48.62Aa

注：CTR（%）表示叶片组织结构紧密度；SR（%）表示叶片组织结构疏松度；不同字母分别表示经邓肯氏新复极差检验在$P<0.05$和$P<0.01$水平上差异显著性。

不同树龄新疆野苹果P/S值位于0.75～1.19，其中XY-4最大为1.19，XY-2最小为0.75。CTR值位于38.29%～45.92%，XY-1、XY-4的CTR值极显著高于XY-2、XY-3、XY-5，分别为45.92%和45.79%；XY-2的SR值最大为51.14%，XY-4的SR值最小为38.32%。气孔均分布于野苹果的下表皮，其形状均为不规则形，保卫细胞呈肾形，周围无特殊分化的副卫细胞。

6.3.4　新疆野苹果和珠美海棠叶片结构特征差异

新疆野苹果和珠美海棠叶片都为典型的异面叶，叶片解剖结构从近轴面到远轴面依次为上表皮、栅栏组织、海绵组织和下表皮（图6-6A，图6-7A）。新疆野苹果叶片厚176.80μm（表6-3），上下表皮由一层近似长方形的细胞紧密排列组成，表皮细胞边缘规则、无明显的变化（图6-6A）；珠美海棠叶片厚73.60μm（表6-3），大多数上表皮细胞液泡化明显，细胞向四周凸起后形状不规则（图6-7A）。在木质部中，新疆野苹果（图6-6B）和珠美海棠（图6-7B）主脉髓射线均呈射线状分布，但在韧皮部中珠美海棠（图6-7B）髓射线细胞呈梯度增大，而新疆野苹果（图6-7B）细胞变化不明显。

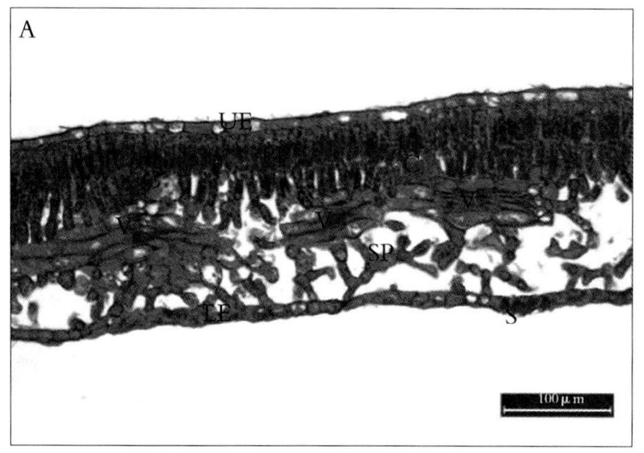

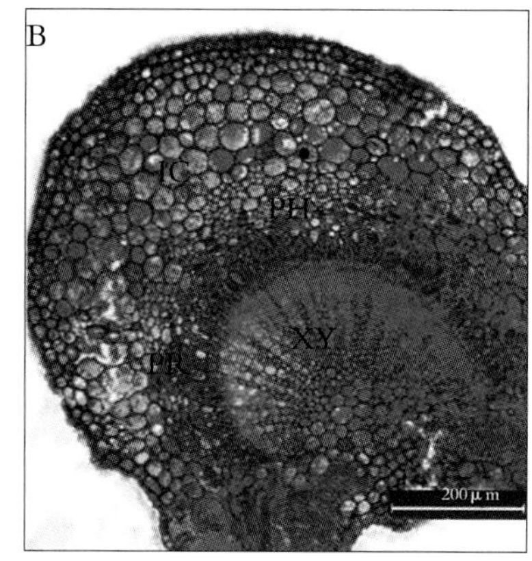

图6-6　新疆野苹果叶片组织结构特征

注：A.叶片组织结构，显示表皮和叶肉细胞特征；B.叶片主脉组织结构，显示维管组织特征；UE.上表皮；LE.下表皮；PP.栅栏组织；SP.海绵组织；V.导管；C.晶体；S.气孔；XY.木质部；PH.韧皮部；PR.髓射线；IC.内含物。

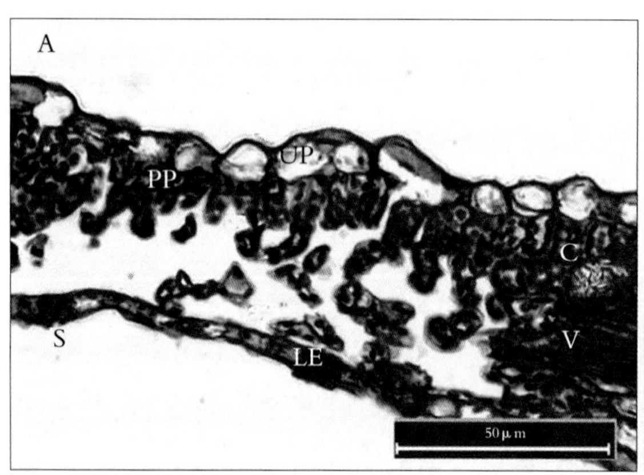

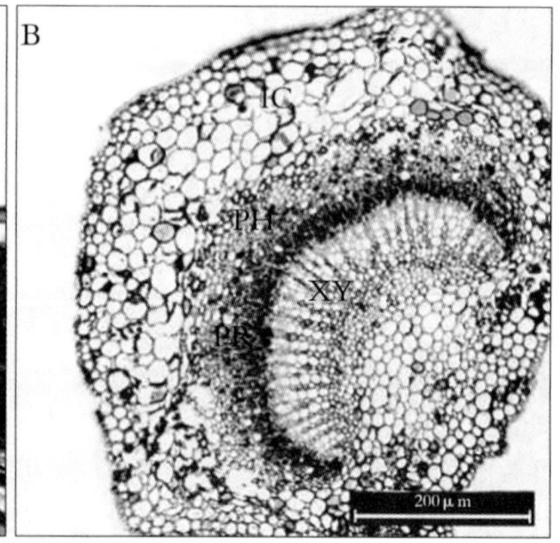

图6-7　珠美海棠叶片组织结构特征

注：A.叶片组织结构，显示表皮和叶肉细胞特征；B.叶片主脉组织结构，显示维管组织特征；UE.上表皮；LE.下表皮；PP.栅栏组织；SP.海绵组织；V.导管；C.晶体；S.气孔；XY.木质部；PH.韧皮部；PR.髓射线；IC.内含物。

表6-3　新疆野苹果与珠美海棠叶片解剖结构特征

名称	叶片厚度 T_L (μm)	上表皮厚度 T_{UE} (μm)	下表皮厚度 T_{LE} (μm)	栅栏组织 T_{PP} (μm)	海绵组织 T_{SP} (μm)	栅栏组织/海绵组织 P/S	叶片组织结构紧密度 (%)	叶片组织结构疏松度 (%)	气孔出现频率
MS	176.80a	8.82a	7.53a	70.38a	77.97a	0.90a	40a	44a	16.67a
ZM	73.60b	9.84a	4.74b	23.34b	27.67b	0.84a	33ab	38b	7.00b

注：MS是新疆野苹果*Malus sieversii*缩写；ZM是珠美海棠*Malus zumi*的缩写；同列数据后标不同小写字母表示差异极显著（$P<0.05$）；气孔出现频率为10倍物镜下3个视野内的气孔数。

6.3.4.1 栅栏组织、海绵组织和栅栏组织/海绵组织比较

新疆野苹果叶片栅栏组织（厚70.38μm）位于上表皮下方，由1～3层长圆

柱形细胞紧密排列形成；海绵组织（厚77.97μm）细胞近椭圆形、胞间空隙大且排列不整齐，栅栏组织/海绵组织的比值约0.90（表6-3）；珠美海棠叶片栅栏组织（厚23.34μm）由1～2层短圆柱型细胞稀疏排列形成，海绵组织（厚27.67μm）细胞近椭圆形、胞间空隙大且排列不整齐，栅栏组织/海绵组织的比值约为0.84（表6-3）。新疆野苹果叶片海绵组织特征与珠美海棠相似，但栅栏组织特征相差悬殊。

6.3.4.2 叶片组织结构紧密度和疏松度及特征比较

叶片组织结构紧密度为栅栏组织和叶片厚度的比值，新疆野苹果叶片组织结构紧密度为40%；珠美海棠叶片组织结构紧密度为33%（表6-3）。叶片组织结构疏松度为海绵组织与叶片厚度的比值，新疆野苹果叶片组织结构疏松度为44%；珠美海棠叶片组织结构疏松度为38%（表6-3）。新疆野苹果叶片组织结构紧密度和疏松度大于珠美海棠，但两者叶片组织结构紧密度均小于疏松度。

6.3.4.3 气孔、晶体、导管等结构特征比较

新疆野苹果叶片气孔主要分布在远轴面，均匀散生于叶脉之间，气孔出现频率较高，达16.67（表6-3），皮层细胞中的晶体为多晶体组成晶簇，韧皮部细胞分布呈半圆形（图6-6B）；珠美海棠叶片气孔主要分布在远轴面，出现频率较低，为7.00（表6-3），皮层细胞中的晶体为菱形单晶体，韧皮部细胞分布呈半圆形（图6-7-B）。新疆野苹果叶片气孔出现频率高于珠美海棠，而两者韧皮部细胞排列特征相似。

6.3.5 小结

植物的生长与分布是植物对外界环境长期适应的结果，这种适应性不仅体现在植物内部的生理生化特点的变异，也体现在自身的形态结构特征的变异（高松等，2009）。叶片是植物对环境变化最为敏感的器官，环境的改变往往会导致叶的厚度、栅栏组织、海绵组织、胞间隙等形态的改变（陈豫梅等，2001），其中叶片厚度是植物保水性能的重要指标。栅栏组织细胞因含有大量的叶绿体，因此栅栏组织的厚度以及与叶片厚度的比值是植物光合作用能力强弱的指标。维管束在植物体中起到营养物质的运输和机械支持作用，因此，维管束越发达，植物的生命力越旺盛，植物的抗逆性越强。邢全等（2004）利用扫描电镜和光学显微镜观察枇杷叶荚蓬的叶片表皮结构和解剖结构特征，结果表明其叶片的形态和解剖结构与其生态环境之间有很强的适应性。梁美霞等（2009）通过观察苹果品种叶片结构，发现原生境条件下叶片栅栏组织和海绵组织比组培条件下发

达，这些特征可以提高光合作用速率和对水分的利用率，增强植物对环境胁迫的适应。

本研究中，采自同一时期不同区域的新疆野苹果叶片组织结构特征指数出现差异，这是在环境选择压力下形成的不同的形态结构。新源气候条件优越，年降水量充沛，且蒸发量小，夏季温度不高，冬季温度适中，非常有利于果树生长繁衍，因此，新源居群的新疆野苹果叶片较其他居群薄，栅栏组织厚度适中，栅栏组织与海绵组织比值小于1，这应该与其适宜的生长环境相关。而巩留、额敏和托里降水量较少，且蒸发量较高，夏季温度偏高，冬季温度偏低，巩留、额敏和托里的新疆野苹果不仅叶片较厚，而且含有的栅栏组织也较新源的新疆野苹果厚，巩留居群的栅栏组织由3层细胞组成，通过栅栏组织的加厚来提高光合效率，且有大量的薄壁细胞，以贮藏营养物质，同时也通过提高细胞的渗透压和保水性，以适应其干旱少雨的环境条件。较大的维管束位于主叶脉处，还有一些小维管束散生在栅栏组织与薄壁细胞之间，巩留、额敏居群的主维管束非常发达，而且小维管束较多，通过加强养分的供给而保证植物的生长，以抵抗不良环境。

受环境的影响，不同生境下的同种植物形态结构会发生变化，同一生境中，不同树龄的植物形态结构也存在差异。研究中，叶片的厚度随着树龄的增长而呈现变薄的趋势，1年生和2年生叶片最厚，多年生和果树王叶片厚度最薄，较1年生约薄85 μm，较薄的叶片可以减弱CO_2在叶肉中的阻力，提高其在叶片内部的传输与扩散速率，使得CO_2供应效率增加，光合同化能力加强（Mendes M M et al.，2001），这是新疆野苹果作为第三纪孑遗植物得以保存下来，甚至生存600年还能正常开花结果的一个关键因素；一至数年生的野苹果叶片较厚，一定程度上有碍于CO_2的传输，但这并不与其正常光合作用相矛盾，它们通过栅栏组织细胞的紧密排列，减小细胞间隙，通过有限的空间内增加光合组织的比例来提高光合能力，保证生长繁殖，栅栏组织层数为2～3层，细胞细长，而多年生及新疆野苹果“树王”栅栏组织层数仅为1～2层，细胞短小。此外，多年生及新疆野苹果“树王”气孔开度较几年生气孔开度大，这在一定程度上提高了CO_2的传输速率。我们尤为关注新疆野苹果“树王”，植株在历经近600年风雨浸润后，其叶片解剖结构发生适应性改变，主要体现在栅栏组织仅由1层细胞组成即可完成光合作用，维持旺盛的营养生长和生殖生长，维持植株个体发育和遗传稳定性，而较薄的叶片厚度，也应该为植株的个体生长提供了生理代谢可靠保障。

6.4　花药的解剖结构研究

2014年4月，采集新源居群发育不同时期的新疆野苹果花朵，用镊子取出花药，放入FAA固定液中固定24h以上，经爱氏苏木精整染、梯度酒精脱水、二甲苯透明、生物组织包埋机包埋、徕卡RM2235轮转式切片机切片（切片厚度8～10 μm），二甲苯脱蜡，中性树胶封藏，进行显微结构观察。

6.4.1　花药的解剖结构

花药是雄蕊产生花粉的部分，位于花丝的顶端，膨大，近似圆柱形。通过显微镜观察，新疆野苹果花药横切结构呈蝶形（图6-8），花粉囊分为左右两部分，每部分各有两个小花粉囊，共计四个花药，花粉在花粉囊内呈不规则的分散状态。花药由表皮、药室内壁（纤维层）、中层、绒毡层、药隔等构成（图6-8）。

6.4.1.1 表皮

表皮是花药最外面的1~2层紧密排列的细胞，外壁具纺锤体，细胞器丰富，表皮除一般表皮细胞外，外壁还具有角质膜以及气孔、毛等附属物，表皮对花药具有保护功能（图6-8A）。

6.4.1.2 药室内壁（纤维层）

药室内壁又称纤维层（图6-8B），紧贴表皮细胞内侧，为一层较厚的细胞。在发育成熟的花药中，纤维层细胞的细胞壁发生斜纵向带状加厚，加厚的细胞产生的拉力使花药在薄壁细胞处形成了纵向的裂口，即花药裂口，花粉囊中的花粉即将从裂口散出，且部分已经被花粉挤压破坏或消失。新疆野苹果的花药开裂方式为孔裂。

6.4.1.3 中层

新疆野苹果药室内壁以内的中层有3～4层细胞组成，中层细胞为花粉粒的成熟提供养分，到四分体时达到高峰阶段，之后慢慢退化（图6-8C）。

6.4.1.4 绒毡层

绒毡层位于药室内壁内侧（图6-8D），是新疆野苹果花药幼孢子囊最内侧的细胞层，绒毡层细胞较大，内部含有多种物质，其作用是对花粉母细胞进行调控和进行营养供给、分泌胼胝体酶以及参与花粉外参壁和花粉包被的形成。当减数分裂结束时绒毡层逐渐消失，图6-9为花粉粒成熟时绒毡层与中层消失，只剩下表皮与纤维层，裂口即将断裂，说明花粉囊已经成熟。

6.4.1.5 药隔

药隔是花药内位于小孢子囊对之间的带状组织（图6-8E），其主要结构包括药隔维管束和药隔薄壁组织，主要功能是支持和连接着花粉囊，并供应花药发育时所需的水分和养料，药隔对小孢子发育和花粉散发起着重要作用。

6.4.1.6 花粉粒

花粉粒位于花粉囊内，由图6-8清晰可见新疆野苹果的花粉粒为长椭圆形或椭圆形。

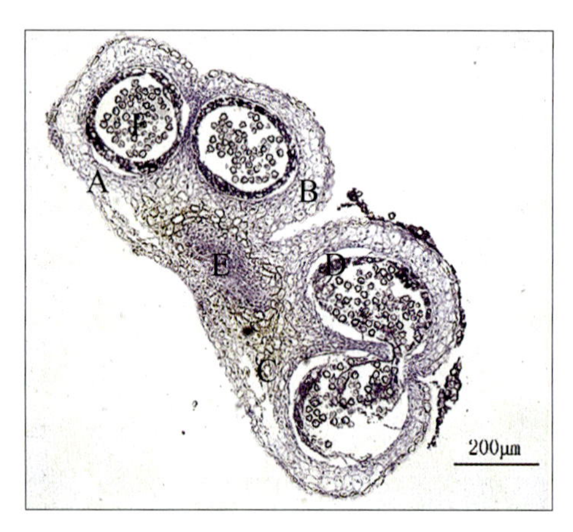

图6-8 新疆野苹果苏木精染色的花药解剖结构

注：A.表皮；B.药室内壁；C.中层；D.绒毡层；E.药隔；F.花粉粒。

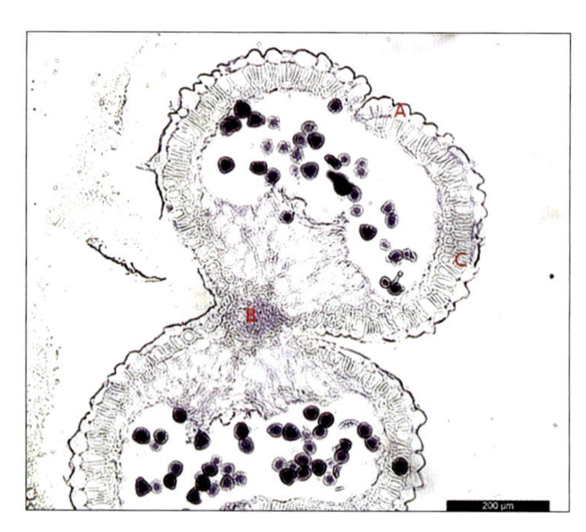

图6-9 花药示绒毡层消失

注：A.表皮；B.药隔；C.纤维层。

6.4.2 花药的发育过程

6.4.2.1 孢原细胞与造孢细胞

孢原细胞是一层表皮细胞，是一群形状相似、分裂活跃的幼嫩细胞，它们经过进一步的平周分裂形成内、外两层细胞，外面的一层细胞叫做初生壁细胞，内侧的一层叫做造孢细胞，造孢细胞经过几次分裂后形成花粉母细胞。

6.4.2.2 二分体与四分体

当花粉母细胞（小孢子母细胞）经过减数第一次分裂形成二分体（图6-10），可以看到含有2个子细胞的为二分体，但由于二分体分化的时间很短，所以试验观察到的图片数目有限。二分体经过减数第二次分裂进一步分化为四分体，图6-11中可以看到含有4个子细胞的为四分体，但在图中有的部位只显示出3个子细胞，这是因为四分体中的一个子细胞被另几个细胞挡住，没有被显示出来，所以图中只显示出3个细胞。

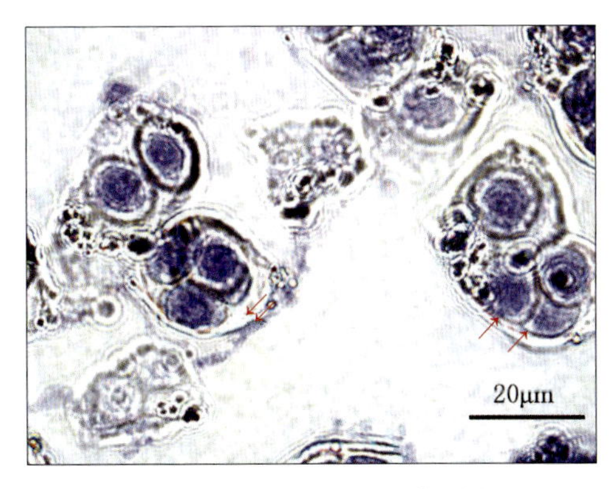

图6-10　二分体与四分体时期

注：→表示二分体；⇉表示四分体。

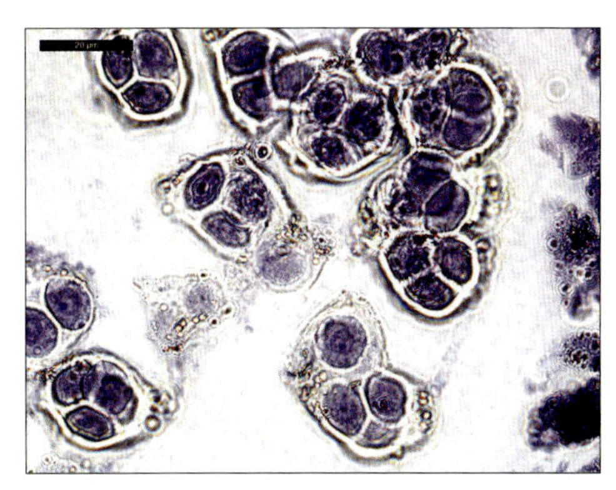

图6-11　四分体时期

6.4.2.3 单核花粉粒

四分体解体后形成4个单核花粉粒，此时，花粉粒的细胞核居中。单核花粉粒也叫做小孢子体，是不成熟的花粉粒（图6-12）。

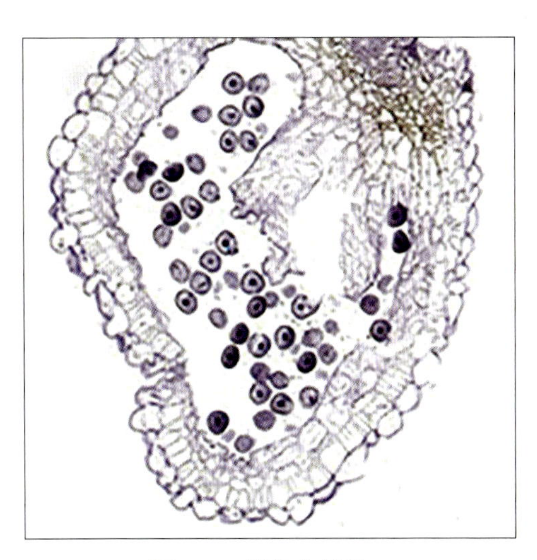

图6-12　单核花粉粒

6.4.2.4 单核核花粉粒靠边期

刚形成的花粉粒是一个单核的细胞，从四分体分离出来时细胞壁薄，含浓厚的原生质，核位于细胞的中央，它们从解体的绒毡层细胞吸取营养，不断长大。随着细胞的扩大，细胞核由中央位置移向细胞一侧，称为单核靠边期（图6-13）。细胞核的旁边是一个大液泡（图6-14），液泡是由单层膜与其内的细胞液组成的，是植物细胞所特有的由膜包被的泡状结构，具有选择通透性，对调节细胞渗透压、维持膨压有很大关系，并且能使多种物质在液泡内贮存和积累。

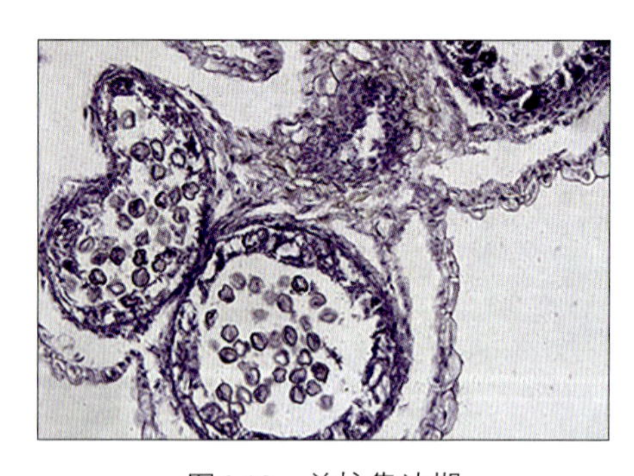

图6-13　单核靠边期

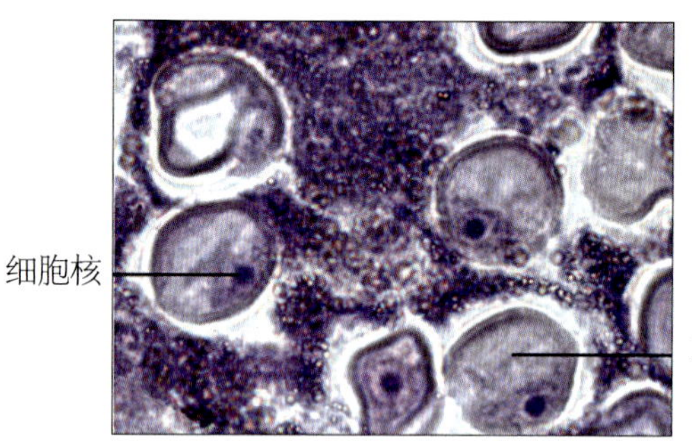

图6-14　单核靠边期示中央大液泡

6.4.2.5 双核花粉粒

由单核花粉粒靠边期形成双核花粉粒，双核花粉粒是新疆野苹果成熟的花粉粒，也就是雄配子体（图6-15）。

6.4.2.6 花粉粒释放

当由单核花粉粒靠边期形成双核花粉粒，花药成熟时，纤维层细胞的细胞壁加厚，始终保持拉力使薄壁细胞的裂口裂开，使得花粉释放出来的过程称为花粉粒释放（图6-16）。释放出去的花粉粒通过传粉作用，传送到雌蕊柱头上，与雌配子结合，完成受精。

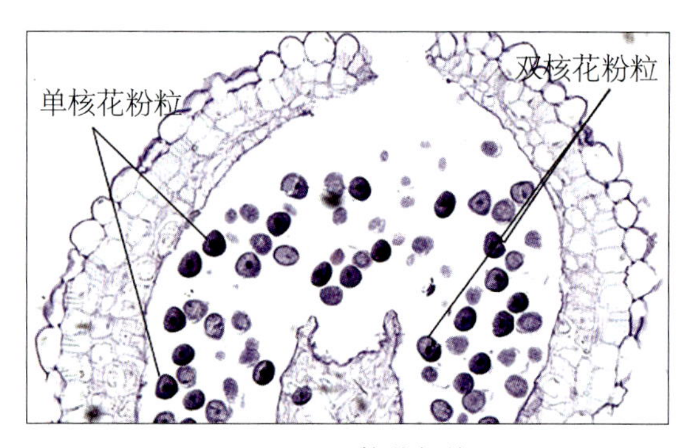

图6-15　双核花粉粒

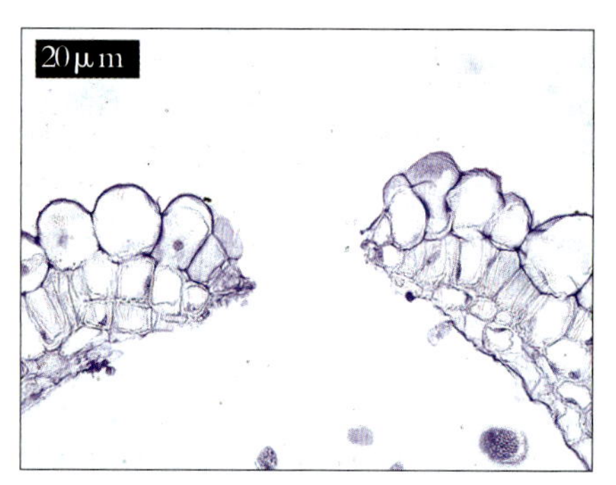

图6-16　花药断裂，显示裂口

6.4.2.7 花粉败育

在切片中发现，有些花粉粒发生败育，形状皱缩不规则（图6-17），其原因是花粉母细胞不能进行正常的分裂，导致绒毡层作用失常，使得营养不良导致花粉败育或外界环境条件导致花粉败育。

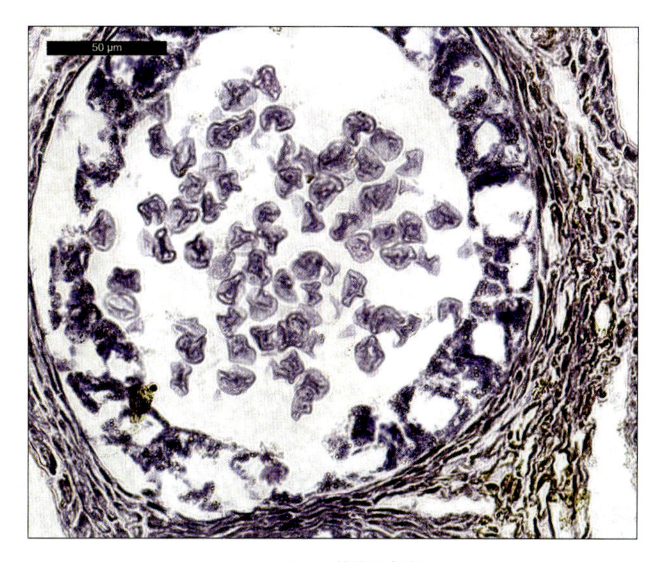

图6-17　花粉败育

新疆野苹果花药结构中的中层与绒毡层为花粉成熟提供养分，到四分体达到高峰阶段。花粉败育是因为中层或绒毡层作用失常导致营养不良，使得花粉不能正常发育，以致其败育（康向阳，2001）。花粉母细胞分裂的过程是联会、交叉互换、同源染色体分离、细胞质分离的过程。花粉败育的原因是出现多极纺锤体或多核仁相连，染色体没有进行正常的交叉互换，细胞质没有进行分离导致的败育或减数分裂后花粉停留在单核或双核阶段，不能产生精子细胞。

6.4.3　小结

本试验采用石蜡切片的方法，通过对新疆野苹果花药的解剖学结构进行观察，观察到花药的结构及各个时期的发育情况。新疆野苹果花药的结构为蝶形，包括表皮、纤维层、绒毡层、中层和药隔。花药发育的过程从孢原细胞→内层造孢细胞、外层周缘细胞→造孢细胞→花粉母细胞（小孢子母细胞）→二分体→四分体→单核花粉粒→单核靠边期→双核花粉粒（成熟的花粉粒，即雄配子体）→断裂解体，当花粉粒成熟期时出现了裂口使得花粉粒释放。此外还观察到数量很少的败育花粉粒。

6.5 子房的解剖结构研究

2014年4月，采集新源居群不同发育时期的花朵（现蕾期至落花期），用镊子去除花瓣、花药及花柄，立即投入到FAA固定液中，制作石蜡切片，方法同花药相同，进行显微观察（图6-18）。

子房着生在花朵的花托上，是雌蕊基部膨大的部分，经苏木精染色呈紫色（图6-18）。新疆野苹果子房室共5个，每个子房室有2个由胎座连着的胚珠；胎座的中心位置有2个维管束，经染料染色较深，为胚珠的发育提供充足的养料；除胎盘中的维管束外，子房壁中也分布着发达的维管束；新疆野苹果为复雌蕊，由几个心皮连合而成。

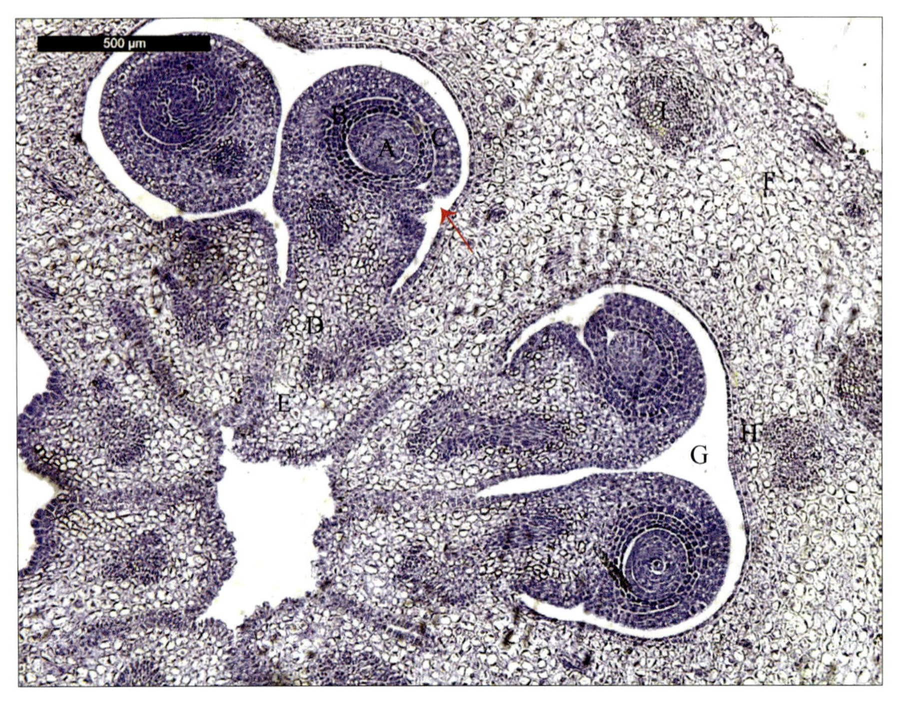

图6-18　新疆野苹果子房横切解剖结构图

注：A.珠心；B.内珠被；C.外珠被；D.珠柄；E.胎座；F.子房壁；G.心室；H.心皮；I.维管束；箭头处表示珠孔位置。

6.5.1　子房的解剖结构

子房是雌蕊基部膨大的部位。它与花托相连，由图6-18可以看出，新疆野苹果子房由子房壁、胚珠构成。

6.5.1.1 子房壁

在被子植物花中，子房壁是很重要的组成部分。子房壁位于子房的外围（图6-18F），细胞小且排列紧密，子房壁较厚，占据子房的很大体积，其结构分为3层，外层、中层和内层。子房壁的外层具有气孔和表皮毛。中层具多层薄壁细胞及维管组织系统（图6-18I），大多数植物的叶绿体就在中层，使其呈现绿色的外表。内层与外层的结构相似，但角质层和气孔的分化不够完全。子房壁内的维管束由胎座经过珠柄到达合点而进入胚珠内部，为胚珠输送养料。在子房的发育和分化之中，子房壁将发育成果实，即可食用的苹果果肉部分。

6.5.1.2 胚珠

胚珠就是种子植物的大孢子囊。新疆野苹果共5个心室，每个心室着生2～3个胚珠，新疆野苹果的胚珠是倒生胚珠（图6-18）。它是子房内部着生的卵形小体，是种子的前体。胚珠内包括：珠心（图6-18A）、内珠被（图6-18B）、外珠被（图6-18C）、珠孔（图6-18箭头所示）、合点、珠柄（图6-18D）、胎座（图6-18E）。珠心是图中珠心组织的圆心，位于中间。珠被覆盖在珠心组织的外侧，分为内珠被和外珠被。内珠被靠近珠心，由2～3层薄壁组织组成；外珠被在内珠被外侧，由3～4层细胞组成。珠被的作用是保护珠心。由于外珠被的包裹，使得珠心的前端只留下一个小孔。此孔称之为珠孔。珠柄位于胚珠基部，着生于胎座上，胎座中分布着维管束，为子房及上部的柱头供给水分和养分，图6-19是子房的纵切图，可以清晰看到为子房发育过程提供水分无机盐和营养物质的维管组织。

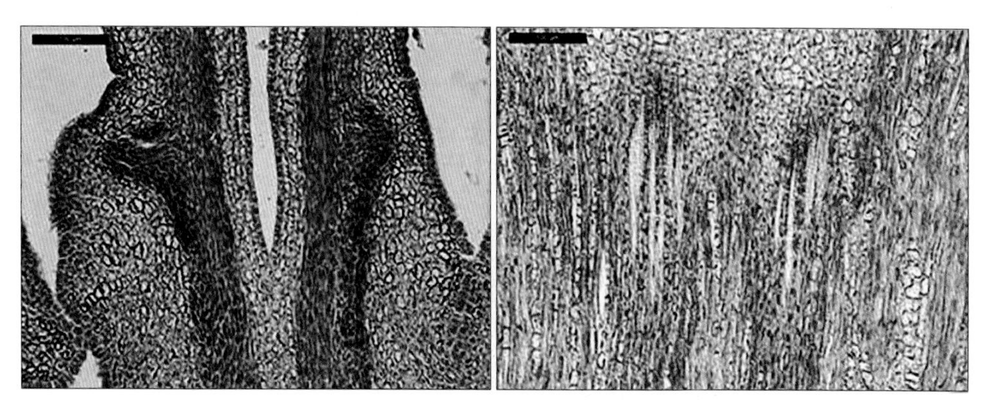

图6-19　子房纵切图

6.5.2 子房的发育过程

子房的发育过程大致经历以下几个过程。

6.5.2.1 未分化期

新疆野苹果子房发育的第一阶段为未分化期，子房由细胞壁、薄壁组织与维管组织组成。这个时期子房体积较小，薄壁细胞大小均匀，排列紧密，维管束均匀地分布在薄壁组织中（图6-20）。

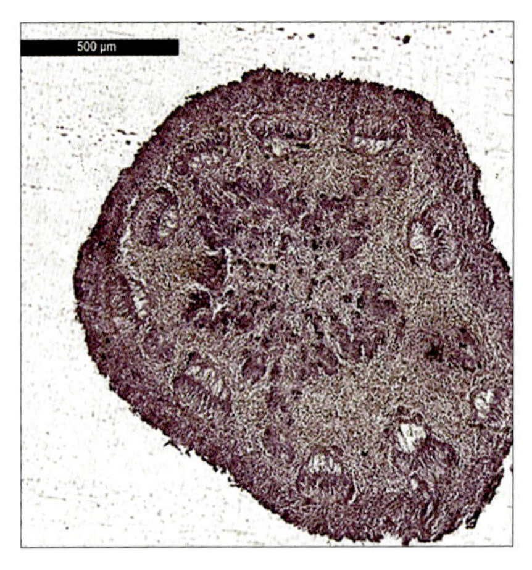

图6-20 子房发育的未分化期

6.5.2.2 心室及胎座的发育

子房形成初期，其细胞逐渐分化，细胞增多，使子房的体积逐渐增大，分化明显。在中央细胞开始分离，分化成多个胎座（图6-21），此时，随着胎座的发

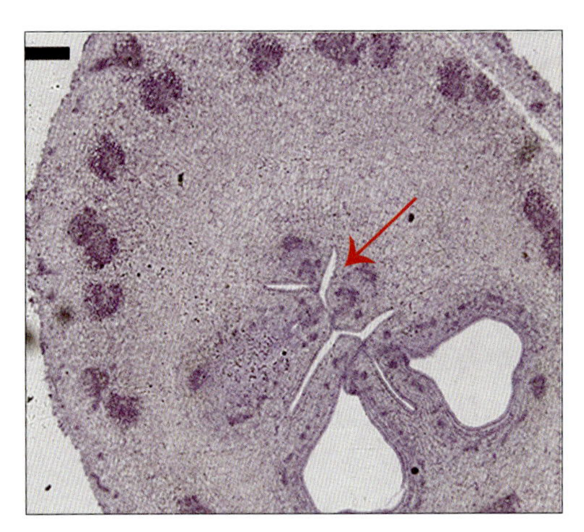

图6-21 心室及胎座的发育期

注：表示未开放花朵子房体积变大，中央分化出胎座及心室发育，箭头表示胎座。

育，两个胎座上部出现空腔，随之往两侧拉伸，形成心皮，组成心室，即由心皮卷曲形成的子房室（图6-21）。胚胎的发育，起始于胎座表皮下面的一个或几个细胞经过平周分裂产生的一团细胞。周边较深的圆形部位是维管束，在子房发育中提供水分和养料（图6-21）。

6.5.2.3 胚珠的发育

（1）胚珠原基

胚珠发生时，首先由胎座表皮下层细胞进行分裂，产生突起，成为胚珠原基（图6-22箭头处）。胚珠原基前面为珠心组织（图6-22）。珠心组织为一团大小相似的薄壁细胞构成。珠心组织由分化能力较强的薄壁细胞组成，细胞质浓，染色较深。珠心组织的内部中间颜色较深的部位是珠心。

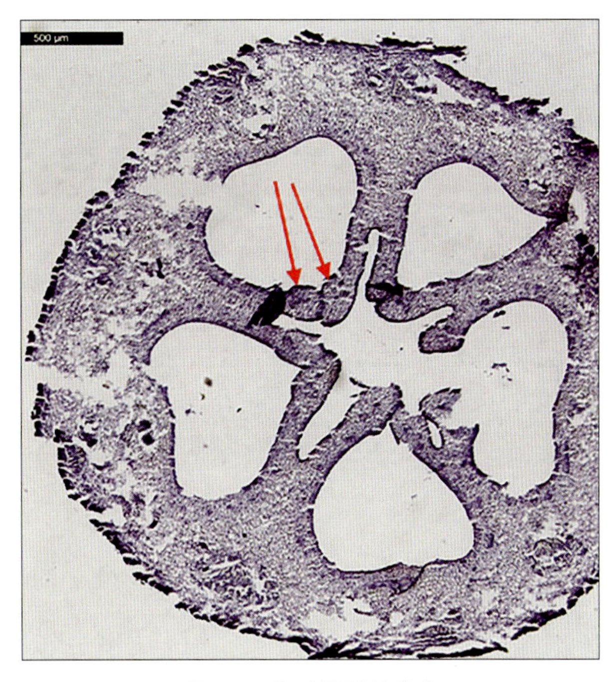

图6-22　胚珠原基的发育

注：表示未开放花子房五个心室分化，箭头处表示胚珠原基。

（2）珠被的发育

随着珠心组织的不断分化，在珠心外侧基部发生环状突起，即珠被原基（图6-23），珠被原基逐渐向上生长扩展，基部分化较快，将珠心包围形成内外两层珠被（图6-23）。在珠被形成过程中，在珠心最前端留下一个小孔，即珠孔（图6-23）。与珠孔相对的一端，珠被与珠心连合的区为合点。珠孔是在传粉和受精过程中花粉管伸入的位点。

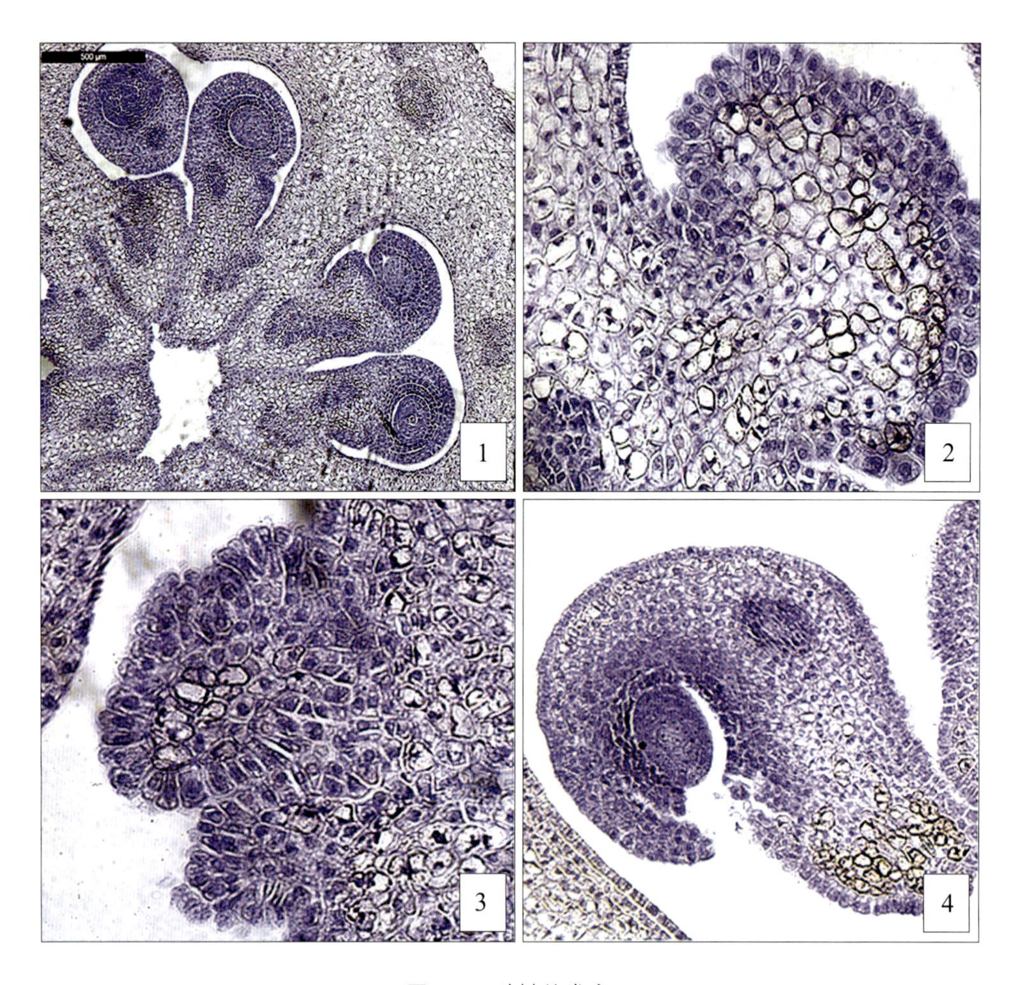

图6-23 珠被的发育
注：1.胚珠；2.珠心组织；3.珠被原基；4.珠被。

（3）胚囊的发育

在珠被与珠心组织发育的同时，珠心内部也逐渐分化。内部珠心组织由相似的薄壁细胞逐渐分化，在靠近珠孔端的珠心表皮下渐渐形成一个与周围不同的细胞，即孢原细胞（图6-24）。孢原细胞和内珠被之间都有一圈不太完整的空隙。孢原细胞的体积很大，细胞质较浓，细胞器丰富，液泡化程度低，细胞核大而且明显。孢原细胞为珠心组织的分化提供必要的能量，使珠心组织发育为胚囊。

随着珠心组织发育为胚囊，再由胚囊母细胞减数分裂呈胚囊子细胞。根据子细胞的核数目不同分为单孢，双孢，四孢三种。每一个胚珠将发育为一个种子。外珠被将发育为种皮，内珠被会逐渐变小、收缩，发育成熟后子房壁就是食用的苹果的果肉。

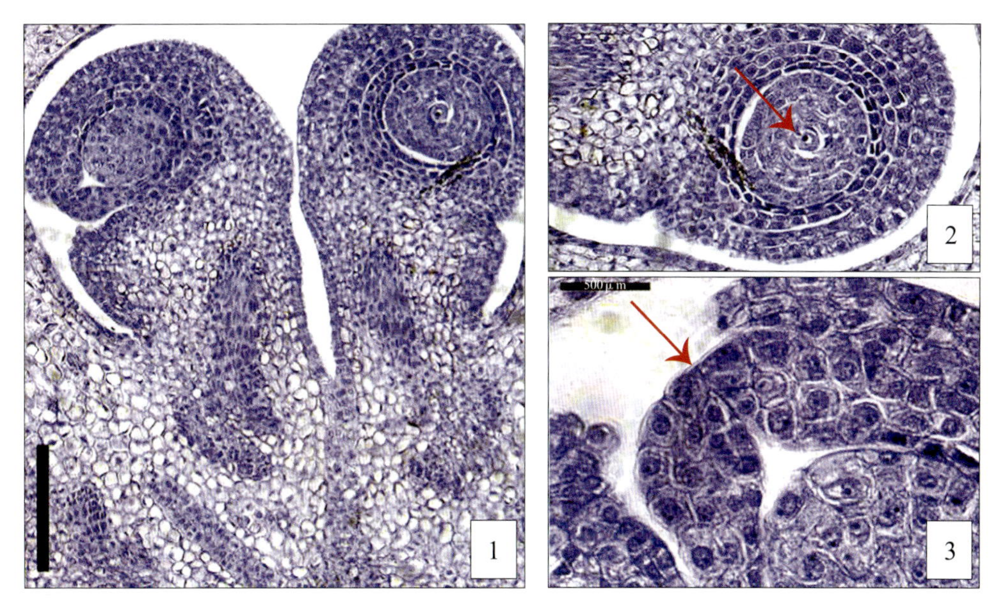

图6-24　胚囊的发育

注：1.一个心室的两个胚珠；2.箭头所指处表示孢原细胞；3.箭头所指处表示珠孔。

6.5.3　小结

通过石蜡切片的制作，观察到新疆野苹果子房的结构及其发育的过程，结论如下。

①新疆野苹果子房由子房壁与胚珠构成。新疆野苹果为倒生胚珠。胚珠包括珠心、珠被、珠孔、合点、珠柄和胎座。由内外两层珠构成。

②胚珠的发育过程大致经历未分化期，心室及胎座的形成及发育期，胚珠原基形成期，珠被原基形成及发育，胚囊的发育。整个分化过程有序，也有交叉。

③未分化期的子房由细胞壁、薄壁组织与维管组织组成，体积较小，薄壁细胞大小均匀，紧密排列，维管束均匀地分布在薄壁组织中。随着子房体积变大，中央细胞开始分化，分离分化成胎座，随后在胎座上部出现空腔，随之往两侧拉伸，形成心皮，组成心室。胎座基部分化出乳突状突起，为胚珠原基，胚珠原基不断分化，形成珠心组织；基部分化较快，形成内外两层珠被；珠心组织由分化能力较强的薄壁细胞组成，细胞质浓，染色较深。在靠近珠孔端，分化出孢原细胞。

6.6　解剖发育结构小结

新疆野苹果属蔷薇科苹果属植物，发育过程中所产生的解剖结构具有典型的木本双子叶植物根、茎、叶的特点，经过短暂的初生生长产生初生结构后，很快过渡到次生生长，产生次生结构。从发育的结构特点上看，也有其自身的明显特征，如为适应比较干旱、野生生长环境，叶片表皮细胞角质层较厚；为减少强烈阳光照射下所产生的水分过度蒸腾，气孔均分布于下表皮，且表皮细胞上附着较多的表皮毛；叶片栅栏组织层数较多。这些结构特点趋向于旱生植物，是野苹果在其原生地生态适应性的具体体现，从解剖结构上也证实，在长期进化过程中，野苹果适应了生长地的环境条件，在解剖结构与环境的共进化中增强了适应性，得以成为珍贵的第三纪残遗物种，为栽培苹果育种保留和提供了良好的种质资源。

新疆野苹果的花药为蝶形，包括表皮、纤维层、中层、绒毡层和药隔。花药发育过程为孢原细胞→造孢细胞→花粉母细胞（小孢子母细胞）→二分体→四分体→单核花粉粒→单核靠边期→双核花粉粒（成熟的花粉粒）→花药开裂花粉粒释放。

子房着生在花朵的花托上，是雌蕊基部膨大的部分，经苏木精染色呈紫红色。盛花期新疆野苹果的子房横切解剖结构由子房壁、子房室、胚珠、胎座和心皮构成。子房壁位于子房的外围，细胞小且排列紧密，子房壁较厚，占据子房的很大体积；子房壁内侧有子房室，是子房内的空腔，子房室共5个，每个子房室有2个由胎座连着的胚珠；胎盘的中心位置有2个维管束，经染色较深，为胚珠的发育提供充足的养料，除胎盘中的维管束外，子房壁中也分布着发达的维管束；新疆野苹果为复雌蕊，由几个心皮连合而成。

同为苹果属的新疆野苹果和珠美海棠，两者的叶片在生长季无论从叶形、叶色及叶片大小上极为相似，难以区分。但通过显微结构的比较发现，二者差异较大。新疆野苹果叶片更厚，栅栏组织的排列更紧密，可以作为二者的区别要点。

第7章 | 新疆野苹果的染色体生物学研究

染色体是生物体遗传物质DNA所在之处，是生物体遗传的亚细胞结构单位。被子植物体细胞分裂周期中，DNA复制后染色体加倍，细胞通过有丝分裂进而分裂成两个细胞，维持了体细胞染色体数目的稳定。植物生殖细胞（花粉母细胞和胚囊母细胞）DNA复制一次，而细胞分裂两次，每个子细胞（单核花粉粒和单核胚囊）都只含有母细胞一半的DNA，染色体数目减半，这一过程称为减数分裂。减数分裂后，植物形成的生殖细胞（精细胞和卵细胞）再经过双受精恢复染色体数目和DNA含量，保证了遗传变异基础上的遗传稳定。染色体作为生物体的结构形式，在生物进化过程中是保守的，每个物种的染色体数目是恒定的。同时，在进化的过程中，亲缘关系较远的属种间的杂交（远缘杂交）也时常发生，并且成为基因组进化和新物种产生的一种动力（Gregory, 2007）。这种杂交中产生的同源或异源多倍体染色体数目得以加倍，在自然界中是一种普遍现象，50%～70%的被子植物（包括一些常见作物，如小麦、油菜、烟草、棉花等）都经历了多倍化的过程（Masterson，1994）。尽管多倍体是植物进化中的重要环节（Wendel, 2000），但是主要由于进化历时长久，无法用试验手段来复制，所以对其过程和机制仍不甚了解。

染色体分析是细胞遗传分析的重要方式，通过染色体计数、倍性分析、核型分析、rDNA原位杂交等分析技术手段，可以在细胞学层次探讨一个物种的遗传多样性。2013年8月和2014年8月，在新疆野苹果新源交托海居群、那拉提居群、巩留莫合尔居群、霍城大西沟居群和野苹果“树王”采集成熟果实种子，利用沙藏层积和种子去皮等方法促使种子萌发，取根尖用于染色体制片，另取新疆野苹果实生苗根尖用于染色体制片，来进行新疆野苹果的染色体生物学研究。

7.1 染色体数目和倍性分析

对于种子萌发，室外低温层积和冰箱冷藏层积两种方法的萌芽率低、萌发速度慢，而种子去皮处理方法的萌芽率为100%，萌发速度快。种子去皮处理方法如下：先将冷藏的种子进行浸泡处理，放于培养箱中，浸泡24h。第2天，将种子进行去皮处理，小心地将褐色外种皮和一层黄色的、一层透明的内种皮剥掉，再放入铺有一层浸湿的滤纸的培养皿中，上面再覆一层滤纸，浸湿，盖上盖子，将培养皿放入培养箱中。每天观察种子的情况，并及时换水，保持湿润。待根尖长到1cm左右，进行涂片。以下是种子萌发的观察情况（图7-1）。

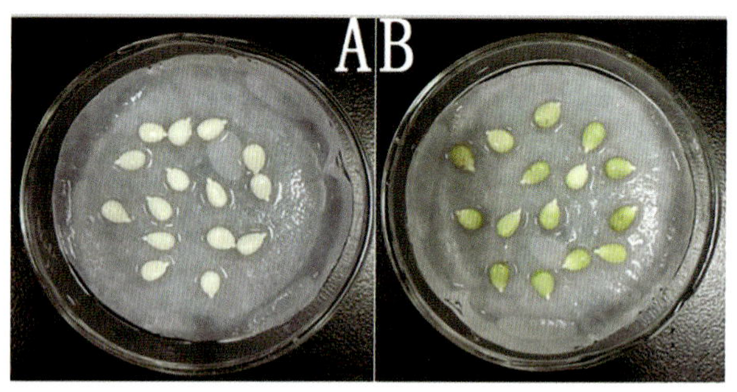

A.1天，种子未萌动；B.2～3天，子叶变绿。

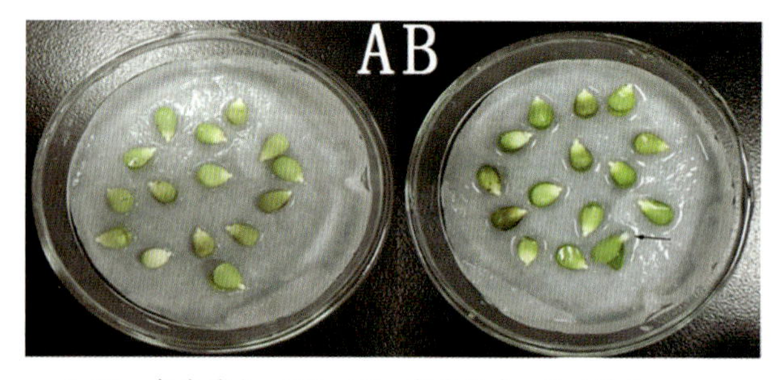

A.4天，根尖露白；B.5～6天，根尖长出，子叶展开。

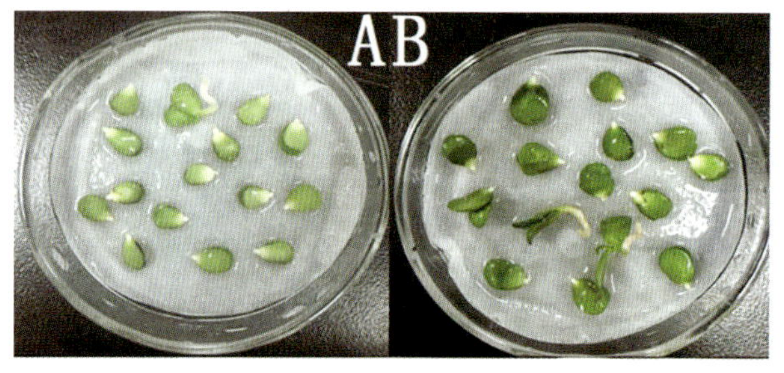

A.7～9天，根尖继续生长；B.10～12天，开始出现真叶，根尖开始木质化，去除种皮处理后种子萌发情况。

图7-1　种子根尖培养

染色体数目是染色体遗传的基本参数，作者对新疆野苹果进行了根尖细胞染色体标本制备以观察染色体数目并进行倍性分析。取根尖分生组织，采用去壁低渗—火焰干燥法，制备体细胞染色体标本。取新疆野苹果种子萌发的幼嫩根尖（约0.2cm），用饱和对二氯苯前处理3h（室温22～26℃），水洗后用Carnoy固定液（甲醇：冰乙酸=3：1）固定0.5h，充分水洗后，蒸馏水水洗30min，经混合酶（2.5%果胶酶和2.5%纤维素酶等体积混合）酶解30min，水洗后固定液固定30min，火焰干燥法涂片，5%吉姆萨（Giemsa）染液染色5～10min，冲洗晾干，Leica DM4000B型显微镜观察并统计染色体数目，CCD（Leica DFC450）摄影，−20℃储存备用。

对新疆野苹果不同居群材料制作的根尖染色体进行观察，每个材料在镜下观察30个以上的分裂中期图像，以获得新疆野苹果中期染色体形态图（图7-2），由图7-2可以看出新疆野苹果染色体形态较小，中期染色体呈短棒状，4个居群的新疆野苹果在染色体形态特征上差异不明显。经显微镜观察并统计染色体数目，排除制片过程带来的染色体丢失和因重叠造成的重复计数（表7-1），确定根尖细胞

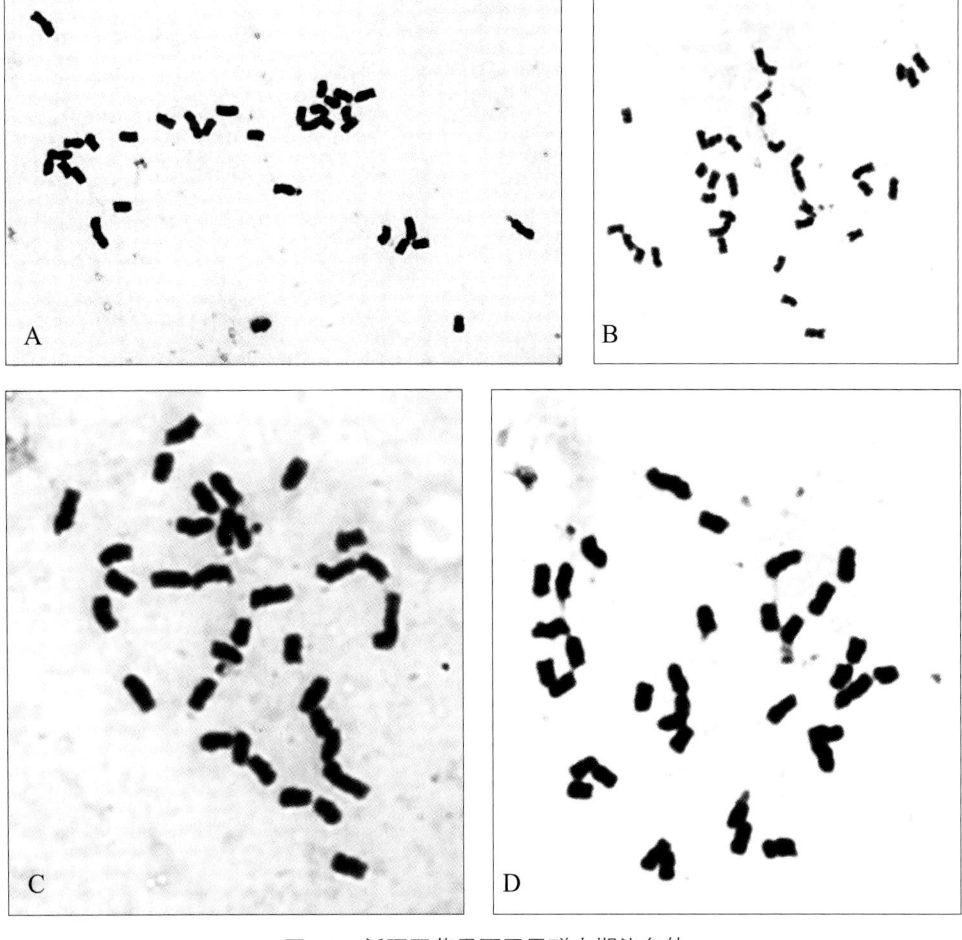

图7-2　新疆野苹果不同居群中期染色体

注：A.霍城大西沟居群（DY）；B.巩留莫合尔居群（GY）；C.那拉提居群（NY）；D.新源交托海居群（XY）。

染色体数目为34条。野苹果“树王”果实成熟度较低，种子萌发受限，没有足够的根尖细胞分裂相，因此观察样本数为10个。

表7-1　不同居群新疆野苹果的根尖细胞染色体数目

居群	观察根尖（个）	34 条染色体的根尖（个）	其他数目染色体根尖（个）	34 条染色体根尖的百分率（%）
新源交托海居群	30	29	1	96.67
巩留莫合尔居群	30	28	2	93.33
那拉提居群	30	30	0	100.00
霍城大西沟居群	30	30	0	100.00
野苹果“树王”	10	9	1	90.00
合计	130	126	4	96.92

由表7-1可以看出，每个居群含34条染色体的根尖都在90%以上，因此可以判定，新疆野苹果染色体数目为34条，且各个居群遗传稳定性较高，不存在多倍体。

根据中期各染色体形态，对新疆野苹果的染色体数目进行统计。每个居群分析30个以上染色体，获得新疆野苹果中期染色体形态图，对它们的数目统计分析表明，新疆野苹果不同居群染色体数目均为2n=34，没有发现多倍体，说明新疆野苹果不同居群染色体数目稳定，不同居群在遗传分化过程中的变异幅度较小，没有经历多倍化的过程，这可能与其分布环境相似有关。

多倍体在植物形态学、细胞学、分子生物学上都与二倍体不同，产生了大量的遗传和表观遗传等各个方面的变异。以形态学为主的表型上的变异主要是植株外形变化，如植物体硕大，叶形表现出介于双亲的性状。这些变化也是由遗传控制的，虽然其遗传机制仍不清楚。分子生物学的研究表明，在多倍体中存在亲本基因的消除或沉默。相对而言，细胞学上的变化主要表现在染色体遗传行为的改变，这些变化比形态学的变化受到环境的影响小，更易于作为植物自身特性遗传下来。在分布较广的遗传居群中，以染色体变异为代表的细胞遗传变异更多地用于分析和解释植物进化、区系形成特点、亲缘关系等基本生物学问题。

7.2　核型分析

核型分析是染色体遗传的重要分析方法，是同源染色体配对的基础。在不同物种中，核型可能不同，也可能相同。新疆野苹果的核型分析参照“植物核型分析标准”（李懋学和陈瑞阳，1985），利用Simple PCI染色体图像分析系统进行染色体核型的配对分析。本研究从新源、霍城、那拉提3个居群及新疆野苹果树王制片中，各自选取5个典型分裂中期相进行染色体测量和数据分析。对每个居群选取3个根尖细胞典型的分裂中期染色体，测量染色体总长度、长臂和短臂的长度，计算臂比值，按染色体长短大小排列出配对图（图7-3）。

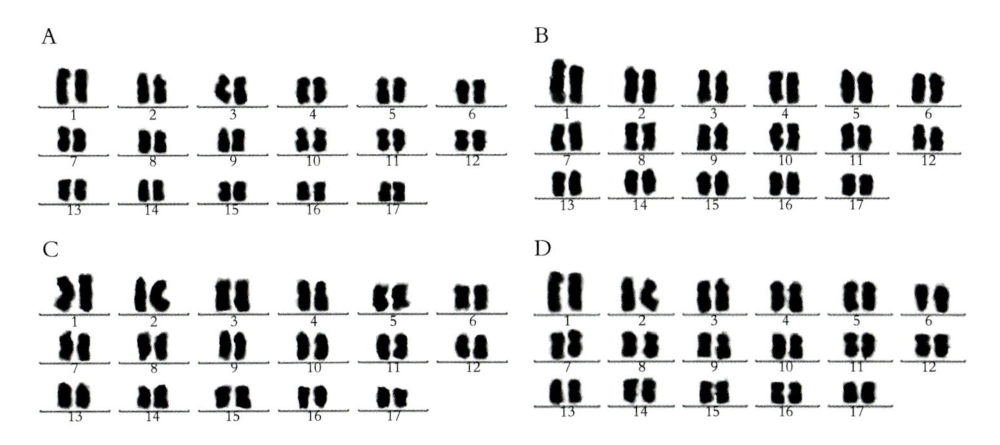

图7-3　不同居群新疆野苹果核型模式图

注：A.霍城大西沟居群；B.那拉提居群；C.野苹果树王；D.新源交托海居群。霍城大西沟居群的新疆野苹果图7-3A的核型公式为2n=2x=34=18m+14sm+2st，34条染色体中有9对为近中部着丝粒染色体，7对为近端部着丝粒染色体，并具有1对随体；那拉提居群的新疆野苹果（图7-3B）的核型公式为2n=2x=34=20m+14sm，34条染色体中有10对为近中部着丝粒染色体，7对为近端部着丝粒染色体，不具有随体；新疆野苹果“树王”（图7-3C）的核型公式为2n=2x=34=30m+4sm，34条染色体中有15对为近中部着丝粒染色体，2对为近端部着丝粒染色体，不具有随体；新源交托海居群的新疆野苹果（图7-3D）的核型公式为2n=2x=34=18m+14sm+2st，与霍城大西沟居群的相同。

本研究中，4个不同居群新疆野苹果染色体核型不尽相同，说明它们在染色体水平上虽然数目保持一致，但核型上产生变异。这种变异可能带来染色体上结构基因的重排和分布位置的精细变化，为4个不同居群新疆野苹果带来更丰富的遗传多样性。

7.3　新疆野苹果rDNA的荧光原位杂交定位（FISH）

rDNA（核糖体DNA）是位于核仁中的DNA，由许多串联在一起的高度重复序列组成，经RNA聚合酶I转录形成rRNA，参与组成核糖体，进而参与蛋白质合成，在真核生物中具有重要的生物学功能。高等植物中的rDNA有两种类型，一种是45S rDNA，含有18S、28S、5.8S基因编码序列，转录后形成RNA前体（Pre-rRNA），经剪切后产生18S、28S、5.8S三类成熟体。另一种是5S rDNA，转录后产生5S rRNA，位于核质之中。转录结束后，位于细胞质中的核糖体蛋白进入核仁中，与rRNA前体结合，完成剪切，18S rRNA参与组装成核糖体40S小亚基，28S、5.8S和5S rRNA则共同参与组成核糖体60S大亚基，由40S小亚基和60S大亚基组装形成核糖体，参与蛋白质合成。由于45S和5S rDNA都是高度重复的串联序列，杂交信号易于分辨，所以经常被用作原位杂交（FISH）；同时它们具有相当高的序列保守性，在不同物种间高度保守，这样保证了合成或扩增的序列探针对不同植物物种杂交时都能够产生杂交结果，但杂交信号的强度和位置是不同的，所以被广泛用于进行植物物种间和种下类群的亲缘关系鉴定。

荧光原位杂交试验方法参照Roche公司的方案，主要步骤如下。

①前处理：显微镜镜检后，在铺展良好的染色体标本的玻片背面，用刻字笔标记杂交区域。将标本于45%冰乙酸中洗脱2次，每次5min，空气中干燥。4%多聚甲醛滴在染色区域，盖玻片封片，停留5～10min。2×SSC漂洗2次，每次5min；70%、85%、100%乙醇依次脱水，每级3min。

②变性：采用70℃的70%去离子甲酰胺变性2min。冷梯度乙醇（70%、85%、100%）脱水，每级5min，空气干燥。

③杂交：将混合探针（探针用量如表7-2所示）滴加于标本杂交区域，盖上盖玻片，湿盒中37℃避光杂交90min。

表7-2　杂交探针用量

盖片尺寸（mm^2）	用量（μL）
18×18	50
22×22	50
24×50	100

④杂交后洗脱：待杂交完成后，取出湿盒，室温下于立式染色缸中2×SSC漂洗去盖玻片，37℃的4×SSC/Tween 20（0.2%）中避光洗脱10min，蒸馏水洗后，避光晾干。暗室中，滴加DAPI（用量见表7-3），盖玻片封片。杂交信号在Olympus BX61荧光显微镜下观察，Spot pursuit CCD拍照，IPP（Image-Pro Plus）软件进行图像合成。

表7-3　DAPI（1500ng/mL）用量

盖片尺寸（mm^2）	用量（μL）
18×18	150
22×22	150
24×50	250

45S rDNA基因质粒由华中农业大学李再云教授惠赠，探针标记采用随机引物法，用购自Roche 公司的地高辛（Digoxigenin, DIG）标记dUTP作探针Dig-dUTP。5S rDNA探针人工合成，探针引物序列为5’-GGATGCGATCATACCAGCAC-3’，5’-GGGAATGCAACACGAGGACT-3’，探针标记采用切口平移法，用生物素（Biotin）标记dUTP作探针Bio-dUTP。

以Dig-dUTP标记45S rDNA，与新疆野苹果中期染色体杂交，45S rDNA杂交信号清晰。荧光显微镜下观察可见，经DAPI染色的染色体呈蓝色背景，Dig-dUTP标记的45S rDNA经检测之后呈现绿色荧光信号，45S rDNA信号的杂交位点有3对，位于染色体端粒区域（图7-4），且这3对染色体上的杂交信号有强有弱，如从图7-4中可见，箭头所示的一对染色体上位于近端粒区域的杂交信号较弱；另外的两对杂交信号则较强。

用Bio-dUTP标记5S rDNA探针与新疆野苹果中期染色体进行荧光原位杂交，5S rDNA的杂交信号为粉红色（图7-5），蓝色为DAPI染色的中期染色体，5S rDNA的位点只有1对，位于染色体的短臂，信号强度和大小不同，说明存在拷贝数和位置的不同。

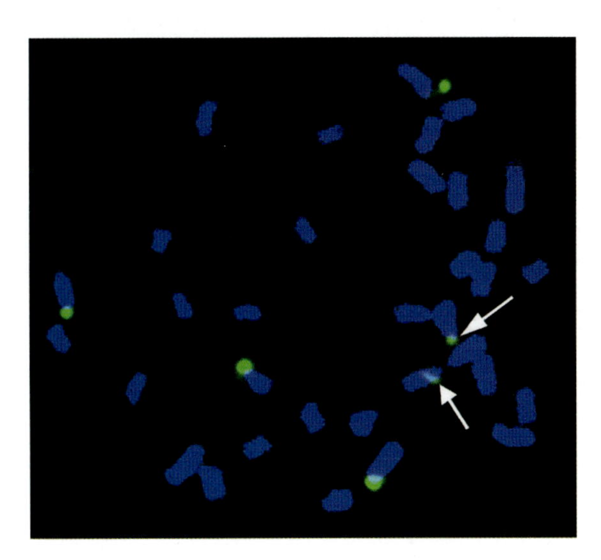

图7-4　新疆野苹果45S rDNA的杂交信号

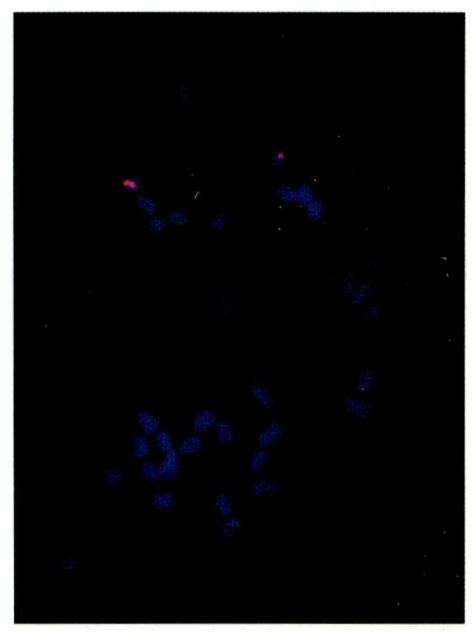

图7-5　新疆野苹果5S rDNA的杂交信号

本研究中，45S rDNA和5S rDNA均得到了清晰的杂交信号，说明试验结果数据可靠。45S rDNA杂交位点有3对，其在不同居群野苹果染色体中的杂交情况有待进一步试验探讨。5S rDNA则得到1对杂交信号，与大多数情况下5S rDNA杂交信号相符，符合预期，推测5S rDNA的遗传稳定性较高，可能在不同野苹果居群中保持一致的遗传表现。

染色体FISH分析的关键是制备铺展良好的染色体标本，这是进行原位杂交、得到高质量杂交信号读出的前提。本试验采用经典的去壁低渗火焰干燥法制备染色体，相比于同样经典的压片方法，去壁低渗火焰干燥法制备的染色体铺展更合适，尤其对于新疆野苹果这类小型染色体而言，中期染色体分散程度高，互相不产生重叠；同时，由于省去压片方法在杂交过程中需要揭开盖片的程序，更有效地避免了因揭盖片造成的染色体丢失。此外，由于去壁低渗火焰干燥法制备的染色体铺展平整，适合高倍镜下观察，对观察杂交信号的分布和杂交信号的强度都比压片方法更适合。去壁低渗火焰干燥法制备染色体有时也会在铺展过程中产生丢失，所以在确定染色体数目时需要谨慎，仔细辨识，并观察多个细胞。在利用去壁低渗火焰干燥法制备新疆野苹果染色体的过程中，取材是极其关键的一步。因为新疆野苹果生长地路途遥远，且野外试验条件有限，我们在几次野外考察过程中，曾经尝试利用新疆野苹果茎尖和子房作材料来制备染色体标本，但均未成功。究其原因，一是可能野外采集时固定的材料时期无法精确把握，茎尖和子房的细胞分裂较少，没有捕获更多的分裂细胞；二是受试验条件限制，温度控制不够精准，造成前处理不合适，试验失败。经过数次尝试，我们采用种子层积和剥皮的方法，成功去除种子休眠，促进了种子萌发，得到了实生苗的根尖。在试验过程中，由于种子层积是在低温环境下进行的，此时生长出的根尖细胞分裂迟缓、分裂少，不适合制备染色体标本，我们的几次尝试也确实以失败告终。去除种子休眠后，我们在此基础上，将生长出根尖的种子移入25℃培养箱中，使其继续生长，待根尖长到适合取材的长短（约1cm）时，再行前处理，这时获得了成功。另外，作者还尝试了用对二氯苯和秋水仙素分别处理根尖的效果，结果发现，在各自适当的处理条件下，这两种前处理药品并没有对试验结果产生较大区别。可能是因为新疆野苹果染色体较小，早中期至中期时收缩快，集缩比大，易于试验观察。酶解也是制片的关键环节。酶解过度或不足，均不能制备出合格的染色体标本。酶解所用纤维素酶和果胶酶的纯度和单位活性也至关重要，纯度低或活性差也不利于制片。酶解的时间需要尝试，我们的试验结果为不超过30min。

在培育根尖前期，要把种子进行剥皮处理，在剥皮时，要注意解剖刀不要刮伤种胚，以免影响其正常生长。剥皮处理后将种子放入25℃培养箱中培养，经过10～15天，根尖长到适合取材的长度（1cm）时进行前处理，在这期间，要做好每天给种子换水的工作，这一步非常重要，水量要控制好，种子萌发前需要的水量小，种子在渐变绿时需要的水量大，在完全变绿后需要的水量则变小，水量如果过多，种子则会浸泡腐烂，过少，则会引起种子的干旱胁迫。此外，涂片的时间较长，染色体也不容易散开，应利用较少的材料，越少的材料越容易使染色体散开。对于载玻片的清洗和处理，这也是制备染色体关键的步骤，往往易被忽略。试验表明，载玻片用温水冲开洗衣粉泡2h后用肥皂洗，这样洗出来的片子比较干净，洗好的片子用蒸馏水浸泡，在4℃冰箱存放，使用时从冰箱取出，由于片子表面有一个水膜，又比较凉，在水膜的作用下染色体在火焰的灼烧下，冷热膨胀就比较容易散开。

FISH技术的关键就是信号的解读。重点在于染色体的变性，变性的温度一般不超过70℃，时间不超过4min。杂交的时间2h左右即可。杂交要在湿润的环境下，以免在变性过程中，甲酰胺变干。影响染色体杂交信号的因素很多，本着严谨认真的态度，每个步骤都仔细完成好，必然会获得满意的杂交信号。

FISH技术自20世纪80年代应用以来，已经逐步发展成一项试验条件成熟、结果可靠的分子细胞生物学技术。试验中信号的判读是试验成败的关键。FISH杂交适用于高度重复序列的探针，这样才能防止噪点和干扰，保证信号的检出。本试验中使用半抗原地高辛和生物素标记的探针，灵敏度极高，且45S和5S rDNA序列高度重复，所以杂交信号检出率很高。我们试验中在进行杂交后洗脱时，采用了强去垢剂Tween-20，有效地降低了背景噪音，获得了较好的洗脱效果，保证了杂交信号的检出。

综上所述，不同居群的新疆野苹果在细胞学染色体水平上存在着丰富的遗传多样性，尽管染色体数目相同，但核型结构、rDNA基因分布和拷贝数等方面都出现变异。这些遗传多样性的产生，可能与其分布广泛、生态适应性强密切相关。仅在新疆分布的新疆野苹果就绵延上千千米。如果能结合哈萨克斯坦、吉尔吉斯斯坦分布的野苹果数据，并进一步从染色体带型、常/异染色体描绘、不同居群rDNA的FISH定位、rDNA的银染活性等方面进行分析，就可以为新疆野苹果细胞学分析提供更翔实的数据。

第8章 | 新疆野苹果的组织培养与遗传转化研究

组织培养是在人工控制条件下培养外植体再生器官或植株的技术，是研究植物生长和分化规律的重要手段，同时也是无性系的快速繁殖、无病毒种苗培育、新品种的选育及人工种质保存等方面的关键手段。新疆野苹果作为宝贵的种质资源，建立高效的组织培养体系对于遗传转化以及种质保存均具有重要的研究价值。

8.1 新疆野苹果组织培养体系的建立

8.1.1 外植体的选择及处理

选取2年生、生长健壮带腋芽的枝条（15～20cm）放在1/10MS液体培养基中进行培养，待腋芽展开，取幼嫩叶片作为外植体进行组织培养实验。幼嫩叶片细胞分裂能力强，容易产生愈伤组织，老化的叶片分生能力差，难以形成愈伤且分化能力低下（图8-1A）。除叶片外，根、茎、果实等组织均不适合作为外植体进行组织培养实验。取幼嫩叶片，酒精擦拭及无菌水冲洗用无菌解剖刀在叶片背部垂直至叶脉划伤。划伤力度要适中，过轻导致愈伤诱导能力差，过重导致叶片伤口发生严重褐变，叶片均不能正常产生愈伤（图8-1B）。

图8-1 新疆野苹果外植体的选择

8.1.2　愈伤组织诱导培养基的筛选

以MS培养基为基本培养基（蔗糖30g/L，琼脂6.5g/L，pH=6.0），添加不同种类（6-BA；TDZ；KT；2,4-D；NAA；IBA；IAA）及不同浓度生长调节剂（表8-1）。将划伤的幼嫩叶片分别置于不同的MS培养基上进行培养。细胞分裂素与生长素协同对植物组织的分化与生长起重要调节作用，不同的生长调节剂比例组合对愈伤诱导及分化起不同作用。细胞分裂素与生长素比例高时，利于芽的分化；细胞分裂素与生长素比例低时，促进根的分化。设计31种细胞分裂素与生长素激素组合进行愈伤组织诱导培养（表8-1）。经过统计观察，1～20组合中，随6-BA浓度升高，愈伤组织分化增多，在3.0mg/L 6-BA+0.2mg/L NAA的MS培养基中，愈伤组织分化最多；在21～26组合中，随着TDZ浓度的升高，愈伤组织分化减少，在2.0mg/L TDZ+0.5mg/L NAA的MS培养基中，愈伤组织分化最多，由此可见高浓度的细胞分裂素对愈伤组织分化有抑制作用；在27～31组合中，愈伤组织分化效率较低（图8-2）。因此，新疆野苹果叶片诱导愈伤最佳培养基分别为MS+3.0mg/L 6-BA+0.2mg/L NAA和MS+2.0mg/L TDZ+0.5mg/L NAA。

表8-1　新疆野苹果诱导培养基配方

组合编号	细胞分裂素	生长素
1	0.5mg/L 6-BA	0.1mg/L NAA
2	0.5mg/L 6-BA	0.2mg/L NAA
3	0.5mg/L 6-BA	0.3mg/L NAA
4	0.5mg/L 6-BA	0.4mg/L NAA
5	1.0mg/L 6-BA	0.1mg/L NAA
6	1.0mg/L 6-BA	0.2mg/L NAA
7	1.0mg/L 6-BA	0.3mg/L NAA
8	1.0mg/L 6-BA	0.4mg/L NAA
9	2.0mg/L 6-BA	0.1mg/L NAA
10	2.0mg/L 6-BA	0.2mg/L NAA
11	2.0mg/L 6-BA	0.3mg/L NAA
12	2.0mg/L 6-BA	0.4mg/L NAA
13	2.5mg/L 6-BA	0.1mg/L NAA
14	2.5mg/L 6-BA	0.2mg/L NAA
15	2.5mg/L 6-BA	0.3mg/L NAA
16	2.5mg/L 6-BA	0.4mg/L NAA
17	3.0mg/L 6-BA	0.1mg/L NAA

（续）

组合编号	细胞分裂素	生长素
18	3.0mg/L 6−BA	0.2mg/L NAA
19	3.0mg/L 6−BA	0.3mg/L NAA
20	3.0mg/L 6−BA	0.4mg/L NAA
21	2.0mg/L TDZ	0.5mg/L NAA
22	3.0mg/L TDZ	0.5mg/L NAA
23	4.0mg/L TDZ	0.5mg/L NAA
24	2.0mg/L TDZ	0.8mg/L NAA
25	3.0mg/L TDZ	0.8mg/L NAA
26	4.0mg/L TDZ	0.8mg/L NAA
27	8.0mg/L KT	0.4mg/L NAA
28	8.0mg/L KT	0.8mg/L NAA
29	1.0mg/L 6−BA+1.5mg/L KT	0.8mg/L NAA+0.5 mg/L IBA
30	0.2mg/L 6−BA	2.0mg/L 2,4−D+2.0 mg/L IAA
31	1.0mg/L 6−BA	0.8mg/L 2,4−D+0.2 mg/L IAA

图8-2　新疆野苹果愈伤组织生长状况

注：A.激素组合 1.0mg/L 6-BA+1.5mg/L KT+ 0.8mg/L NAA+0.5mg/L IBA；B.激素组合8.0mg/L KT+ 0.4mg/L NAA；C.激素组合1.0mg/L 6-BA+ 0.8mg/L 2, 4- D+0.2mg/L IAA；D.激素组合3.0mg/L 6-BA+0.2 mg/L NAA；E.激素组合2.0mg/L TDZ + 0.5mg/L NAA。

8.1.3　幼苗增殖及生根培养基的筛选

在无菌条件下，将分化出的丛芽接种到增殖培养基进行增殖培养。增殖培养基配比为MS+0.3mg/L 6-BA+0.2mg/L IAA+0.1mg/L GA3，该培养基增殖效果较好，每个单株可分化出15～20个次单株（图8-3）。

将增殖培养的单株小苗剪成3～4cm的小段并移至生根培养基中进行生根培养。经过多种配比培养基筛选，确定培养基MS+0.3mg/L 6-BA+0.2mg/L NAA为最佳生根培养基。小苗生根时长约30天，生根率达90%以上（图8-4）。

图8-3　新疆野苹果组培苗扩繁培养

图8-4　新疆野苹果生根培养

选择长势旺盛、根系发达的苹果幼苗进行移栽。移栽前先将瓶苗拧松盖子进行练苗，使苗子初步适应外界环境，练苗时间以2～3天为宜；接着将幼苗用清水洗去根部残留培养基；准备栽培基质，将营养土和蛭石3∶1比例混合；将幼苗进行移栽，移栽后及时浇灌营养液，且在移栽后3天之内定时给幼苗喷施营养液，并及时给予水分补充。

8.2 新疆野苹果遗传转化体系的构建

叶片是新疆野苹果进行遗传转化的最佳组织，其幼嫩程度也直接影响着遗传转化的成功效率。由8.1可知，幼嫩叶片的愈伤组织分化相对容易，而老化的叶片容易在伤口处产生酚类物质导致褐化，难以形成愈伤组织。因此，选择幼嫩的叶片作为侵染材料是新疆野苹果遗传转化体系成功建立的关键之一。

以新疆野苹果叶片为外植体，进行遗传转化的主要流程如下：取8.1中培养的无菌苗叶片，用无菌解剖刀在叶片背部垂直于主叶脉轻轻划伤，将叶片置于诱导培养基（MS+2.0mg/L TDZ+0.5mg/L NAA）上预培养2天；将预培养的外植体叶片放入含农杆菌的MS液体培养基中，150rpm震荡侵染20min；将外植体取出，用无菌滤纸吸去表面菌液，再将其放置于含100μM乙酰丁香酮（AS）的MS愈伤诱导培养基（MS+2.0mg/L TDZ+0.5mg/L NAA）上，25℃，黑暗培养3天（图8-5）。

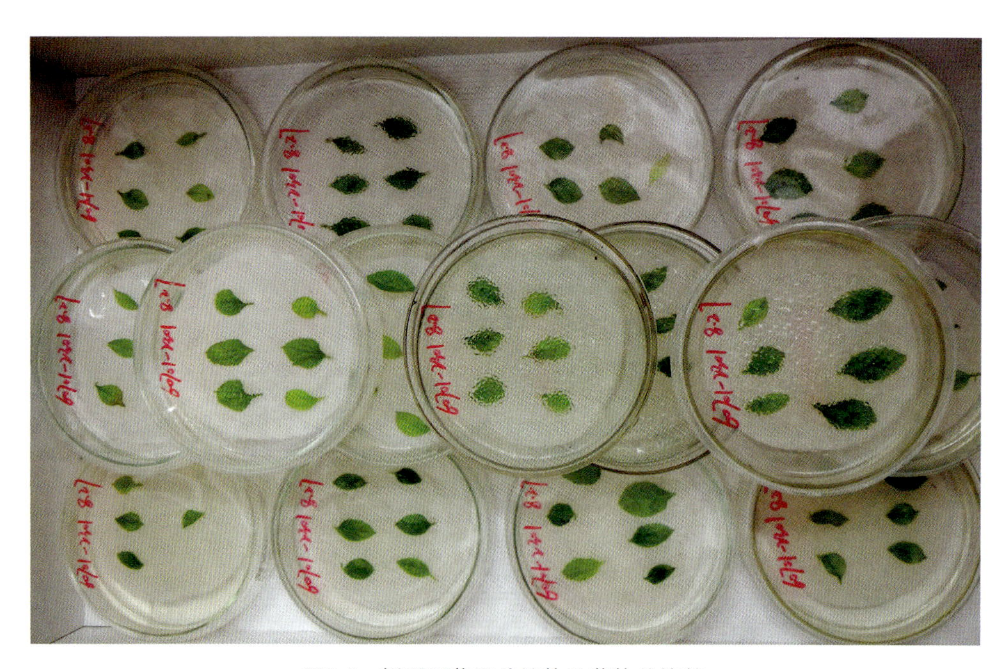

图8-5　新疆野苹果外植体及菌体共培养

诱导培养3天后，将侵染叶片取出并用无菌水漂洗2～3遍，用无菌滤纸吸干表面液体，然后转至筛选培养基（MS+2.0mg/L TDZ+0.5 mg/L NAA+200mg/L头孢+5mg/L Kan）中，25℃进行暗培养，15天后观察愈伤诱导及幼苗分化情况。此处筛选培养基加入Kan进行遗传转化阳性苗的初步筛选，主要原因是本实验所用遗传转化质粒含有抗Kan基因，本研究对Kan筛选阳性苗的浓度也进行了实验，主要流程为：将新疆野苹果叶片在MS+2.0mg/L TDZ+0.5mg/L NAA+Kan（10、20、30、40、50mg/L）培养基上培养30～40天，比较不同浓度Kan对叶片生长的影响，在无Kan情况下，幼苗生长正常；在含有Kan且随Kan浓度升高，叶片逐渐变黄，直至褐化枯死，因此选用50mg/L Kan作为新疆野苹果阳性苗的最佳筛选浓度（图8-6）。

在含有50mg/L Kan的培养基中，阳性苗可以不受Kan筛选压的影响，正常分化和增殖（图8-7）。

图8-6　新疆野苹果对卡那霉素的敏感性试验

图8-7　新疆野苹果外植体转化及阳性苗筛选

将具有Kan抗性的阳性苗进行切段并更换培养基（MS+0.3mg/L 6-BA+0.2mg/L NAA）进行生根培养，生根时长约30天。待新疆野苹果在培养基中生出小根，将其按照8.1中流程进行练苗和移栽。移栽过程中注意保证根的完整性，同时保证营养供应以及水分供应，直到幼苗完全适应外界的生存环境（图8-8）。

图8-8　新疆野苹果组培苗移栽成活苗

8.3　小结

本研究通过比较不同生长调节剂的配比和组合对新疆野苹果的组织培养体系建立的影响，最终确定了新疆野苹果愈伤诱导最佳培养体系为MS+2.0mg/L TDZ+0.5mg/L NAA；增殖扩繁体系为MS+0.3mg/L 6-BA+0.2mg/L IAA+0.1mg/L GA3；生根培养体系为MS+0.3mg/L 6-BA+0.2mg/L NAA。以上三个培养体系为遗传转化体系的成功建立提供了基本保障，同时，在使用含有抗Kan基因的遗传转化质粒侵染外植体叶片进行转基因时，50mg/L Kan可作为阳性苗初筛的最佳浓度。

第 9 章 | 新疆野苹果的分子遗传学研究

从生物组织中提取到纯度高、完整性好的DNA及RNA是进行分子生物学研究的前提，但由于不同植物种类以及同种植物的不同组织内物质组分及物质含量有很大差别，往往需要不同的核酸提取方法。新疆野苹果组织中富含多糖、脂类以及多酚、色素等次生代谢物质，这些物质在核酸提取过程中较难去除干净。本研究中通过比较不同的核酸提取方法来确定新疆野苹果最佳核酸提取方法。

9.1 新疆野苹果核酸提取优化

9.1.1 DNA提取优化

果树叶片含有较多的次生代谢产物，因此新疆野苹果基因组DNA提取要比普通作物困难。以CTAB法为基础，对新疆野苹果基因组DNA提取方法进行改良，5种提取方法具体步骤如下。

（1）方法A（CTAB法）

①研钵−80℃预冷，取0.15g干燥叶片放入研钵，加入液氮后迅速研磨至粉末，再连续加入2次液氮研磨，粉末研磨越细越好；

②将粉末迅速转移至加有预热30min的CTAB裂解液的离心管（1.5mL 离心管）中，剧烈摇匀，65℃保温30min，每隔5min摇匀一次以保证细胞充分裂解；

③保温后12000r/min离心10min。取上清液，在上清液中加入同体积的氯仿：异戊醇（24：1），轻轻颠倒摇匀100次以上，然后12000r/min离心10min；

④重复步骤③2次；

⑤在上清液中加入等体积的−20℃预冷异丙醇，轻轻颠倒摇匀离心管至管中出现絮状沉淀。若不出现沉淀则将上清液至−20℃沉淀2h；

⑥待沉淀出现后，4000r/min离心10min。用移液枪移除上清液，用70%乙醇连续洗涤沉淀2次，然后至室温下晾干至无酒精味；

⑦在沉淀中加入40 μL的TE缓冲液使其溶解，再加入2 μL的RNA酶至溶液中，37℃温浴2h后去除RNA。

（2）方法B

步骤①中，研磨时加入微量固体颗粒聚乙烯吡咯烷酮（PVP）。

（3）方法C

步骤③中，在第一次上清抽提液中再加入1/10体积的CTAB裂解液（0.7M NaCl、10% CTAB）。

（4）方法D

步骤⑥中，在异丙醇沉淀时加入1/9体积的乙酸钠。

（5）方法E

在A法基础上，研磨时加入微量颗粒PVP；第一次上清液中加入1/10体积CTAB裂解液，预冷异丙醇沉淀时加入1/9体积的乙酸钠。

比较以上提取方法，结果表明方法A和方法B提取的DNA杂质较多，沉淀发黄，难以溶解；C法提取结果比A法和B法结果略好，有少量杂质；D法和E法提取结果最佳，DNA呈絮状沉淀，清晰可见，体积大（表9-1）。

表9-1　新疆野苹果基因组DNA性状

方法	DNA 性状
A	沉淀呈黄色，杂质较多，加入TE缓冲液难以溶解，溶解后DNA比较黏稠
B	沉淀颜色比A组淡，呈微黄，加入TE缓冲液后难以溶解，溶解后较黏稠
C	沉淀体积比A组和B组略大，颜色微黄，TE缓冲液较易溶解，溶解液清澈透明
D	DNA呈白色絮状沉淀，体积较大，加入TE缓冲液易于溶解
E	DNA呈白色絮状沉淀，清晰可见，体积大，纯度高，浓度大

将5种方法提取产物进行琼脂糖凝胶电泳检测，发现A法提取的DNA无条带显现（图9-1）；B法提取的7个样品，仅有1个样品有条带显现，条带有拖尾现象，加样孔处有杂质残留（图9-2）；C法提取的7个样品，有4个样品显示条带，条带有不同程度的拖尾现象，加样孔处有杂质残留（图9-3）；D法提取的DNA电泳结

图9-1　新疆野苹果基因组DNA电泳检测（A法）

图9-2　新疆野苹果基因组DNA电泳检测（B法）

果较A、B、C均好，7个样品均有亮度较高的条带显现，但也都存在不同程度的拖尾，条带呈弥散状态，在加样孔处均残留着大量的杂质，可能含有大量RNA存在（图9-4）; E法提取DNA结果最佳，7个样品均有条带显示，条带清晰无拖尾，加样孔处无杂质（图9-5）。

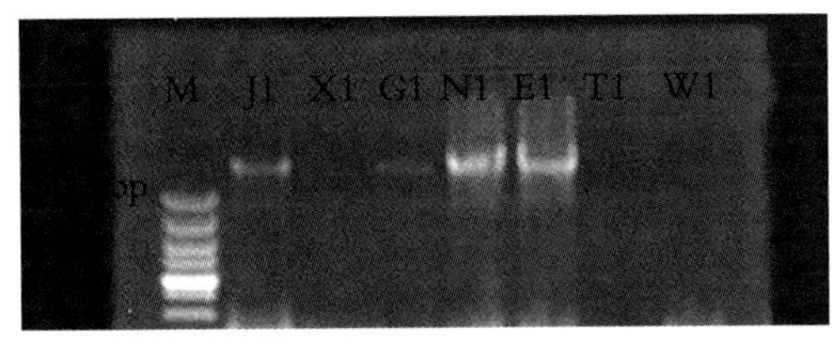

图9-3　新疆野苹果基因组DNA电泳检测（C法）

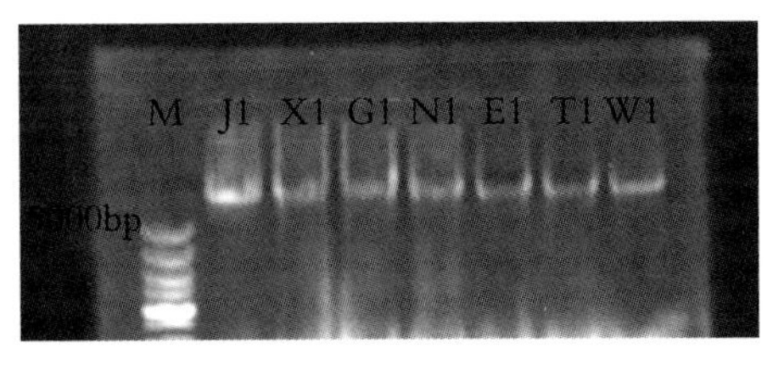

图9-4　新疆野苹果基因组DNA电泳检测（D法）

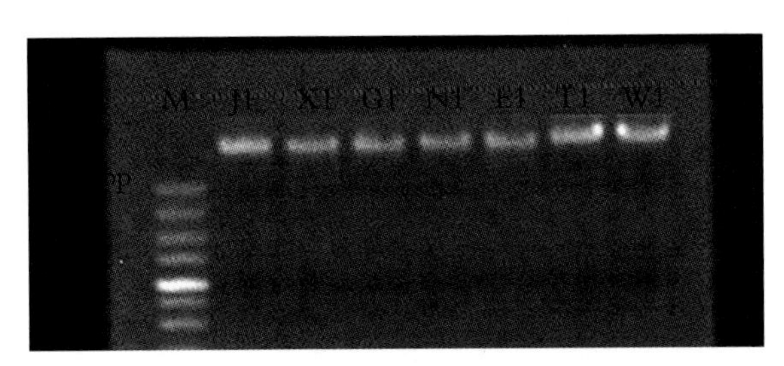

图9-5　新疆野苹果基因组DNA电泳检测（E法）

利用紫外分光光度计检测5种提取方法获得的新疆野苹果叶片DNA质量和浓度。OD_{260}/OD_{280}及OD_{260}/OD_{230}通常作为DNA质量的检测标准，经检测，方法A提取的DNA的$OD_{260}/OD_{280}<1.8$，说明DNA抽提过程中有蛋白质或者酚类物质的残存，DNA受污染严重；方法B及方法C两种方法提取的DNA OD_{260}/OD_{280}位于1.60～1.70，说明DNA受蛋白质及酚类物质污染，但与方法A相比，污染程度降低；方法D提取的DNA的$OD_{260}/OD_{280}>1.98$，说明DNA受蛋白质及酚类物质污染较轻。E法提取的DNA的OD_{260}/OD_{280}值于1.8～1.9，说明DNA纯度较高，几乎不受蛋白质等杂质污染。A、B、C三种方法吸光度OD_{260}/OD_{230}值均小于2.0，说明有糖等碳水化合物的污染，但C>B>A，污染程度呈下降趋势。D法和E法大于2.0，说明DNA纯度较高，受糖类等物质污染较轻（表9-2）。

表9-2　DNA吸光度值检测结果

波长	A	B	C	D	E
260nm	14.478	14.684	16.874	20.472	36.920
280nm	9.782	9.120	9.926	10.339	19.534

（续）

波长	A	B	C	D	E
230nm	10.804	8.740	9.925	8.711	18.009
OD_{260}/OD_{280}	1.48	1.61	1.70	1.98	1.89
OD_{260}/OD_{230}	1.34	1.68	1.70	2.35	2.05
DNA浓度（ng/μL）	723.9	734.2	843.7	1023.6	1846.0

9.1.2 RNA提取优化

RNA提取试验所涉及的所有试剂、耗材及工具都需要提前进行RNA酶处理，配制溶液所需要的去离子水要进行高温高压湿热灭菌；离心管、枪头等耗材先经0.1% DEPC水浸泡48h，然后灭菌烘干保存待用；研钵、药匙等实验工具用锡箔纸密封经180℃烘烤6h，置于−20℃冰箱保存待用。RNA提取主要试用4种方法，具体如下。

9.1.2.1 Trizol法（乙醇沉淀）

①取材料于冰浴研钵中研磨（加液氮），然后将粉末转移至装有1mL Trizol的离心管中（所加粉末体积不超过Trizol体积10%），使用振荡器剧烈震荡30s至1min，室温静置5～10min（提前开离心机）；

②加200 μL氯仿，剧烈震荡15s至溶液不分层，室温静置2～3min；

③4℃，12000rpm，离心1min，RNA溶解在上层水相；

④吸上清（650 μL左右），加等体积异丙醇，轻轻混匀，−20℃静置20min；

⑤4℃，12000rpm，离心10～15min；

⑥75%乙醇1mL温和洗涤；

⑦4℃，12000rpm，离心5min，倒掉洗液；

⑧用移液枪吸干管壁，室温晾5～10min；

⑨加入40～50 μL RNase-free H_20溶解沉淀，置于−80℃保存待用。

总RNA中DNA的去除步骤：

①50 μL反应体系：总42.5μL RNA，5μL 10×DNaseI buffer，2μL DNase I（5U/μL），0.5μL RNase Inhibitor（40U/μL）；

②轻弹混匀，37℃反应20min；

③加等体积氯仿抽提，用枪头吹打至充分混匀；

④4℃，12000rpm离心8～10min，取上清；

⑤加入2.5倍体积预冷无水乙醇，轻轻弹匀，−20℃沉淀20min；

⑥4℃，12000rpm离心5min，弃上清，加入1mL预冷75%乙醇洗2次；

⑦倒掉洗液，短暂离心后吸干残余液体，自然晾干；

⑧加入50μL RNA-free H_2O溶解；

⑨使用紫外分光光度计测其浓度。

9.1.2.2 试剂盒法

试剂盒购自北京艾德莱公司，型号：RN38，其主要提取步骤如下。

①将组织在液氮中充分研磨成粉状；

②取0.1g粉末置于加有800 μL裂解液RAP2的离心管中，涡旋混匀，65℃温育10min，期间上下颠倒混匀2～3次；

③再加入800 μL三氯甲烷，涡旋混匀，室温放置5min；

④4℃，13000rpm离心10min，吸上清于新2mL管中，加入等体积的裂解液RAP1，涡旋混匀，室温放置10min。期间涡旋混匀2～3次，使其充分裂解；

⑤再加入1/5体积的三氯甲烷，涡旋混匀，室温放置5min；

⑥4℃，13000rpm离心15min，吸上清于新2mL离心管中，加入等体积的异丙醇，轻柔混匀；

⑦过柱，80％乙醇清洗2遍；

⑧待乙醇完全挥发后，加入50 μL 65℃预热的RNase Free H_2O溶解沉淀置于−80℃保存待用。

9.1.2.3 CTAB法（异丙醇沉淀）

①液氮研磨材料，将研磨好的粉末加入装有500μL CTAB裂解液的离心管中，迅速混匀，置于65℃金属浴中2～5min；

②加入250μL氯仿，震荡3～5min，4℃，13000rpm离心5min；

③取上清至1.5mL离心管中，加125μL氯仿，震荡2min后，4℃，13000rpm离心5min；

④取上清，加入1.5～2倍体积异丙醇，冰浴5min后，4℃，13000rpm离心5min；

⑤弃上清，加入1mL 75%乙醇洗涤，沉淀，4℃，13000rpm离心5min；

⑥弃上清，用枪头收集液体，静置3～5min；

⑦加43μL H_2O溶解沉淀后，加5μL DNase Buffer，1μL DNase Ⅰ（37℃，15min），1μL RRI；

⑧加100μL异丙醇，4℃，13000rpm离心5min；

⑨去上清后，用1mL 75%乙醇洗涤沉淀，4℃，13000rpm离心5min；

⑩弃上清，用枪头吸净液体，室温晾干沉淀后，加30～50μL RNase Free H_2O溶解，然后置于-80℃保存待用。

9.1.2.4 CTAB法（LiCl沉淀）

①取0.2g组织样品于冰浴研钵中加液氮迅速研磨成粉状；

②将粉末转移至加有600μL CTAB裂解液的离心管中，65℃水浴10min，期间震荡3～5次；

③加1/3体积5mmol/L KAC（165μL），等体积氯仿：异戊醇（24：1），震荡混匀2min，冰浴10min，充分裂解；

④4℃，13000rpm离心10min；

⑤取上清，加等体积氯仿：异戊醇（24：1），震荡摇匀，4℃，13000rpm离心20min；

⑥取上清，加1/4体积10moL/L LiCl，4℃，沉淀2～3h；

⑦4℃，13000rpm离心30min，弃上清；

⑧75%乙醇洗涤第1次，无水乙醇洗涤第2次，再3000rpm离心1min，自然晾干；

⑨加20～30μL RNase Free H_2O溶解沉淀，置于-80℃保存待用。

高纯度的RNA的OD_{260}/OD_{280}应介于1.8～2.0；若$OD_{260}/OD_{280}<1.7$，说明RNA被酚类、多糖等杂质污染；OD_{260}/OD_{230}应大于2.0，若OD_{260}/OD_{230}低于2.0，说明RNA被无机盐粒子污染。对以上4种方法所获得的根、茎、叶和果实的总RNA进行质量检测（表9-3），结果如下：试剂盒比较适合叶和茎RNA的提取，提取产率高，但有无机盐污染，DNA去除效率不高；异丙醇沉淀和LiCl沉淀适用于根、茎、叶及果实全部组织RNA的提取，提取产率均较高，但采用LiCl沉淀RNA，纯度更高。

表9-3　不同方法提取不同组织总RNA的纯度与产率

方法	组织	产率（ng/μL）	OD_{260}/OD_{280}	OD_{260}/OD_{230}
CTAB法（LiCl沉淀）	根	99	2.11	2.38
	茎	126	2.13	2.31
	叶	152	2.08	2.04
	果	154	2.17	2.34

（续）

方法	组织	产率（ng/μL）	OD_{260}/OD_{280}	OD_{260}/OD_{230}
CTAB法（异丙醇沉淀）	根	581	2.06	1.81
	茎	255	2.05	2.01
	叶	728	1.86	1.84
	果	86	1.95	1.35
试剂盒	根	41	1.92	0.21
	茎	236	2.01	1.43
	叶	158	2.27	1.58
	果	33	1.02	0.72

新疆野苹果不同组织的总RNA经1%琼脂糖凝胶进行电泳检测，结果如图9-6所示，试剂盒提取的RNA条带较淡，RNA浓度较低，且高糖果实RNA无条带显示；异丙醇沉淀法提取的RNA条带明显，但高糖果实RNA也无条带显示；LiCl沉淀法提取RNA效果最佳，不仅RNA条带明显，浓度较高，且所有组织的RNA条带均有显示。

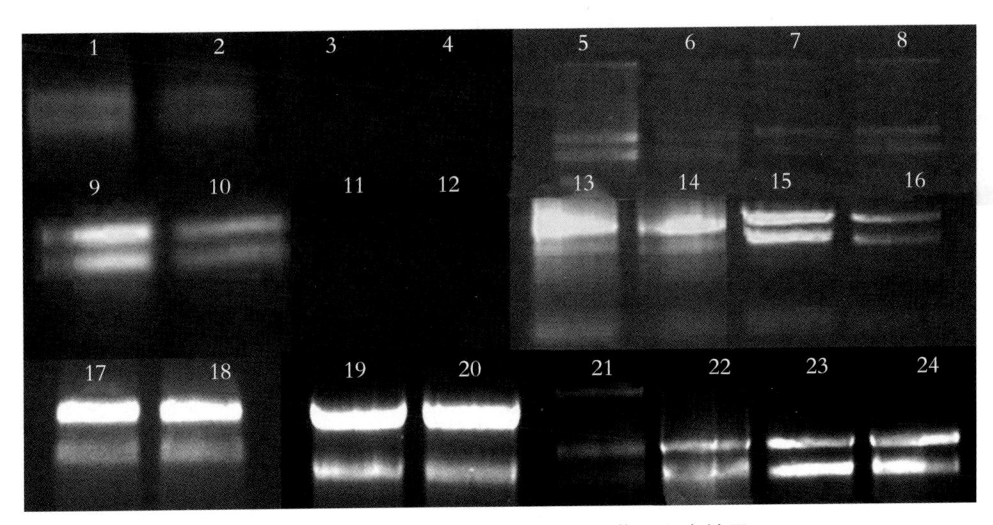

图9-6　不同方法提取根、果、叶和茎的电泳结果

注：试剂盒法为1～8（1、2为根，3、4为果，5、6为叶，7、8为茎）；异丙醇沉淀法为9～16（9、10为根，11、12为果，13、14为叶，15、16为茎）；LiCl沉淀法为17～24（17、18为根，19、20为果，21、22为叶，23、24为茎）。

Trizol法最不适宜新疆野苹果总RNA的提取，Trizol法的主要成分是苯酚，其主要作用是裂解细胞，使细胞中的蛋白、核酸物质解聚释放，苯酚虽可有效促进蛋白质变性，但不能完全抑制RNA酶活性，因此RNA在提取过程中可能被降解，或者因为高浓度多糖或多酚的存在影响了其释放。

9.1.3 小结

新疆野苹果除根、茎、叶外，果实属多糖和多酚组织，因此，掌握高效的DNA及RNA提取方法对于开展深度分子生物学研究十分必要。经试验比较，传统的CTAB法依然是DNA提取的有效方法，但在此基础上，改变研磨过程并进行重复裂解，会有效提高DNA提取的成功率。同时，RNA提取试验也发现，不同的沉淀方法对于RNA的产率影响很大，LiCl沉淀法对于新疆野苹果RNA的沉淀最适用。

9.2 新疆野苹果居群RAPD分析

新疆野苹果是珍贵的种质资源，具有抗寒性强、耐虫、耐病、耐旱等优良性状，能够为我国园艺果树生产和遗传育种提供大量的抗逆性强的种苗和基因资源。李育农（2001）认为，塞威氏苹果是苹果的野生种，中国苹果和西洋苹果皆起源于塞威氏苹果。开展新疆野苹果物种生物学、居群进化生物学、居群遗传多态性研究，对于深入了解我国苹果起源、演化和生物多样性都有重要的科学价值和意义，同时对于保护野生植物资源和永续利用也具有重要的理论和实践指导意义。

9.2.1 研究区域及方法

对新疆天山山区自然分布的58个自然居群的新疆野苹果以及2个红肉苹果材料进行RAPD研究（表9-4）。所使用的随机引物均购自上海生工公司，从1200个随机引物中任意挑选42个引物，用于58个新疆野苹果和2个红肉苹果样品的扩增（表9-5）。

将任意两个居群或样本间的遗传距离（P）根据两个品种间的共享度（F）来计算：

$$P = 1 - F$$

$$F = 2N_{ab} / (N_a + N_b)$$

N_a和N_b分别为a、b样本拥有的RAPD标记数，N_{ab}为a、b两个样本共同拥有的RAPD标记数。根据遗传距离（P），利用类平均法聚类，构建居群间的分子系统树。任意两居群之间的RAPD标记共享度及随机扩增DNA片段在各居群中的分布，分别用NTSYS软件UPGMA（Unweighted pair group method with arithematic mean）方法聚类，构建分子系统树。

表9-4　材料与来源

序号	名称	采集地	居群样本数目（个）	选用居群代表个体及编号	采集时间
1	巩留野苹果	伊犁地区巩留县	10	GY-1	2002年6月
2				GY-2	2002年6月
3				GY-3	2002年6月
4				GY-4	2002年6月
5	新源野苹果	伊犁地区新源县	10	XY-1	2002年6月
6				XY-2	2002年6月
7				XY-3	2002年6月
8				XY-4	2002年6月
9	霍城野苹果	伊犁地区霍城大西沟	15	DY-1	2002年6月
10				DY-2	2002年6月
11				DY-3	2002年6月
12				DY-4	2002年6月
13	托里野苹果	塔城地区托里县	12	TY-1	2001年6月
14				TY-2	2001年6月
15				TY-3	2001年6月
16				TY-4	2001年6月
17	额敏野苹果	塔城地区额敏县	11	EY-1	2001年6月
18				EY-2	2001年6月
19				EY-3	2001年6月
20				EY-4	2001年6月
21	红肉苹果	伊犁地区伊宁市	1	H3	2002年6月
22		伊犁地区新源县	1	H1	2002年6月

表9-5　所选RAPD引物的扩增结果

序号	扩增片段数量			引物	引物序列
	扩增总带数（条）	非多态性条带（条）	多态性条带（条）		
1	15	4	11	S1	GTTCGCTCC
2	14	6	8	S28	GTGACGTAGG
3	12	5	7	S45	TGAGCGGACA
4	9	3	6	S86	GTGCCTAACC
5	12	6	6	S127	CCGATATCCC
6	0	0	0	S138	TTCCCGGGTT
7	15	10	5	S152	TTATCGCCCC
8	12	6	6	S157	CTACTGCCGT
9	11	7	4	S158	GGACTGCAGA
10	13	6	7	S261	CTCAGTGTCC
11	14	8	6	S262	ACCCCGCCAA
12	9	6	3	S263	GTCCGGAGTG
13	12	5	7	S264	CAGAAGCGGA
14	11	6	5	S265	GGCGGATAAG
15	16	9	7	S266	AGGCCCGATG
16	14	6	8	S267	CTGGACGTCA
17	13	9	4	S268	GACTGCCTCT
18	12	10	2	S269	GTGACCGAGT
19	10	7	3	S270	TCGCATCCCT
20	15	9	6	S272	TGGGCAGAAG
21	8	2	6	S336	TCCCCATCAC
22	16	6	10	S340	ACTTTGGCGG
23	13	5	8	S423	GGTACTCCCC
24	14	4	10	S432	CACAGACACC

（续）

序号	扩增片段数量			引物	引物序列
	扩增总带数（条）	非多态性条带（条）	多态性条带（条）		
25	12	8	4	S465	CCCCGGTAAC
26	13	5	8	S470	TCCCGCCTAC
27	9	5	4	S1002	CACTTCCGCT
28	10	5	5	S1310	GGTGTTTGCC
29	11	9	2	S1311	CTGCCACGAG
30	10	8	2	S1313	CTACGATGCC
31	11	8	3	S1314	GGTTCTGCTC
32	12	8	4	S1315	CCAGTCCCAA
33	11	7	4	S2123	GTGCCACTTC
34	15	11	4	S2125	CAAGCCGTGA
35	12	8	4	S2126	GTGGATCGTC
36	7	5	2	S2128	GACCAGAGGT
37	13	6	7	S106	ACGCATCGCA
38	10	7	3	S517	CCGTACGTAG
39	0	0	0	S77	TTCCCCCCAG
40	0	0	0	S1301	ACCTAGGGGA
41	9	6	3	S2156	CTGCGGGTTC
42	14	8	6	S218	GTGCCAGACA
合计	469	259	210		

9.2.2　DNA扩增多态性

在筛选的42个引物中，其中3个引物未扩增出条带，其他39个引物共扩增出469条带，其中多态性条带210条，占总带数的44.78％，每个引物扩增出条带数7～16条，平均为12条，所扩增出的DNA片段的范围为200～2000bp。

9.2.3 新疆野苹果20个居群间的遗传距离分析

利用遗传距离矩阵（表9-6），以UPGMA方法进行聚类分析，建立系统聚类分析树状图（图9-7）。树状图结果表明，20个新疆野苹果居群的遗传距离在0.67聚为1个类群，在0.77聚为2个类群，在0.83聚为4个类群，其中塔城地区托里野果林和额敏野果林在0.92聚为2个类群，反映出二者具有较其他居群相近的亲缘关系，但只有EY1与其他样品的遗传距离有较大的距离和差异，说明新疆野苹果居群间和居群内具有较大的遗传分化，种下具有较明显的遗传多态性。

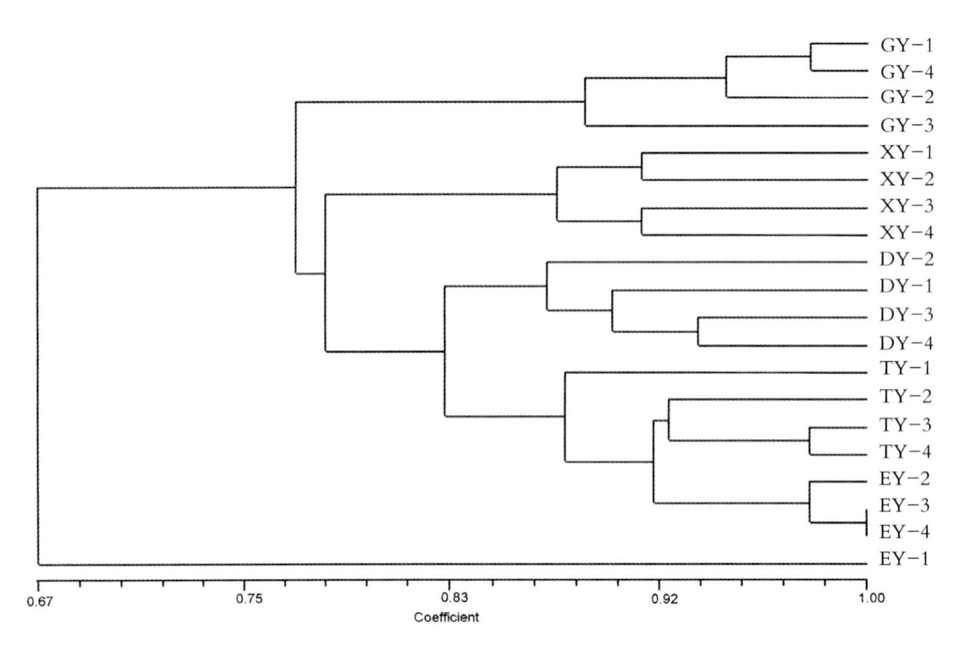

图9-7 新疆野苹果20个居群RAPD聚类分析树状图

9.2.4 新疆野苹果与红肉苹果遗传距离比较分析

利用引物S432进行扩增对新疆野苹果及红肉苹果遗传距离比较（表9-7）。利用遗传距离矩阵，以UPGMA法进行聚类分析，建立系统聚类分析树状图（图9-8）。通过树状图结果分析，20个新疆野苹果居群的遗传距离在0.71聚为一个类群，但居群间及居群内的遗传距离有一定的距离和差异，说明种下具有较明显的遗传多态性，而与红肉苹果的两个样品具有较大的差异，新疆野苹果居群与红肉苹果的遗传距离在0.56，反映出二者亲缘关系较远。

表9-6　新疆野苹果20个居群间的遗传距离

序号	1	2	3	4	5	6	7	8	9	10	11	12	13	14	15	16	17	18	19	20
1	1.000																			
2	0.931	1.000																		
3	0.886	0.909	1.000																	
4	0.977	0.954	0.863	1.000																
5	0.772	0.795	0.750	0.750	1.000															
6	0.772	0.795	0.750	0.750	0.909	1.000														
7	0.750	0.772	0.681	0.772	0.886	0.840	1.000													
8	0.750	0.772	0.681	0.772	0.886	0.886	0.909	1.000												
9	0.659	0.681	0.681	0.636	0.795	0.704	0.727	0.727	1.000											
10	0.750	0.772	0.772	0.727	0.795	0.750	0.727	0.681	0.818	1.000										
11	0.727	0.704	0.704	0.704	0.772	0.727	0.704	0.659	0.886	0.886	1.000									
12	0.704	0.727	0.727	0.681	0.840	0.750	0.727	0.727	0.909	0.909	0.931	1.000								
13	0.795	0.818	0.727	0.818	0.795	0.795	0.727	0.727	0.818	0.818	0.886	0.818	1.000							
14	0.795	0.818	0.818	0.772	0.840	0.795	0.727	0.727	0.818	0.909	0.795	0.863	0.863	1.000						
15	0.818	0.840	0.840	0.795	0.863	0.863	0.795	0.795	0.840	0.886	0.863	0.886	0.931	0.931	1.000					
16	0.840	0.818	0.818	0.818	0.840	0.840	0.818	0.818	0.818	0.863	0.840	0.863	0.909	0.909	0.977	1.000				
17	0.704	0.681	0.727	0.681	0.659	0.659	0.681	0.636	0.545	0.590	0.568	0.590	0.636	0.636	0.704	0.727	1.000			
18	0.818	0.795	0.840	0.795	0.818	0.818	0.795	0.795	0.750	0.840	0.772	0.795	0.840	0.886	0.909	0.931	0.750	1.000		
19	0.795	0.818	0.863	0.772	0.840	0.840	0.727	0.727	0.727	0.863	0.795	0.818	0.863	0.909	0.931	0.909	0.727	0.977	1.000	
20	0.795	0.818	0.863	0.772	0.840	0.840	0.727	0.727	0.727	0.863	0.795	0.818	0.863	0.909	0.931	0.909	0.727	0.977	1.000	1.000

注：样品名称及编号同表9-4。

表9-7　新疆野苹果与红肉苹果遗传距离比较

序号	1	2	3	4	5	6	7	8	9	10	11	12	13	14	15	16	17	18	19	20	21	22
1	1.00																					
2	0.85	1.00																				
3	0.92	0.92	1.00																			
4	0.92	0.92	0.85	1.00																		
5	0.85	0.85	0.92	0.78	1.00																	
6	0.85	0.85	0.92	0.78	1.00	1.00																
7	0.71	0.71	0.64	0.78	0.71	0.71	1.00															
8	0.78	0.78	0.71	0.85	0.78	0.78	0.92	1.00														
9	0.78	0.78	0.85	0.71	0.78	0.78	0.64	0.71	1.00													
10	0.78	0.78	0.85	0.71	0.78	0.78	0.50	0.57	0.85	1.00												
11	0.78	0.78	0.85	0.71	0.78	0.78	0.50	0.57	0.85	1.00	1.00											
12	0.78	0.78	0.85	0.71	0.78	0.78	0.50	0.57	0.85	1.00	1.00	1.00										
13	0.85	1.00	0.92	0.92	0.85	0.85	0.71	0.78	0.78	0.78	0.78	0.78	1.00									
14	0.92	0.92	1.00	0.85	0.92	0.92	0.64	0.71	0.85	0.85	0.85	0.85	0.92	1.00								
15	0.92	0.92	1.00	0.85	0.92	0.92	0.64	0.71	0.85	0.85	0.85	0.85	0.92	1.00	1.00							
16	1.00	0.85	0.92	0.92	0.85	0.85	0.71	0.78	0.78	0.78	0.78	0.78	0.85	0.92	0.92	1.00						
17	0.92	0.78	0.85	0.85	0.78	0.78	0.78	0.71	0.71	0.71	0.71	0.71	0.78	0.85	0.85	0.92	1.00					
18	1.00	0.85	0.92	0.92	0.85	0.85	0.71	0.78	0.78	0.78	0.78	0.78	0.85	0.92	0.92	1.00	0.92	1.00				
19	0.92	0.92	1.00	0.85	0.92	0.92	0.64	0.71	0.85	0.85	0.85	0.85	0.92	1.00	1.00	0.92	0.85	0.92	1.00			
20	0.92	0.92	1.00	0.85	0.92	0.92	0.64	0.71	0.85	0.85	0.85	0.85	0.92	1.00	1.00	0.92	0.85	0.92	1.00	1.00		
21	0.50	0.35	0.42	0.42	0.50	0.50	0.50	0.57	0.57	0.57	0.57	0.57	0.35	0.42	0.42	0.50	0.42	0.50	0.42	0.42	1.00	
22	0.57	0.57	0.64	0.50	0.71	0.71	0.57	0.64	0.78	0.78	0.78	0.78	0.57	0.64	0.64	0.57	0.50	0.57	0.64	0.64	0.78	1.00

注：样品编号及名称同表9-4。

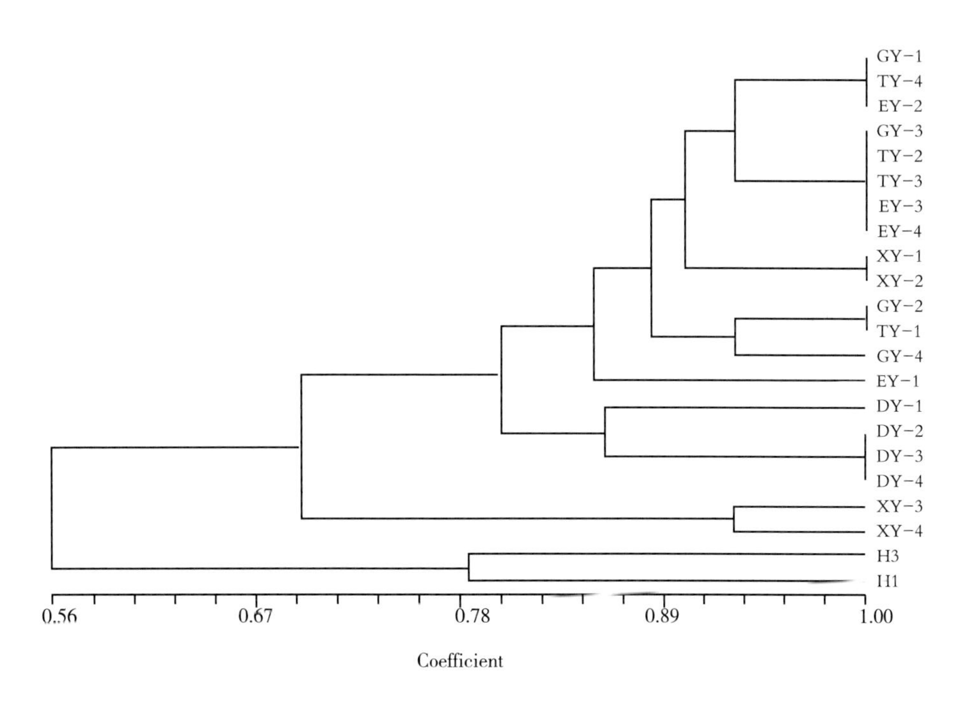

图9-8　新疆野苹果与红肉苹果聚类分析树状图

9.2.5　小结

以上研究结果表明新疆野苹果居群具有一定的遗传分化，居群间遗传分化系数为0.169，说明新疆野苹果约83.1％的遗传变异分配在居群内，大约16.9％的遗传变异分配在居群间。新疆野苹果在中国仅分布于新疆的伊犁地区和塔城地区，伊犁地区的生态环境的差异性可能是造成新疆野苹果地理居群间的遗传分化大于小区域居群间遗传分化的原因。有研究资料表明：新疆野苹果形成的群落及周围环境组成了复杂的统一生境，这些生境在光照度和水文状况等方面具有差异性，经过长期的驯化，不同居群新疆野苹果的耐寒性、抗病性、产量以及多态性、化学特性和果实风味等都呈现很大区别。如在中亚和哈萨克斯坦最北面的部分山系（塔尔巴哈台、准噶尔和外伊犁阿拉套）一带分布的野苹果具有明显的早期形态特征，在外伊犁阿拉套的野苹果存在着丰富的种内多样性。新疆野苹果的分布范围广、生态环境复杂、气候多变，居群间以及居群内既存在基因交流，也产生了遗传分化。对于红肉苹果，根据RAPD分析结果，初步认为其与新疆野苹果亲缘关系较远，不宜将其列为新疆野苹果的变型［*Malus sieversii* f. *niedzwetzkyana* (Dieck.) Langenf.］。

9.3 新疆野苹果群体遗传结构的SSR分析

简单重复序列（SSR）也称微卫星DNA，是一类具有重复序列的核苷酸，它普遍存在于植物体基因组中，但并不是每个位点基因都表达，因此在生物进化过程中，那些不具备遗传信息的基因序列就不会选择，导致同一物种不同个体间基因序列差异较大。SSR在种内居群间具有高多态性及共显性遗传等特点（Litt & Luty 1989; Tautz, 1989; Smeets et al., 1989; Weber & May, 1989; Buak et al., 2004）。目前，该技术已广泛用于遗传多样性检测、遗传图谱构建、指纹图的绘制、品种鉴定以及分子标记辅助育种等研究中（张萌，2012）。对新疆野苹果进行SSR研究对于深入了解新疆野苹果的遗传多样性具有重要意义。

9.3.1 研究材料及方法

采集新疆伊犁地区及塔城地区、哈萨克斯坦以及吉尔吉斯斯坦等地野苹果及红肉苹果样品共计154份（表9-8）。用改进的CTAB法进行DNA的提取。选用33对引物进行SSR扩增分析（引物筛选依据转录组测序结果），选取基因c31108.graph_c0）引物进行SSR体系的优化（表9-9）。

表9-8 新疆野苹果样品编号

序号	名称	采集地	样本数目（个）	选用居群代表个体及编号	海拔（m）	经纬度
1～17	新源野苹果	伊犁地区新源县	17	XY-3	1411.7	N：43°22′39″ E：83°36′19″,
				XY-5	1145.0	N：43°24′1″ E：83°33′33″,
				XY-7	1330.5	N：43°15′38″ E：82°51′34″
18～25	那拉提野苹果	那拉提地区	8	NY-9	1458	N：43°17′59″ E：84°07′12″
26～30	古树分布区野苹果	伊犁地区果树王周围	5	YW-1	1940	N：82°57′17″ E：43°16′14″
31～37	红肉苹果	伊犁地区伊宁市、巩留县	7	HR-4	888.0	N：43°50′24″ E：81°55′25″
38～47	巩留野苹果	伊犁地区巩留县	10	GMY-1	1380.1	N：43°11′23″ E：82°46′48″

（续）

序号	名称	采集地	样本数目（个）	选用居群代表个体及编号	海拔（m）	经纬度
48～62	霍城野苹果	伊犁地区霍城大西沟	15	DY−1	1147.7	N：43°25′47″ E：80°46′48″
63～70	哈萨克野苹果	哈萨克斯坦	9	HY−7	680	N：42°15′16″ E：70°01′21″
71	博登湖果树所	博登湖果树所	1	HY−10	--	--
72～77	吉尔吉斯野苹果	吉尔吉斯斯坦	6	JY−1	1645	--
78～93	托里野苹果	塔城托里县	16	TY−1	888.3	--
94～154	额敏野苹果	塔城额敏县	61	EY−1	1220	--

表9-9　SSR引物

基因名称	SSR-类型	SSR序列	序列大小（bp）
c1033.graph_c0	p1	（G）10	10
c25474.graph_c0	p1	（A）11	11
c29621.graph_c0	p1	（T）12	12
c30040.graph_c0	p1	（C）10	10
c27633.graph_c0	p2	（TC）6	12
c31108.graph_c0	p2	（TC）8	16
c32935.graph_c0	p2	（TA）7	14
c34113.graph_c0	p2	（AG）7	14
c41131.graph_c0	p2	（AC）7	14
c41223.graph_c0	p3	（GAG）6	18
c42674.graph_c0	p3	（TTC）5	15
c43811.graph_c0	p3	（GCA）5	15
c44108.graph_c0	p3	（GGA）5	15
c44215.graph_c0	p3	（CCT）5	15
c54528.graph_c0	p4	（AGCG）5	20
c60792.graph_c1	p4	（AGAA）5	20

（续）

基因名称	SSR-类型	SSR 序列	序列大小(bp)
c59115.graph_c0	p4	（CCCT）5	20
c60589.graph_c0	p4	（CATT）5	20
c54634.graph_c0	p4	（CATG）5	20
c56309.graph_c0	p5	（AAACC）5	25
c49927.graph_c0	p5	（TATTT）5	25
c59577.graph_c0	p5	（TATGG）6	30
c60698.graph_c1	p5	（GGGTC）5	25
c59218.graph_c1	p5	（GGATC）5	25
c61920.graph_c0	p6	（GAGAGG）8	48
c23363.graph_c0	C	（A）11ccaagataaaaaaccaacccaaagtaaataaaaggaaaaaagaaaaaaaggaaaaacctagcaaacaaaaaaccacatagacgacgagcggagtc（A）11	117
c57465.graph_c0	C	（T）14gaatcgattgggatgtacttctgttctgattgctgactagtgactaataatatatacaccttttttaaaatag（T）12	98
c50608.graph_c1	C	（T）14ctgttggttcagactttttgccaattattatgctcacaatgctgttagatgacagcacagctgggcaaactg（T）11	97
c57022.graph_c1	C	（T）10c（T）12	23
c47561.graph_c0	C	（GATT）5tctacagatactgatcactgcaaagattgagacttctccaatggaatccatggcagaagcagacccagaaccaccgccgccaccattc（CCA）5	123
c54567.graph_c0	C	（GAC）5gattgggacttaattttcactgaacaagccgtacaagtcgcccaagtacaagagcgtgcttactccact（CAG）5	99
c60484.graph_c0	c	（CT）9cggaggtagacacgggaagtaggagggcagagaatctgcctctgtctctg（TC）8	84
c54524.graph_c0	C	（CT）8c（CA）6	29

9.3.2　SSR-PCR扩增体系优化

选用基因c31108.graph_c0引物序列进行SSR扩增体系优化试验。参照基本反应体系（徐兴兴等，2006；高源等，2007；王云等，2013），采用控制变量的方法，通过设置各成分不同的浓度梯度对新疆野苹果进行SSR-PCR扩增和电泳检测（表9-10），根据扩增谱带的清晰度及多态性，从而确定新疆野苹果SSR扩增的最佳体系。PCR反应扩增程序为：94℃预变性4min；95℃变性40s，56℃退火40s，72℃延伸1min，35个循环；最后72℃延伸10min，4℃保存。不同引物的退火温度不同，此处选用引物的退火温度都为56℃，因此扩增程序中退火温度设置为56℃。

表9-10　SSR-PCR各因素浓度梯度

因素	①	②	③	④	⑤
模板DNA浓度（ng）	50	100	150	200	250
dNTPs浓度（mM）	0.1	0.2	0.3	0.4	0.5
引物浓度（mM）	0.2	0.3	0.4	0.5	0.6
TaqDNA聚合酶浓度（U）	0.25	0.5	0.75	1	1.25

模板DNA含量、dNTPs浓度、引物浓度、TaqDNA聚合酶浓度是限制扩增结果的几个重要因素。模板DNA含量在50～250ng，均能扩增出明显条带，随着DNA量的增加，条带亮度变化不大，但当DNA含量为150ng时，个别样品出现了引物二聚体（图9-9），因此SSR-PCR扩增体系最适模板量为100ng。dNTPs浓度在0.1～0.5mM时，条带逐渐消失，且dNTP浓度为0.1mM时，出现了模糊的特异条带，dNTP浓度为0.2mM时，条带比较清晰（图9-10），因此SSR-PCR体系的最佳dNTPs浓度为0.2mM。引物浓度在0.2mM时，扩增条带清晰稳定，当大于0.2mM时，随着引物浓度的增加，扩增产物消失（图9-11），因此SSR-PCR扩增体系的最适引物浓度为0.2mM。Taq DNA聚合酶浓度在0.5～1.25U时，条带都比较清晰稳定，Taq DNA聚合酶浓度为0.25U时，条带模糊或者无条带（图9-12），因此以节省药品为原则，SSR-PCR体系的TaqDNA聚合酶最佳浓度为0.5U。通过试验得出最佳SSR-PCR反应体系：

10×PCR buffer	2.5 μL
dNTPs	0.2mM
Primer-F	0.5mM
Primer-R	0.5mM
TaqDNA聚合酶	0.5U
DNA模板	100ng

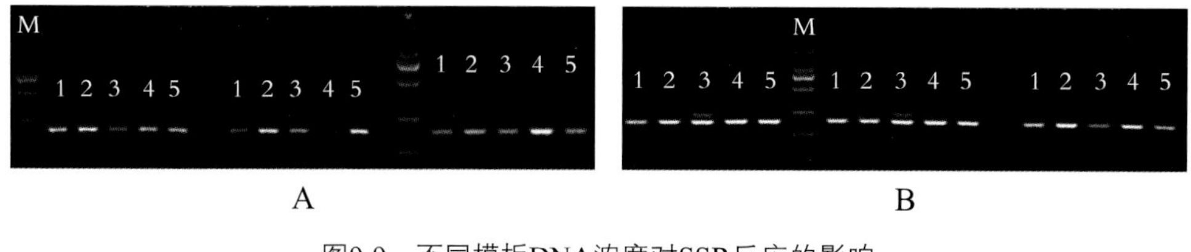

A　　B

图9-9　不同模板DNA浓度对SSR反应的影响

A　　B

图9-10　不同dNTPs浓度对SSR反应的影响

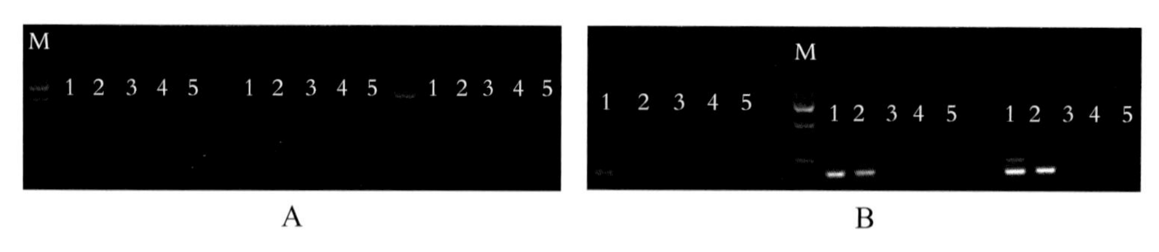

A　　B

图9-11　不同引物浓度对SSR反应的影响

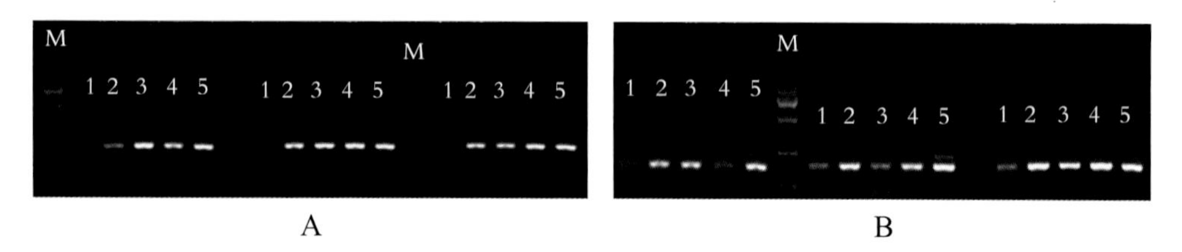

A　　B

图9-12　不同TaqDNA聚合酶浓度对SSR反应的影响

9.3.3　多态性分析

从33对引物中进一步筛选出26对特异性强、扩增条带清晰且稳定的SSR引物，该些引物对新疆野苹果DNA进行扩增，图9-13为c56309.graph_c0引物对154份新疆野苹果扩增结果，扩增条带为1～2条。通过软件POPGENE 1.32进行条带统计分析，伊犁地区具有10个多态性位点，是4个居群中多态性最高的群体，多态性百分数为38.46%；吉尔吉斯斯坦群体多态性位点最少，为4个，多态性百分数为15.38%（表9-11）。新疆地区的野苹果主要分布在伊犁地区的新源、那拉提、巩留、霍城县的大西沟以及塔城地区的额敏与托里，新源居群具有较高的多态性位点，且多态性位点百分数最高为30.77%，古树区居群多态性位点百分数最低为7.69%。在新疆野苹果居群中，伊犁地区新疆野苹果的多态性位点以及多态性位点百分数都普遍高于塔城地区（表9-12）。

表9-11　新疆野苹果多态性指标

居群	多态性位点数（个）	多态性位点总数(个)	多态性位点百分数（%）
伊犁	10	26	38.46
哈萨克斯坦	8	26	30.77
吉尔吉斯斯坦	4	26	15.38
塔城	5	26	19.23

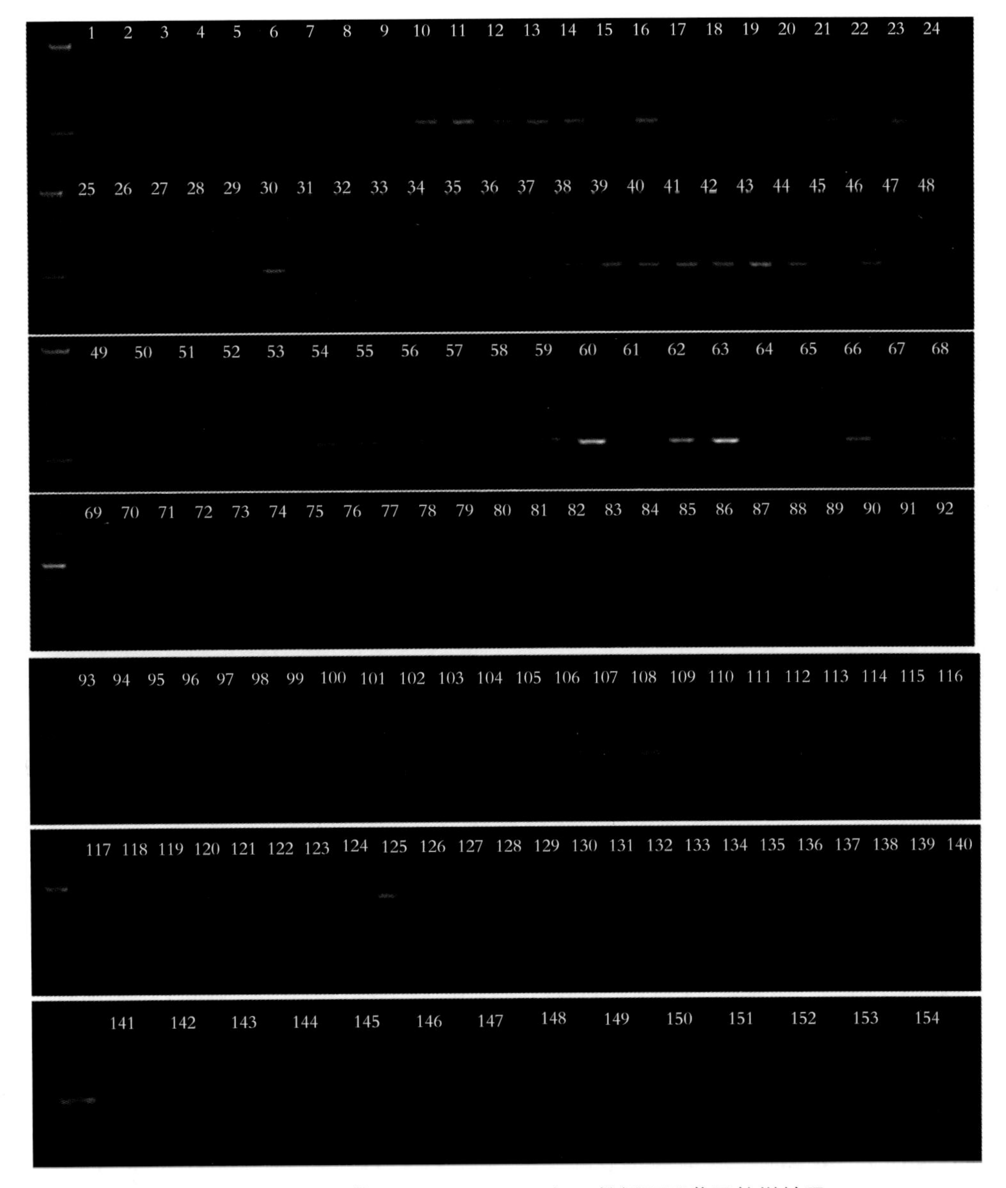

图9-13　引物c56309.graph_c0对154份新疆野苹果扩增结果

表9-12　新疆地区的新疆野苹果多态性指标

居群	多态性位点数（个）	多态性位点总数（个）	多态性位点百分数（%）
新源	8	26	30.77
那拉提	3	26	11.54
古树区	7	26	7.69
巩留	7	26	26.92
大西沟	6	26	23.08
托里	4	26	15.38
额敏	3	26	11.54

9.3.4　遗传多样性分析

利用POPGENE 1.32软件对试验数据进行遗传多样性指标统计分析，如表9-13显示，在四个居群中，哈萨克斯坦居群的新疆野苹果有效等位基因数、Shannon信息多样性指数、Nei遗传多样性指数、期望杂合度以及观察杂合度都是最高的，分别为ne=1.191，I=0.1724，Nei=0.1132，Obs_Het=0.1666，Exp_Het=0.1243。相对于塔城地区，伊犁地区的Nei遗传多样性指数、Shannon's信息指数、有效等位基因数、观察等位基因数都较高，分别为0.0823、0.1343、1.1274、1.3846，且伊犁地区的新疆野苹果的观察杂合度以及期望杂合度都较塔城高，即新疆野苹果在南部有较高的遗传分化。新疆野苹果种群总的遗传多样性为0.3784，遗传分化系数为0.1913。即种群群体内遗传多样性几乎等于种群总的遗传多样性，说明群体之间分化较小，种群的多样性主要分布在群体内部。

表9-13a　新疆野苹果群体遗传多样性指标

居群	样本量（个）	观察等位基因数（个）	有效等位基因数（个）	Shannon信息指数	多态位点百分率（%）	Nei's 基因多样性
伊犁	84	1.3846	1.1274	0.1343	38.46	0.0823
哈萨克斯坦	11	1.3478	1.1917	0.1724	30.77	0.1132
吉尔吉斯斯坦	6	1.1905	1.1240	0.1071	15.38	0.0723
塔城	58	1.1923	1.0611	0.0611	19.23	0.0382
种群水平	156	1.4615	1.1078	0.1229	46.15	0.0724

表9-13b　新疆野苹果群体遗传多样性指标

居群	观察纯合度	观察杂合度	期望纯合度	期望杂合度
伊犁	0.8878	0.1122	0.9168	0.0832
哈萨克斯坦	0.8334	0.1666	0.8757	0.1243
吉尔吉斯斯坦	0.8944	0.1056	0.9169	0.0831
塔城	0.9508	0.0492	0.9612	0.0388

通过POPGENE 1.32软件对伊犁群体内部遗传多样性进行统计分析发现（表9-14），在居群水平上，平均等位基因数在5个居群水平上有波动，其中伊犁总居群水平观察等位基因数最高为1.3846，其次为新源居群、巩留居群、大西沟居群、那拉提居群，古树分布区居群观察等位基因数最低为1.0909。5个居群有效等位基因数在1.0810～1.1520，古树区分布区居群最低，巩留居群最高。各个群体的观察杂合度介于0.0682～0.1381，期望杂合度以及Shannon信息指数的变化范围分别为0.0487～0.1006、0.0601～0.1357，均以古树区分布居群最低，且新疆野野苹果居群间的遗传多态性水平差异不大。

表9-14a　伊犁地区新疆野苹果遗传多样性指标

居群	样本量（个）	观察等位基因数（个）	有效等位基因数（个）	Shannon信息指数	多态位点百分率（%）	Nei's 基因多样性
新源	26	1.3200	1.1353	0.1357	30.77	0.0861
那拉提	9	1.1250	1.0810	0.0679	11.54	0.0458
古树区	7	1.0909	1.0802	0.0601	7.69	0.0426
巩留	17	1.2800	1.1520	0.1287	26.92	0.0855
大西沟	19	1.2308	1.1221	0.1101	23.08	0.0722
伊犁	83	1.3846	1.1281	0.1346	38.46	0.0826

表9-14b　伊犁地区新疆野苹果居群遗传多样性指标

居群	观察纯合度	观察杂合度	期望纯合度	期望杂合度
新源	0.8836	0.1164	0.9106	0.0894
那拉提	0.9250	0.0750	0.9306	0.0694
古树区	0.9318	0.0682	0.9513	0.0487
巩留	0.8668	0.1332	0.9096	0.0904
大西沟	0.8884	0.1116	0.9245	0.0755
伊犁	0.8871	0.1129	0.9165	0.0835

遗传相似度常用来判断居群之间亲缘关系，当遗传相似度为1时，说明两个居群完全一样；当遗传相似度为0时，说明两个居群之间没有亲缘关系。为了进一步分析群体间的遗传分化程度，计算了Nei's遗传相似度（I）和遗传距离（D），如表9-15所示。4个居群的遗传相似度在0.8346～0.9969，遗传距离在0.0031～0.1808，说明群体间的遗传相似度较高，遗传距离较小。对得到的遗传相似度数据通过软件NTSYSpc-2.10e中UPGMA法进行聚类分析，得到树状图（图9-14）。该图显示伊犁地区与塔城地区新疆野苹果居群一致度最高（I=0.9969），遗传距离最近（D=0.0031）。而伊犁与塔城地区处于天山中段和准噶尔西部山地，地理位置相对于其他两个居群而言较近，进一步表明遗传距离与地理距离相关。

表9-15　新疆野苹果群体的Nei遗传一致度和遗传距离的无偏估计

群体	伊犁地区	哈萨克斯坦	吉尔吉斯斯坦	塔城地区
伊犁地区	—	0.9210	0.8821	0.9969
哈萨克斯坦	0.0823	—	0.8346	0.9193
吉尔吉斯斯坦	0.1255	0.1808	—	0.8866
塔城地区	0.0031	0.0842	0.1204	—

注：对角线以上是遗传一致度，以下是遗传距离。

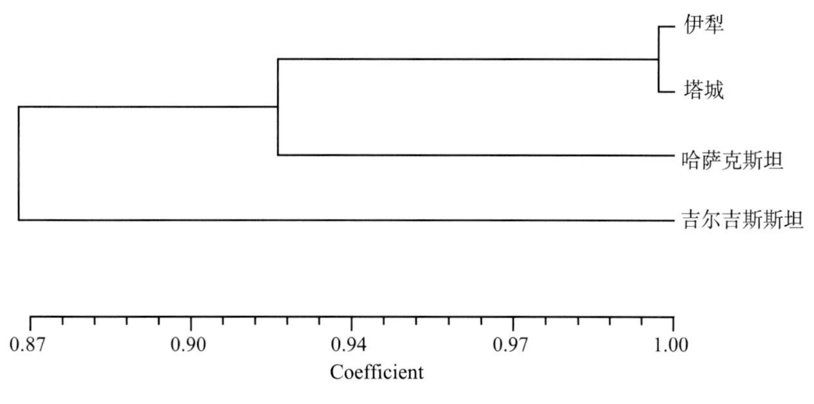

图9-14　利用 UPGMA 距离法对四个居群聚类分析结果

以Nei（1973）遗传距离进行UPGMA聚类分析，如图9-15所示，遗传相似度在0.59～1，在遗传相似度为0.59时，将154种新疆野苹果聚为两大类。第一类包括全部托里种质、全部吉尔吉斯斯坦种质以及额敏大部分种质，还包括有大西沟，新源以及霍城2个种质，哈萨克斯坦3个以及那拉提4个种质资源；第二类包括大部分新源种质、大西沟种质、那拉提种质、哈萨克斯坦种质，还包括个别额敏种质。哈萨克斯坦地区的7种材料来自3个不同地理位置，H-1来自一个地理位置，H-2、H-3、H-4、H-5、H-6来自一个地理位置，H-7与H-8来自一个地理位置。哈萨克斯坦地区与新疆地区的新疆野苹果主要聚在第二类中，即与伊犁地区的新疆野苹果有较近的亲缘关系。在遗传相似度0.91时，哈萨克斯坦的新疆野苹果（H-5、H-8）聚为一起，在遗传相似度0.80时，H-1与H-6聚为一起；在遗传相似度0.91～0.92处，H-4与H-7聚在一起，说明哈萨克斯坦地区的新疆野苹果由于群体内的基因流的作用，导致群体内亲缘关系较近。在遗传相似度0.81～0.89时，哈萨克斯坦地区的野苹果与XY-9、NY-7、DY-13、BDHP聚在一起；在遗传相似度0.75时，大西沟地区的新疆野苹果与哈萨克斯坦地区的野苹果全部聚为一起，说明大西沟新疆野苹果与哈萨克斯坦野苹果亲缘关系最近。哈萨克斯坦在霍城大西沟的西部边缘，地理距离相对较近，而亲缘关系较近，进一步说明遗传距离与地理距离有关。

对于吉尔吉斯斯坦地区与新疆地区的新疆野苹果分析得出，在遗传相似度0.78时，JY-6与TY-1聚为一起；在遗传相似度0.82时，JY-2与TY-3、TY-4聚在一个分支上，JY-5与TY-14、TY-15、TY-16聚为一起；在遗传相似度0.83时，JY-1、JY-3、JY-4聚为一起；又于遗传相似度0.78时，与H-5、H-8、XY-9、NY-7聚在一起，因此吉尔吉斯斯坦地区的新疆野苹果与新疆托里地区的新疆野苹果亲缘关系较近。

对于果树王与新疆野苹果的聚类分析，在遗传相似度0.83时，YW-1与XY-16、EY-13聚为一起，在遗传相似度0.57时，果树王与塔城地区的新疆野苹果聚为

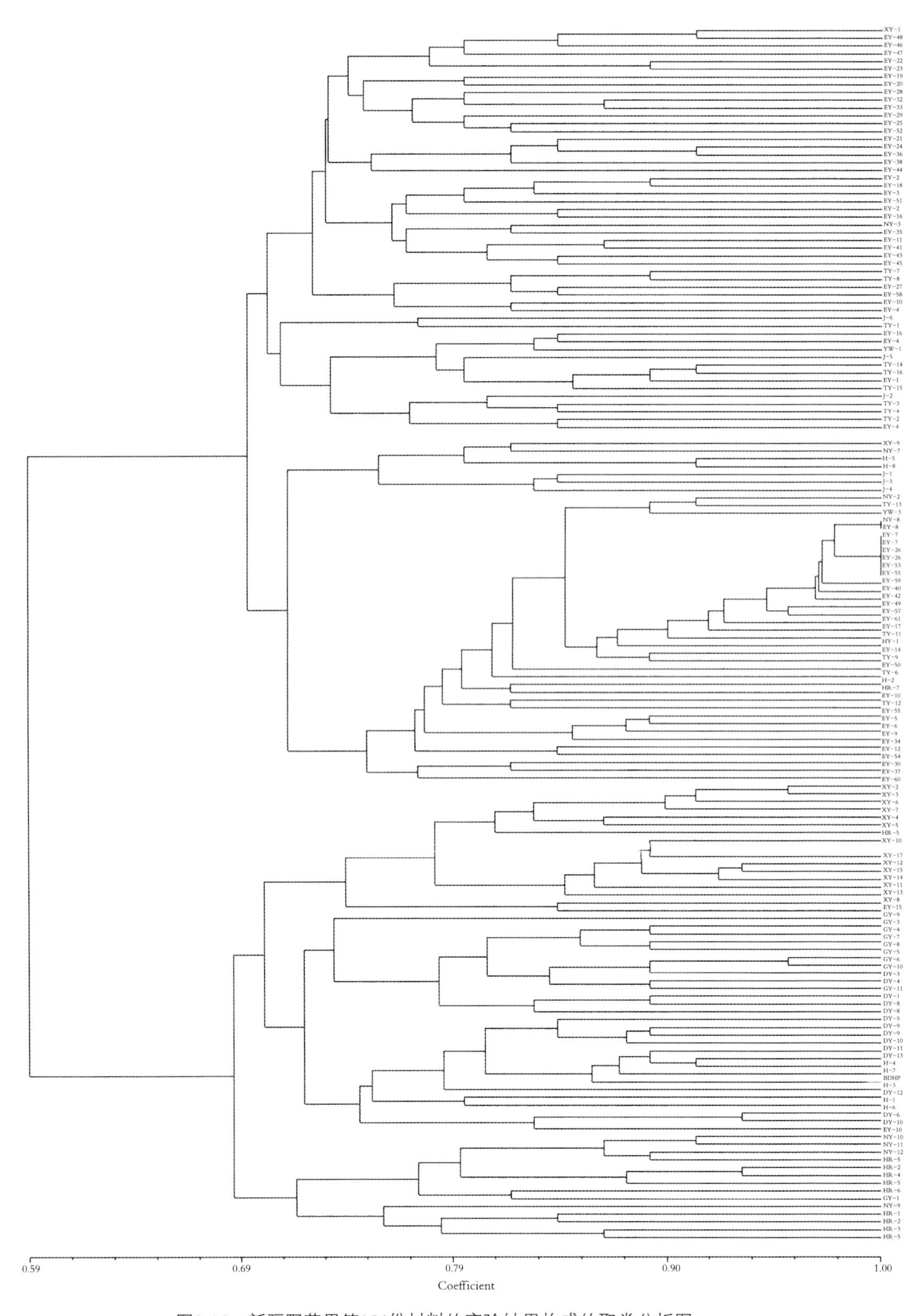

图9-15　新疆野苹果等154份材料的实验结果构成的聚类分析图

一个分支，而与伊犁地区的新疆野苹果相对亲缘关系较远。果树王地处新源地区，却与塔城地区的新疆野苹果亲缘关系最近，由此猜测，伊犁地区的新疆野苹果发生了向南扩散，其群体之间存在基因流作用。

对于红肉苹果，由图9-15可以看出，HR-1和HR-2、HR-3和HR-5两两聚集，最后在遗传相似度约为0.75时，与那拉提居群聚在一起，该相似系数比新疆地区居群间新疆野苹果的相似系数普遍偏低，这说明红肉苹果与新疆野苹果亲缘关系偏远，该结果也与图9-8中的新疆野苹果与红肉苹果RAPD聚类分析结果相一致。

9.3.5　小结

综上所述，巩留、新源、大西沟、果树王、那拉提群体同处于天山的伊犁河谷中，地理位置相对较近，几乎没有天然阻隔，几个群体间的基因交流比较频繁，从而说明了伊犁地区几个群体遗传关系较近。托里、额敏群体地处塔城巴尔鲁克山地区，介于天山山脉与阿尔泰山山脉之间，天山阻隔使得托里、额敏群体与伊犁地区几个群体间的基因交流较少，遗传关系较远。而地处新源的果树王与塔城地区新疆野苹果亲缘关系较近，推测新疆野苹果发生了向南分散。来自同一地区的群体几乎聚在一起，与地理分布格局几乎吻合，说明地理格局在新疆野苹果的遗传分化上起着重要作用。

9.4　基于ITS序列的新疆野苹果系统发育分析

系统发育的研究适用于一切物种的进化和其与其他物种的亲缘关系。在早期，一般是通过对植物的形态特征、细胞学、孢粉学的大量数据采集和分析来建立系统发育树，随着分子生物学的快速发展，分子标记作为一种高效、可靠的技术被应用到不同阶元的植物系统发育中。在rDNA中，5.8S rDNA和28S rDNA基因间隔序列称为ITS，它的长度和序列变化较大，将其扩增物进行序列分析，可用于区分关系非常近的种。本研究以新疆野苹果的ITS序列来研究其分子系统发育关系，期望为新疆野苹果的系统进化研究提供依据。

9.4.1　试验材料

本研究中1～8、10号的ITS序列从GenBank里下载得到，9、11、12号试验材料分别采集于新疆额敏、托里和新源（表9-16）。

表9-16　ITS序列的试验材料

序号	编号	种类	来源
1	AF186484.1	栽培苹果（*Malus domestica*）	GenBank
2	AF186485.1	新疆野苹果（*Malus sieversii* ）	GenBank
3	AF186487.1	新疆野苹果（*Malus sieversii* ）	GenBank
4	AF186490.1	新疆野苹果（*Malus sieversii* ）	GenBank
5	AF186491.1	新疆野苹果（*Malus sieversii* ）	GenBank
6	AF186492.1	新疆野苹果（*Malus sieversii* ）	GenBank
7	AF186493.1	新疆野苹果（*Malus sieversii*）	GenBank
8	AF186498.1	东方苹果（*Malus oriental*）	GenBank
9	EM	新疆野苹果（*Malus sieversii*）	新疆额敏
10	FJ899096.1	欧洲苹果（*Malus sylvestris*）	GenBank
11	TL	新疆野苹果（*Malus sieversii* ）	新疆托里
12	XY	新疆野苹果（*Malus sieversii* ）	新疆新源

9.4.2　基本试验流程

基因组DNA提取后，使用ITS通用引物ITS5：5’-GGAAGGAGAAGTCGTAA-CAAGG-3’和ITS4：5’-TCCTCCGCTTATTGATATGC-3’进行PCR扩增。PCR产物经琼脂糖凝胶电泳检测拍照后将胶上的目的条带在紫外灯下切下称量，使用鼎国生物技术有限公司的离心柱型溶液/凝胶DNA回收试剂盒50T/100T回收。扩增产物的克隆用全式金生物技术有限公司的pEASY-T3 Cloning Kit进行。将阳性菌液送由上海生工公司测序。获得目的序列数据之后，利用NCBI中的Blastn（核酸序列对比搜索）工具将各序列与已发表的序列进行同源性比较，同时确定ITS1、ITS2和5.8S rRNA区，利用MEGA 5.0软件先进行不同材料的目的序列的对位排列，将排列后的序列进行碱基含量和变异位点分析，统计两两序列之间的遗传距离，并采用邻接法（neighbor-joining，NJ）进行独立的系统发育分析，应用自展法（Bootstrap）对所构建的系统树进行检测，自展重复次数设定为1000次。

9.4.3　序列比对分析

将测序得到的ITS扩增序列进行分析，与GenBank上的序列进行对比，确定出ITS1、ITS2和5.8S rRNA区，新源和托里的ITS序列全长是594bp，额敏为

591bp，5.8S的总长均为164bp。从GenBank里下载的栽培苹果、东方苹果和7个新疆野苹果的ITS序列长591bp，5.8S的总长为165bp，欧洲苹果ITS序列长602bp，5.8S长103bp。所有供试验材料的ITS1和ITS2区的GC含量和长度如表9-17所示，ITS1区的GC含量为66.1%～68.0%，长度为209～224bp，ITS2的GC含量为65% ～71.5%，长度为202～290bp。不同材料间，ITS1的GC含量相差不多，ITS2的GC含量相差较大，且高于ITS1。在新疆野苹果这几个居群内，5.8S区属于高度保守的序列，没有变异，ITS1变异位点共有11个，占总数的4.91%，信息位点有10个，占总数的4.46%，ITS2变异位点有11个，占总数的5.53%，信息位点有9个，占总数的4.36%，变异类型为碱基颠换和碱基替换（表9-17）。

表9-17　ITS1和ITS2区序列长度和GC含量

序号	编号	种类	ITS1		ITS2	
			长度（bp）	GC含量（%）	长度（bp）	GC含量（%）
1	AF186484.1	栽培苹果	224	67.7	202	70.8
2	AF186485.1	新疆野苹果	224	68.0	202	69.9
3	AF186487.1	新疆野苹果	224	67.0	202	71.5
4	AF186490.1	新疆野苹果	224	66.9	202	71.3
5	AF186491.1	新疆野苹果	224	67.0	202	71.2
6	AF186492.1	新疆野苹果	224	66.9	202	71.3
7	AF186493.1	新疆野苹果	224	66.9	202	71.2
8	AF186498.1	东方型苹果	224	66.5	202	70.9
9	EM	新疆野苹果	221	67.8	206	67.3
10	FJ899096.1	欧洲苹果	209	67.6	290	65.4
11	TL	新疆野苹果	224	66.1	206	65.0
12	XY	新疆野苹果	224	66.1	206	65.0

9.4.4　系统进化树构建及分析

从遗传距离矩阵表9-18可以看出，1～8号材料的遗传距离等于或接近于0，10、11、12号材料与其他材料的遗传距离相对远，但是来自托里和新源的11、12号的遗传距离为0。12个材料中遗传距离值最高的是10号欧洲苹果与4、6、7、8、9号材料的遗传距离，为0.21，并且比对显示10号与其他材料的遗传距离都比较远，遗传距离为0.06～0.21，这些数据在一定程度上反映了个体间遗传关系的亲疏。

表9-18　基于Krima 2-Param enter距离模式的遗传距离

序号	1	2	3	4	5	6	7	8	9	10	11	12
1												
2	0.00											
3	0.00	0.00										
4	0.01	0.01	0.00									
5	0.00	0.00	0.00	0.00								
6	0.01	0.01	0.00	0.00	0.00							
7	0.01	0.01	0.00	0.00	0.00	0.00						
8	0.01	0.01	0.00	0.00	0.00	0.00	0.00					
9	0.00	0.01	0.00	0.01	0.00	0.00	0.00	0.00				
10	0.19	0.17	0.18	0.21	0.18	0.21	0.21	0.21	0.21			
11	0.06	0.05	0.05	0.06	0.05	0.05	0.05	0.05	0.06	0.06		
12	0.06	0.05	0.05	0.06	0.05	0.05	0.05	0.05	0.06	0.06	0.00	

以本研究中的ITS序列和GenBank中已经发表的ITS序列构建NJ树，以欧洲苹果为外类群，共划分为三支：FJ899096.1、AF186484.1各自单独形成了一支；其余的9个材料聚在了一支，进一步分成若干小支，其中来自中亚的几个材料AF186487.1、AF186490.1、AF186491.1、AF186492.1、AF186493.1、AF186498.1、EM聚在一支，支持率为82%，而且来自额敏的EM独自形成了一个小分支；来自中亚的AF186485.1和新疆托里TL、新源XY聚在另一分支，支持率86%，TL、XY聚在了一支，支持率为100%（图9-16）。

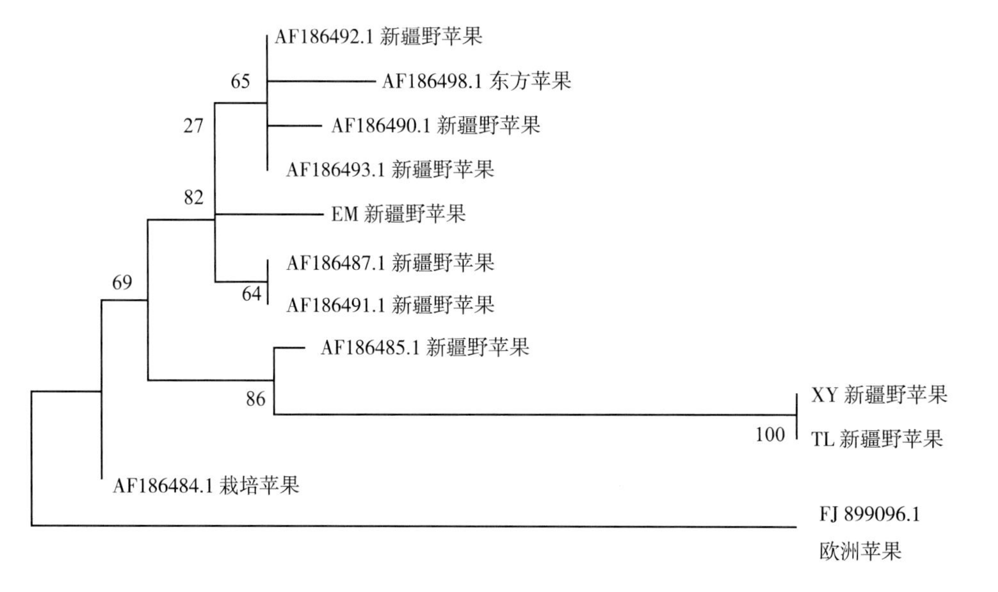

图9-16　ITS2 序列的NJ系统树

9.4.5 小结

遗传多样性包括遗传物质变异和居群的遗传结构即居群的分布格局。地理分布不同是植物遗传多样性形成的主要因素之一，不同的外界环境形成了不同的居群，居群内和居群间因为一系列的基因突变、基因迁移以及异花授粉和种子的传播等因素干扰，又产生了遗传变异，变异普遍存在于群体之中，分布范围越广的物种，遗传多样性水平就越高。

本研究基于ITS序列建立了遗传距离矩阵和系统进化树，从遗传距离上看，来自于中亚的新疆野苹果和栽培苹果的遗传距离为0，来自新疆托里和新源的野苹果遗传距离也为0，而中亚和新疆两地的材料相比，遗传距离较近为0.05～0.06，欧洲苹果与其他材料的遗传距离为0.06～0.21，遗传距离较远，这一定程度上说明新疆野苹果的遗传距离与地理分布有着密切的关系，地理距离越远，遗传距离越远，遗传分化加大。这些结果与前人的研究结果基本一致。本研究所建的NJ树将材料分为三支：欧洲苹果和栽培苹果各自单独形成了一支，说明它们的遗传关系相对较远；来自中亚不同地区的新疆野苹果AF186485.1、AF186487.1、AF186490.1、AF186491.1、AF186492.1、AF186493.1、东方型苹果AF186498.1与来自新疆额敏地区的EM、新源地区的XY、托里地区的TL聚到了一支，其中AF186487.1、AF186490.1、AF186491.1、AF186492.1、AF186493.1、东方型苹果AF186498.1与来自新疆额敏地区的EM又形成了一个分支，说明东方型苹果和新疆野苹果的亲缘关系非常近，遗传距离矩阵中也反映出这一点，和Robinson等（2001）的研究一致。

总体上，地理距离近的材料在系统发育树中聚集到了一起，因此新疆野苹果不同居群的遗传分化与地理分布有关，新疆地区的XY、TL和中亚地区的AF186485.1聚到一支，这可能与基因流有关，也可能和环境的相互适应有关。

9.5 新疆野苹果转录组分析

转录组（Transcriptome）广义上是指在特定环境或生理条件下的一个细胞、组织或生物体中所有RNA的总和，包括信使RNA（mRNA）、核糖体RNA（rRNA）、转运RNA（tRNA）及其他的非编码RNA（non-coding RNA）。蛋白质是生命活动的主要承担者，由mRNA编码，因此狭义上的转录组则指细胞所能转录出的所有mRNA。转录组测序（Transcriptome Sequencing）是对某一物种的mRNA进行的高通量测序。转录组测序能够对样品任意时间点或任意条件下的转录组进行测序，拥有精确到单个核苷酸的分辨率。能够动态反映基因转录水平，同时鉴定和定量稀有转录本和正常转录本，并且提供样品特异的转录本序列结构信息。该部分研究主要是收集不同生境下的新疆野苹果资源，通过转录组测序手段来完成优良抗逆基因的筛选及功能验证。

9.5.1 转录组分析研究方法

结合当地气象资料数据，选择代表性区域新源（XY），那拉提（NY）和巩留（GY）进行样品采集；组织器官包括根、茎、叶和果实。采用改良的CTAB法（LiCl）进行总RNA的提取。分别采用Nanodrop、Qubit2.0、Aglient 2100方法检测RNA样品的纯度、浓度和完整性等，以保证使用合格的样品进行转录组测序。样品检测合格后，进行文库构建。文库构建完成后，分别使用Qubit 2.0和Agilent 2100对文库的浓度和插入片段大小（Insert Size）进行检测，使用Q-PCR方法对文库的有效浓度进行准确定量，以保证文库质量。库检合格后，用HiSeq 2500进行高通量测序，测序读长为PE100。总的试验流程见图9-17。对Raw Data进行数据过滤，去除其中的接头序列及低质量Reads获得高质量的Clean Data。将Clean Data进行序列组装，获得新疆野苹果的Unigene库。使用BLAST软件将Unigene序列与NR、Swiss-Prot、GO、COG、KOG、KEGG数据库比对，预测完Unigene的氨基酸序列之后，使用HMME软件与Pfam数据库比对，获得Unigene的注释信息。其中，MISA（Microsatellite Identification Tool）是一款鉴定简单重复序列（Simple Sequence Repeat，SSR）的软件，它可以通过对Unigene序列的分析，鉴定出6种类型的SSR：单碱基（Mono-nucleotide）重复SSR、双碱基（Di-nucleotide）重复SSR、三碱基（Tri-nucleotide）重复SSR、四碱基（Tetra-nucleotide）重复SSR、五碱基（Penta-nucleotide）重复SSR和六碱基（Hexa-nucleotide）重复SSR。利用针对RNA-Seq的比对软件STAR对每个样本的Reads与Unigene序列进行比对，并通过GATK针对RNA-Seq的SNP识别（SNP Calling）流程，识别单核苷酸多态性（Single Nucleotide Polymorphism，SNP）位点，进而可以分析这些SNP位点是否影响了基因的表达水平或者蛋白产物的种类。根据SNP位点的等

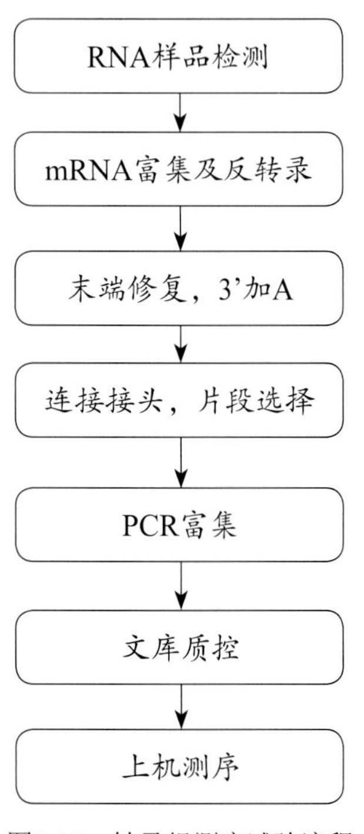

图9-17 转录组测序试验流程

位（Allele）数目，即测序Reads支持的不同碱基的数目，可以将SNP位点分为纯合型SNP位点（只有一个等位）和杂合型SNP位点（两个或多个等位）。不同物种杂合型SNP所占的比例存在差异。差异表达分析过程中采用了公认有效的Benjamini-Hochberg方法对原有假设检验得到的显著性p值（p-value）进行校正，并最终采用校正后的p值，即FDR（False Discovery Rate）作为差异表达基因筛选的关键指标，以降低对大量基因的表达值进行独立的统计假设检验带来的假阳性。在筛选过程中，将FDR<0.01且差异倍数FC（Fold Change）≥2作为筛选标准。其中，FC表示两样品（组）间表达量的比值。

9.5.2　测序结果输出

经过测序质量控制，新疆野苹果测序样品共得到70.76Gb Clean Data。Clean Data中pair-end Reads总数不低于22,885,842个，Clean Reads的总碱基数最高为730,252,782个，最低为4,622,514,807个。每个样片的GC含量不同，位于45.99% ～49.15%。各样品Q30碱基百分比均不小于85.01%（表9-19）。

表9-19　样品测序数据评估

样本	BMK-ID	Read Number（个）	Base Number（个）	GC Content（%）	% ≥ Q30（%）
DY-4-R	T01	22,885,842	4,622,514,807	47.11	90.24
DY-4-S	T02	27,328,862	5,519,909,261	47.34	85.07
DY-4-L	T03	28,821,560	5,821,439,640	47.55	85.05
DY-4-F	T04	32,010,858	6,465,517,046	48.27	85.06
YW-1-R	T05	26,459,876	5,344,411,325	47.29	85.03
YW-1-S	T06	29,094,118	5,876,388,530	47.32	85.12
YW-1-L	T07	25,641,037	5,179,008,840	47.64	85.01
YW-1-F	T08	27,018,541	5,456,991,146	47.16	85.02
NY-1-R	T09	36,154,429	730,252,782	45.99	85.13
NY-1-S	T10	32,394,683	6,543,112,028	46.98	85.15
NY-1-L	T11	31,750,074	6,412,806,397	47.55	85.07
NY-1-F	T12	30,758,134	6,212,484,825	49.15	85.07

注：BMK-ID表示百迈客对样品的统一编号；Read Number表示Clean Data中pair-end Reads总数；Base Number表示Clean Data总碱基数；GC Content表示Clean Data GC含量，即Clean Data中G和C两种碱基占总碱基的百分比；%≥Q30表示Clean Data质量值大于或等于30的碱基所占的百分比。

9.5.3 组装结果输出

通过Trinity组装，新疆野苹果转录组测序共得到2,518,193Contigs，207,084 Transcripts和62,912Unigenes。其中，长度为200～300bp的片段数量最多，分别为2,456,121、26,013和20,105个，分别占据总片段数的97.54%、12.56%和31.96%。Transcript与Unigene的N50分别为2298和1670个，组装完整性较高（表9-20）。

表9-20 组装结果统计信息 个

长度区间	Contig	Transcript	Unigene
200～300bp	2,456,121（97.54%）	26,013（12.56%）	20,105（31.96%）
300～500bp	27,717（1.10%）	26,449（12.77%）	16,413（26.09%）
500～1000bp	17,758（0.71%）	35,533（17.16%）	11,355（18.05%）
1000～2000bp	10,449（0.41%）	58,211（28.11%）	7880（12.53%）
>2000bp	6148（0.24%）	60,878（29.40%）	7159（11.37%）
总数量	2,518,193	207,084	62,912
总长度	175,313,711	316,995,078	52,959,886
N50 长度	101	2298	1670
平均长度	69.62	1530.76	841.81

9.5.4 注释结果输出

将组装后的62,912个Unigene序列进行功能注释，nr数据库可注释到功能的有31,247个，其中≥300nt的为25,566个，≥1000nt的为13,939个。GO数据库可预测到功能的基因个数为19,745个，≥300nt的为16,525个，≥1000nt的为10,132个。结合COG、KEGG、KOG、Pfam、Swiss-Prot数据库相应的功能注释结果，获得功能注释的基因个数共为31,547个（表9-21）。

表9-21 Unigene注释统计信息 个

注释数据库	Unigene	≥ 300nt	≥ 1000nt
COG	8295	7143	4296
GO	19,745	16,525	10,132
KEGG	6614	5598	3232
KOG	16,590	140,918	8527

（续）

注释数据库	Unigene	≥300nt	≥1000nt
Pfam	19,648	17,682	11,943
Swiss-Prot	19,285	16,745	10,555
nr	31,247	25,566	13,939
All	31,547	25,778	14,030

注：Unigene表示注释到该数据库的Unigene数；≥300nt表示注释到该数据库的长度大于300个碱基的Unigene数；≥1000nt表示注释到该数据库的长度大于1000个碱基的Unigene数。

9.5.5　SSR位点统计

根据MISA软件鉴定，共识别出6820个SSR，包含SSR的序列数目为5073个。共鉴定出8种SSR类型，其中包含1个以上SSR的序列数目为1307个，以复合物形式存在的SSR数目为417个。不同碱基重复类型包括单碱基、双碱基、三碱基、四碱基、五碱基和六碱基，该类型检测到的SSR位点数目分别为3016、2467、1251、65、13和8个。其中，以单碱基重复SSR位点数目居多（表9-22）。

表9-22　SSR分析结果统计表

分析项目	数目（个）
评估的序列	15,039
评估的序列总碱基	33,957,084
识别的SSR	6820
包含SSR的序列	5073
包含1个以上SSR的序列	1307
以复合物形式存在的SSR	417
单碱基重复SSR	3016
双碱基重复SSR	2467
三碱基重复SSR	1251
四碱基重复SSR	65
五碱基重复SSR	13
六碱基重复SSR	8

9.5.6 SNP位点统计

SOAPsnp软件利用基于贝叶斯理论而建立的一套方法，综合考虑了碱基质量、比对情况、测序错误率等因素，识别出可靠的SNP位点。将每个样品转录组测序得到的Reads与组装得到的Unigene比对，可以观察到部分基因序列中存在多态性位点。进而可以分析这些SNP位点是否影响了基因的表达水平或者蛋白产物的种类。SNP类型有四种，包括S1.homo.S2.homo、S1.hete.S2.homo、S1.homo.S2.hete和S1.hete.S2.hete。不同组合的SNP位点类型及数目见表9-23。

表9-23　SNP数量统计信息　个

类型	S1.homo.S2.homo	S1.hete.S2.homo	S1.homo.S2.hete	S1.hete.S2.hete	总数
T02_vs_T06	5132	160,531	201,809	374,229	741,701
T01_vs_T02	4183	167,806	168,226	386,894	727,109
T04_vs_T10	18,862	228,030	209,344	201,128	657,364
T07_vs_T12	16,790	267,515	122,831	176,879	584,015
T11_vs_T12	16,019	239,395	120,735	163,606	539,755
T03_vs_T11	9523	211,055	204,932	309,412	734,922
T02_vs_T07	6695	179,050	212,746	335,171	733,662
T07_vs_T09	15,784	276,692	207,211	222,765	722,452
T03_vs_T04	10,093	200,686	185,500	267,321	663,600
T04_vs_T06	14,840	180,856	257,576	282,930	736,202
T02_vs_T10	4227	161,556	132,109	360,496	658,388
T05_vs_T06	5119	108,748	211,373	261,381	586,621
T01_vs_T06	10,495	207,993	248,714	363,931	831,133
T08_vs_T09	11,689	237,393	202,957	230,754	682,793
T06_vs_T11	14,593	256,763	211,519	301,748	784,623
T04_vs_T07	13,481	187,550	243,820	273,923	718,774
T04_vs_T09	23,261	243,038	224,929	168,235	659,463
T01_vs_T11	20,970	233,572	238,262	283,830	776,634
T03_vs_T12	13,772	233,112	128,387	173,329	548,600
T04_vs_T08	5308	148,964	176,218	342,559	673,049

（续）

类型	S1.homo. S2.homo	S1.hete. S2.homo	S1.homo. S2.hete	S1.hete. S2.hete	总数
T07_vs_T10	8425	246,153	164,914	306,280	725,772
T07_vs_T08	5456	208,545	164,555	350,036	728,592
T09_vs_T10	8793	186,990	283,404	283,404	657,426
T02_vs_T09	12,057	229,266	206,881	234,211	682,415
T03_vs_T05	16,750	220,551	157,041	182,590	576,932
T02_vs_T03	2759	149,511	152,620	372,498	677,388
T05_vs_T12	15,809	175,801	126,879	125,738	444,227
T01_vs_T12	19,857	250,756	132,729	173,468	576,810
T03_vs_T06	8127	190,874	228,356	329,933	757,290
T09_vs_T12	12,320	219,376	125,340	153,528	510,564
T09_vs_T11	26,563	220,262	264,884	187,542	699,251
T03_vs_T09	19,464	251,782	221,055	205,015	697,316
T06_vs_T10	6198	241,101	152,538	336,217	736,054
T06_vs_T08	4069	201,716	145,907	391,839	743,531
T02_vs_T04	8483	192,808	171,837	275,523	648,651
T03_vs_T08	12,659	219,608	216,422	265,819	714,508
T01_vs_T08	12,161	217,721	220,581	315,161	765,624
T08_vs_T11	16,136	209,921	216,686	280,646	723,389
T02_vs_T05	7586	191,726	136,304	220,428	556,044
T03_vs_T07	5242	160,337	196,228	369,749	731,556
T05_vs_T07	9211	129,175	227,966	228,961	595,313
T08_vs_T12	9524	242,556	111,328	189,129	552,537
T01_vs_T07	13,744	215,414	251,939	323,916	805,013
T10_vs_T11	11,255	195,397	232,843	258,213	697,708
T06_vs_T12	19,870	280,782	124,654	169,318	594,624
T04_vs_T11	15,467	191,152	219,956	261,781	688,356
T02_vs_T08	10,041	207,584	205,605	283,959	707,189

（续）

类型	S1.homo. S2.homo	S1.hete. S2.homo	S1.homo. S2.hete	S1.hete. S2.hete	总数
T01_vs_T03	12,069	204,119	207,333	326,069	749,590
T01_vs_T10	10,910	225,752	190,601	304,675	731,938
T01_vs_T04	11,276	205,861	181,141	301,024	699,302
T01_vs_T09	13,695	246,803	215,982	270,817	747,297
T08_vs_T10	13,841	236,447	192,835	251,268	694,391
T05_vs_T10	7492	136,726	160,545	223,110	527,873
T06_vs_T09	14,847	281,797	203,332	249,063	749,039
T10_vs_T12	9755	194,628	107,961	184,795	497,139
T01_vs_T05	8893	200,112	141,280	235,776	586,061
T05_vs_T11	22,105	168,239	234,348	167,385	592,077
T02_vs_T11	14,328	223,314	221,998	263,381	723,021
T05_vs_T08	8617	136,121	205,566	226,010	576,314
T07_vs_T11	11,412	244,290	195,014	313,865	764,581
T02_vs_T12	13,799	228,262	122,565	173,544	538,170
T04_vs_T12	9213	222,428	117,716	178,546	527,903
T03_vs_T10	8902	208,661	177,078	292,136	686,777
T06_vs_T07	967	142,949	135,341	477,128	756,385
T05_vs_T09	7539	139,490	168,509	200,598	516,136
T04_vs_T05	21,628	221,464	174,588	156,118	573,798

注：S1和S2分别对应组合中的前一个和后一个样品；homo表示纯合基因型；hete表示杂合基因型。

9.5.7 差异表达基因统计

基因表达具有时间和空间特异性，外界刺激和内部环境都会影响基因的表达。差异表达基因的数目在1874～5393个（表9-24）。受不同生长环境影响，不同居群之间的差异表达基因主要注释到General function prediction only; Replication, recombination and repair; Transcription等（图9-18）。同一生境下的不同组织器官的基因差异表达，主要注释的功能分类与不同生境下的差异表达基因相似（图9-19）。

表9-24　差异表达基因数目统计信息　个

样品比较组合	全部差异表达基因数	上调差异表达基因数	下调差异表达基因数
T01_vs_T02	2836	1999	837
T01_vs_T03	3796	2720	1076
T01_vs_T04	3716	1834	1882
T02_vs_T03	3640	2228	1412
T02_vs_T04	3405	1101	2304
T04_vs_T03	3567	2470	1097
T05_vs_T01	3000	938	2062
T05_vs_T06	3000	1656	1344
T05_vs_T07	3418	1737	1681
T05_vs_T08	3324	1218	2106
T05_vs_T09	4828	3731	1097
T06_vs_T02	2577	1183	1394
T06_vs_T07	2414	1073	1341
T06_vs_T08	3456	926	2530
T06_vs_T10	2710	1218	1492
T07_vs_T03	2727	1581	1146
T07_vs_T11	4040	1974	2066
T08_vs_T04	3195	1326	1869
T08_vs_T07	3230	2156	1074
T08_vs_T12	1874	854	1020
T09_vs_T01	4537	547	3990
T09_vs_T10	5073	1325	3748
T09_vs_T11	5393	1573	3820
T09_vs_T12	2854	420	2434
T10_vs_T02	2334	1091	1243
T10_vs_T11	3437	1823	1614
T10_vs_T12	2874	1213	1661
T11_vs_T03	3241	1996	1245
T12_vs_T04	1922	1083	839
T12_vs_T11	2436	1055	1381

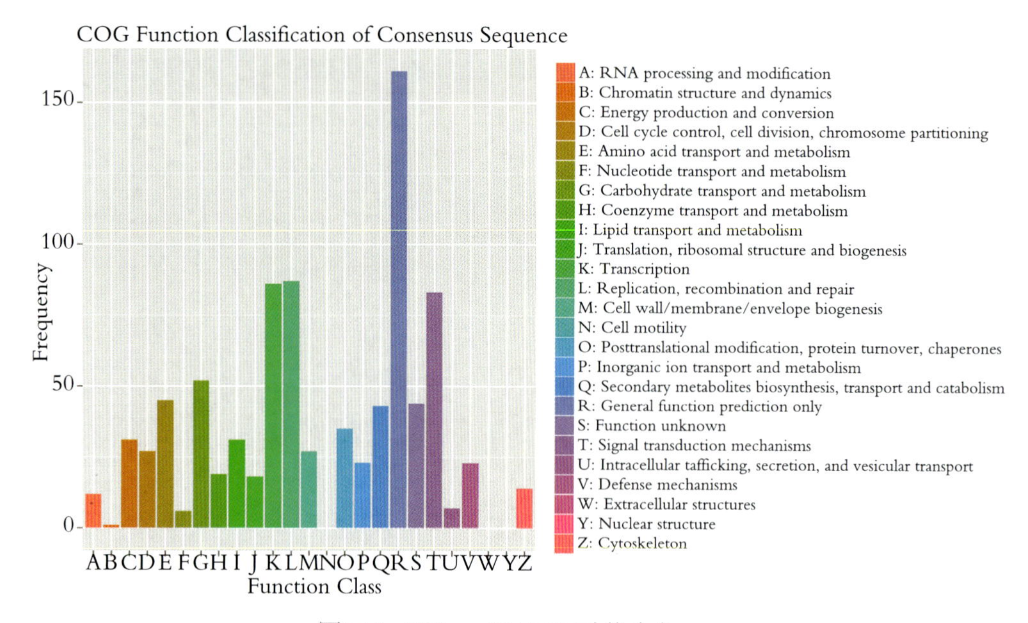

图9-18 T05_vs_T01 DEG功能分类

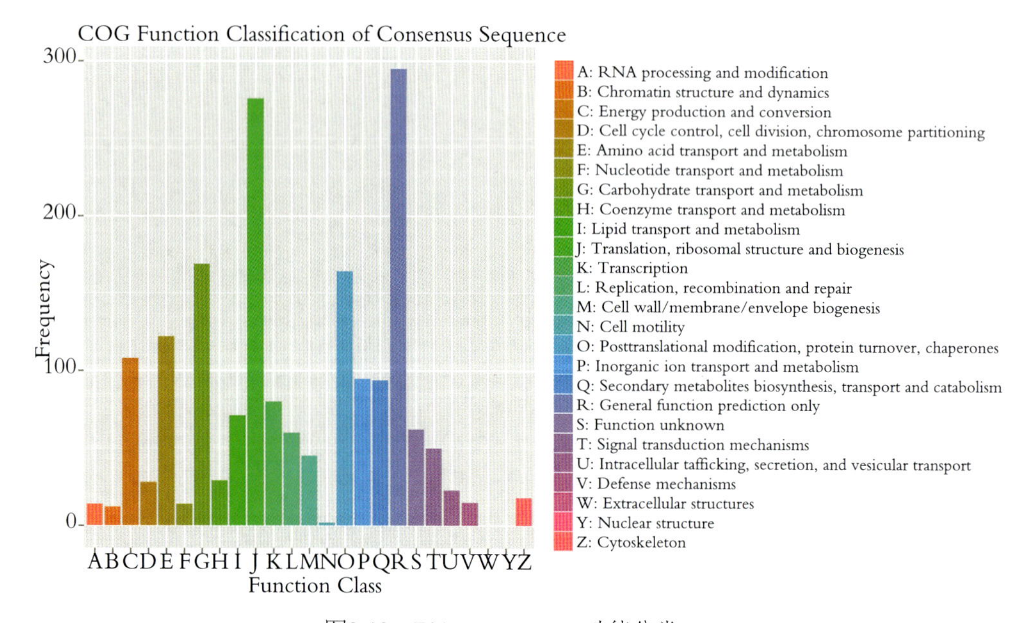

图9-19 T01_vs_T02 DEG功能分类

9.5.8 小结

对新疆野苹果进行转录组测序，共得到62,912个Unigene序列，其中31,547个Unigene序列完成了功能注释，这对于新疆野苹果优良基因的功能开发提供了非常有价值的数据和资源。在所有的序列中，共识别出6820个SSR位点，并进行了相关引物设计，该SSR位点及引物可以为遗传多样性的分析提供可靠的理论基础。同时，不同生境下的新疆野苹果材料的差异表达、基因的筛选及功能分类也为优良抗逆基因的挖掘提供了有力的保障。

9.6 新疆野苹果MsHsp20家族成员的分析及MsHsp16.9的耐热性研究

作为普遍存在的伴侣蛋白，HSP虽然在植物的研究中逐渐增多，但是对于新疆野苹果这一宝贵种质资源中的HSP20研究却未见报道。新疆野苹果分布区环境差别迥异，有些地区年平均气温不仅偏高而且年蒸发量较大，位于这样环境下的新疆野苹果依然长势旺盛，硕果累累。因此，结合新疆野苹果的生境特征，本研究通过转录测序来筛选不同居群新疆野苹果的优良抗逆基因，然后根据功能注释结合拟南芥的遗传转化来验证其功能，这些基因资源的挖掘和开发将对栽培苹果的育种和改良提供非常有价值的信息。

9.6.1 MsHsp20家族成员分析

本研究试验材料拟南芥（*Arabidopsis thaliana*, Columbia ecotype）为试验室保存；霍城大西沟DY（T3）和那拉提NY（T7）新疆野苹果于2015年5月采集于新疆，具体采集信息见表9-25。DNA及RNA提取采用CTAB改良法进行。实时定量PCR反应2×SYBR Green Mix采用罗氏（Roche）公司的FastStart SYBR Green Master试剂盒，反应程序在伯乐（BIO-RAD）公司的MyiQ定量PCR仪上采用两步法完成。使用Bio-Rad iQ5软件进行定量数据分析，采用Z-ΔΔCt分析法计算基因的相对表达量。

表9-25 T3和T7新疆野苹果的地理位置和气候特征

材料编号	经纬度	海拔(m)	样品采集区温度(°C)	年平均蒸发量(mm)	年平均气温(°C)	≥10°C积温(°C)
T3	N：44°25'39" E：80°47'18"	1180	25	1887	9.0	3503
T7	N：43°23'15" E：83°34'57"	1340	18	1285	8.1	2952

为了分析不同生境中新疆野苹果RNA表达水平上的差异性，本研究基于Illumina HiSeq 2500平台（北京百迈客生物测序公司）对不同生长环境下的新疆野苹果（T3和T7）进行了RNA-Seq测序。测序数据已经提交到NCBI的SRA数据库（https://www.ncbi.nlm.nih.gov/sra/, T3 accession number：SRR6027256，T7 accession number：SRR6027926）。两个样品均用混合的RNA进行测序并产生cDNA文库，T3和T7中分别产生了28,821,560和25,641,037个clean reads。两个样品的GC含量分别为47.55%和47.64%，并且二者的Q30均不小于85.01%（表9-26）。为了验证RNA-Seq数据的准确性，本研究随机筛选了18个上调和下调基因进行qRT-PCR验证（表9-27），结果显示18个基因的qRT-PCR结果与RNA-Seq结果相一致，且二者之间的相关系数R^2=0.7877，该结果验证了RNA-Seq数据的准确性（图9-20）。

表9-26 新疆野苹果T3和T7的RNA-Seq测序结果

样本	Clean reads（个）	GC Content（%）	% ≥ Q30（%）
T3	28,821,560	47.55	85.05
T7	25,641,037	47.64	85.01

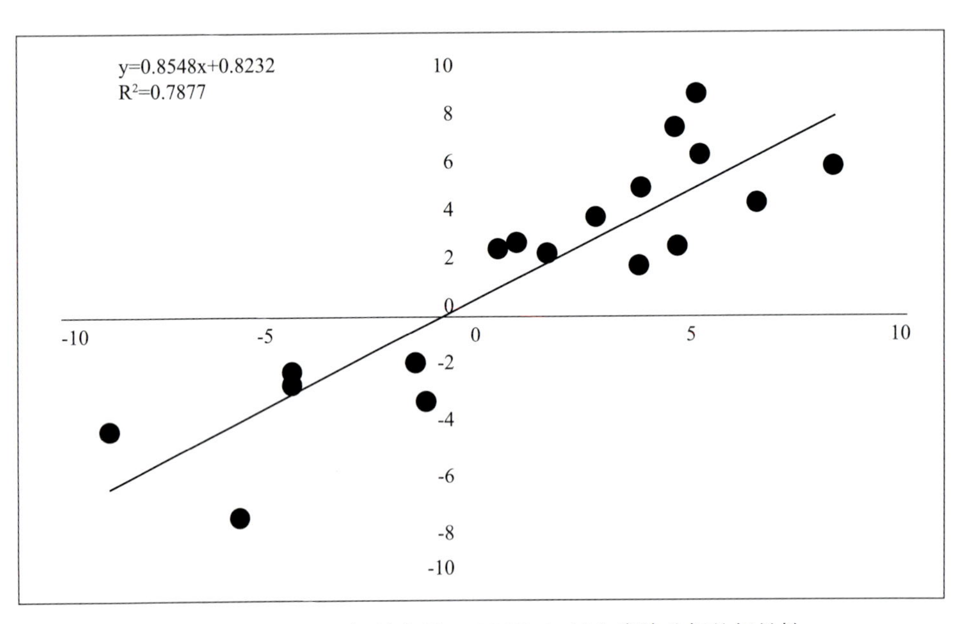

图9-20 RNA-Seq（x轴）及qRT-PCR（y轴）表达分析的相关性

表9-27　基因引物序列

引物名称	引物序列（5'→3'）
c57752.graph_c0-F	AATGGTTTGGAACTGGAGGACAAG
c57752.graph_c0-R	GAGGAAGAAACCGAGCATGGAAAA
c50011.graph_c0-F	TTCCAAAACCCAATCC
c50011.graph_c0-R	TTGAATACGAAGCTCACTG
c30710.graph_c0-F	AGTATCCAGGGAGTTCAGGTGCAT
c30710.graph_c0-R	GAGCTGCAACATCCTCAGTCAGTT
c51187.graph_c0-F	CGCATTTCAGTTTTCAA
c51187.graph_c0-R	AAAATACCCCTAGACTTTGTA
c62181.graph_c0-F	CCTTTCCTCTCTAACGTACACATC
c62181.graph_c0-R	TCCTCCTGTCAATAGAAATATCCT
c60022.graph_c0-F	ATCTGGAAGCCACAGACT
c60022.graph_c0-R	TTGACGCTTGATGACACT
c50751.graph_c0-F	CTCTCTTAAAAGCAAACATGGCTG
c50751.graph_c0-R	ATGGTAGAAATGAGGCTAATGA
c54967.graph_c0-F	AGAAACTTAACATATCCAAAAACC
c54967.graph_c0-R	TCTCTTAATACCATGAAACAACTA
c61654.graph_c0-F	TTGGTCTGTTACGGTCAT
c61654.graph_c0-R	AGGTGTGGTGTGTTAAAAGT
c45514.graph_c0-F	CTGCTCTGAGTCACGTTGTTGCTTT
c45514.graph_c0-R	CCTATATGCCTTGAATCTCCATCGC
c42290.graph_c0-F	GGCTGGGGATTTTGGGTTTGA
c42290.graph_c0-R	CAAATGAGTCCACAGCGAGAAACAG
c44413.graph_c0-F	GCCTCAGACCCAAAATCTCATTCTC
c44413.graph_c0-R	AAACAGCATTAGGCTTGTTGTGGTC
c47100.graph_c0-F	GATGATGTTGTTAGGCCTCATGGCC
c47100.graph_c0-R	GCACCCTGTTCTCCTCCACCTCTAT
c61824.graph_c0-F	TGTGAGAGGGCAAAGAGGACTCTCT
c61824.graph_c0-R	GTACCTTCGGAATCCTAGTAGAGCC
c60991.graph_c0-F	GTTCTTGCAGAGAATGAGAGCCAGA
c60991.graph_c0-R	TGTTTTTCCTGATGAAGGAGGTCCC
c43838.graph_c0-F	CAAATGAGTCCACAGCGAGAAACAG
c43838.graph_c0-R	GCAGAACAGGATAACCCCCATAGAA

（续）

引物名称	引物序列（5'→3'）
c49545.graph_c0-F	GTCATTCCCCCACCTAGATTGTTC
c49545.graph_c0-R	CTTGTCAACCCCATCGATTCTGT
c52530.graph_c0-F	TCTGTGTTGCAAACTACAAAGCTCC
c52530.graph_c0-R	GAGCAACAAGTAGGATTTCCGAACC
MsHSP16.9-F	ACCATGGATGTCGCTGATTCC
MsHSP16.9-R	GCGGTTACCTCAACCAGAGATCT
35S-F	AACAGAACTCGCCGTAAAG
35S-R	TAGTGGGATTGTGCGTCAT
MsActin-F	TACTGCTGAGCGGGAAATTGTG
MsActin-R	GCTCCGATAGTGATTACCTGTCCAT
AtActin-F	GGTAACATTGTGCTCAGTGGTGG
AtActin-R	AACGACCTTAATCTTCATGCTGC
c34205.graph_c0-F	AGAACATAAACAGGCTGCTTGAC
c34205.graph_c0-R	AATACTCATCATCCGACCCTTCC
c47100.graph_c0-F	CAAACCAATGCCTTGATTCCGTAC
c47100.graph_c0-R	GCACCCTGTTCTCCTCCACCTCT
c52423.graph_c0-F	ATCCAATGGGTCCTTGCTGC
c52423.graph_c0-R	CCGGTTCTCCTCAACCTCGA
c50641.graph_c0-F	ACCAACCCAACTTTGCTCCTTTC
c50641.graph_c0-R	GCTCCAGCTTCACGTCCTCTTTT
c50697.graph_c0-F	TCCTTACCAATCTGTCTTCCCTT
c50697.graph_c0-R	CACTGAGTCCTCCACTTCTACTTTT
c55233.graph_c0-F	TTTCTGGCAGGGCTACAGGG
c55233.graph_c0-R	CCTTCGCCTTCGGAATCACC
c52828.graph_c0-F	CATTCAACATGGTCGTCGGTTAG
c52828.graph_c0-R	GTATTGCTACAAGGGCATTCAGG
c62976.graph_c0-F	TTGGTGACCTCAATGACCGACTG
c62976.graph_c0-R	CCTAATGAACTTGCCACTGCTCC
c56990.graph_c0-F	CCCTCAATCTGTGGGACCCTTTC
c56990.graph_c0-R	TCGTCTTCCACCTCCACCTTCAC
c61701.graph_c0-F	CCCACGCGCACATCGACT
c61701.graph_c0-R	GAGAGGAAGAGGGAGCAGGAGG

通过DESeq进行样品间的差异表达分析，发现T7和T3两组样品之间共有2727个DEGs，其中上调基因有1581个，下调基因有1146个，这些差异表达基因的聚类情况见图9-21。

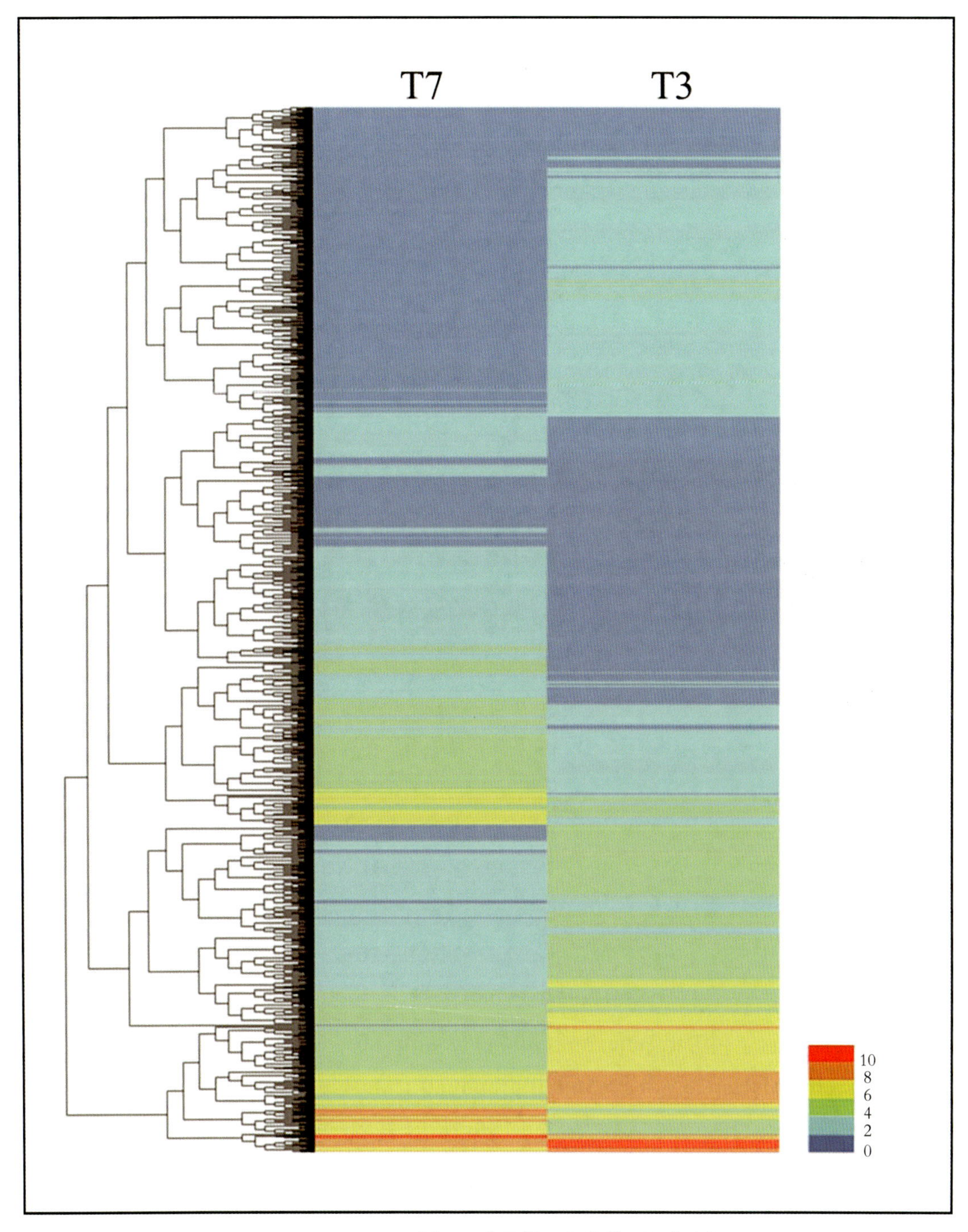

图9-21　T7 vs. T3新疆野苹果差异表达基因聚类分析

注：T7为那拉提居群新疆野苹果（NY）；T3为大西沟居群新疆野苹果（DY）；不同颜色代表着不同样本中基因的log2（FPKM）值。

根据COG分类，2727个差异表达基因可以分为25个组。其中，占据功能分类第一组的是常见功能蛋白预测（general function prediction only），其次是翻译、核糖体结构及生物合成（translation, nibosomal structure and biogenesis），第三类是后转录调控、蛋白折叠和伴侣（posttranslation modification, protein turnover, chapenone）（图9-22）。

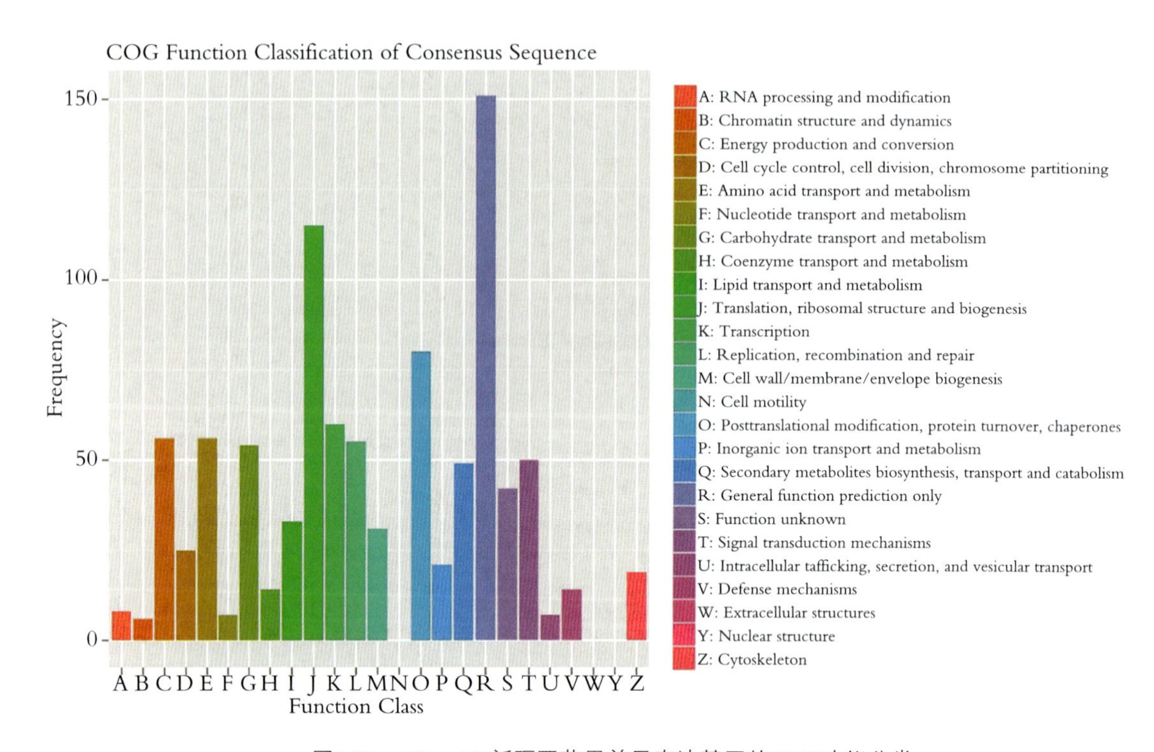

图9-22　T7 vs. T3新疆野苹果差异表达基因的COG功能分类

除COG功能分类之外，根据Swiss-Prot、KOG、KEGG、Pfam、GO以及nr数据库序列比对结果及功能注释，按照BLAST参数E-value≤10^{-5}及HMMER参数E-value≤10^{-10}筛选标准，作者在总的DEGs中共筛选到12个MsHsp20候选成员。以T7为对照，12个MsHsp20成员都在T3中呈现出上调表达趋势，这说明12个MsHsp20成员可能响应相同的环境条件并且具有相似的功能特征。除Unigene序列c50641.graph_c0（MsHsp17.5）、c55233.graph_c0（MsHsp23.6）和c56990.graph_c0（MsHsp18.5）序列之外，其他MsHsp20成员的log2FC值均大于2（表9-28）。其中一个成员c61701.graph_c0（MsHsp16.9）在T7 vs. T3间的差异表达尤其显著，根据序列比对及功能注释，发现该基因可编码一个16.9kD的蛋白，该蛋白属于MsHsp20家族中class I的成员。

表9-28　与热应答相关的新疆野苹果MsHsp20成员

基因编号	T7	T03	FDR	log2FC	Up/down-regulated	Nr_annotation
c34205.graph_c0	7.594597	306.7043	0	4.867473	up	26.5kDa Hsp
c47100.graph_c0	4.707918	624.8559	0	6.574103	up	22.7kDa class IV Hsp
c52423.graph_c0	0.771029	307.6577	0	8.043193	up	22.0kDa class IV Hsp
c30087.graph_c0	39.59863	352.1403	5.29E−07	2.694845	up	15.7kDa Hsp
c50641.graph_c0	3.492258	18.49405	0.002321	1.918556	up	17.5kDa class I Hsp
c33770.graph_c0	1.638066	121.5404	0	5.665319	up	18.8kDa class II Hsp
c50697.graph_c0	3.13104	25.97049	4.98E−11	3.143572	up	15.4kDa class V Hsp
c55233.graph_c0	176.9865	589.3526	0.000321	1.872196	up	23.6kDa Hsp
c52828.graph_c0	3.218992	20.64415	1.36E−08	2.773183	up	17.8kDa class I Hsp
c62976.graph_c0	1.110854	6.699394	9.47E−06	2.60885	up	18.1kDa class I Hsp
c56990.graph_c0	629.3274	1990.761	0.001154	1.79835	up	18.5kDa class I Hsp
c61701.graph_c0	126.5072	6635.134	0	5.784799	up	16.9kDa class I Hsp

对MsHsp20家族成员的序列及结构进一步分析，发现12个MsHsp20成员的氨基酸序列平均长度为136～243个氨基酸。其中，c50697.graph_c0序列最短，根据功能注释，其具有MsHsp15.4的功能；c34205.graph_c0是MsHsp20家族中最大的成员，其可编码243个氨基酸，具有MsHsp26.5的功能。

用MEME在线网站对MsHsp20家族成员的保守结构域进行分析，发现除c30087.graph_c0和c33770.graph_c0之外，剩余所有成员均含有一个ACD保守结构域，该结构域由1～3个motifs构成（图9-23A）。其中，c52828.graph_c0（MsHsp17.8）仅有motif 1，而c34205.graph_c0（MsHsp26.5）和c55233.graph_c0（MsHsp23.6）含有motif 1和motif 2，剩余成员含有3个完整的motif序列（图9-23B、C）。这些motif序列高度保守，高度保守的序列在功能上也可能具有一致性。

MEME Suite version 4.11.3（http://meme-suite.org/tools/meme）被用于MsHsp20家族成员保守结构域的预测，并根据预测结果进行制图。在NCBI数据库查询并下载栽培苹果金冠（*Malus domestica*）、白梨（*Pyrus bretschneideri*）以及梅（*Prunus mume*）等种属Hsp20家族相关成员氨基酸序列，用MEGA6.0进行序列比对并进行系统进化树的构建。结果发现，MsHsp20家族成员可以分为6个亚族（Class I～VI），每个成员都相应的聚类到不同的亚家族中（图9-24）。其中，c61701.graph_c0（MsHsp16.9）、c56990.graph_c0（MsHsp18.5）、c62976.graph_c0（MsHsp18.1）和c50641.graph_c0（MsHsp17.5）属于Class I，它们分

别与MdHsp16.9、PbHsp16.9、MdHsp18.5、PbHsp18.5及MdHsp18.1聚类到一起；c47100.graph_c0（MsHsp22.7）属于Class Ⅱ，但该序列与MdHsp17.1及PbHsp17.1序列聚类到一起；c50697.graph_c0（MsHsp15.4）属于Class Ⅴ并分别与MdHsp15.4及PbHsp15.4聚类到一起。

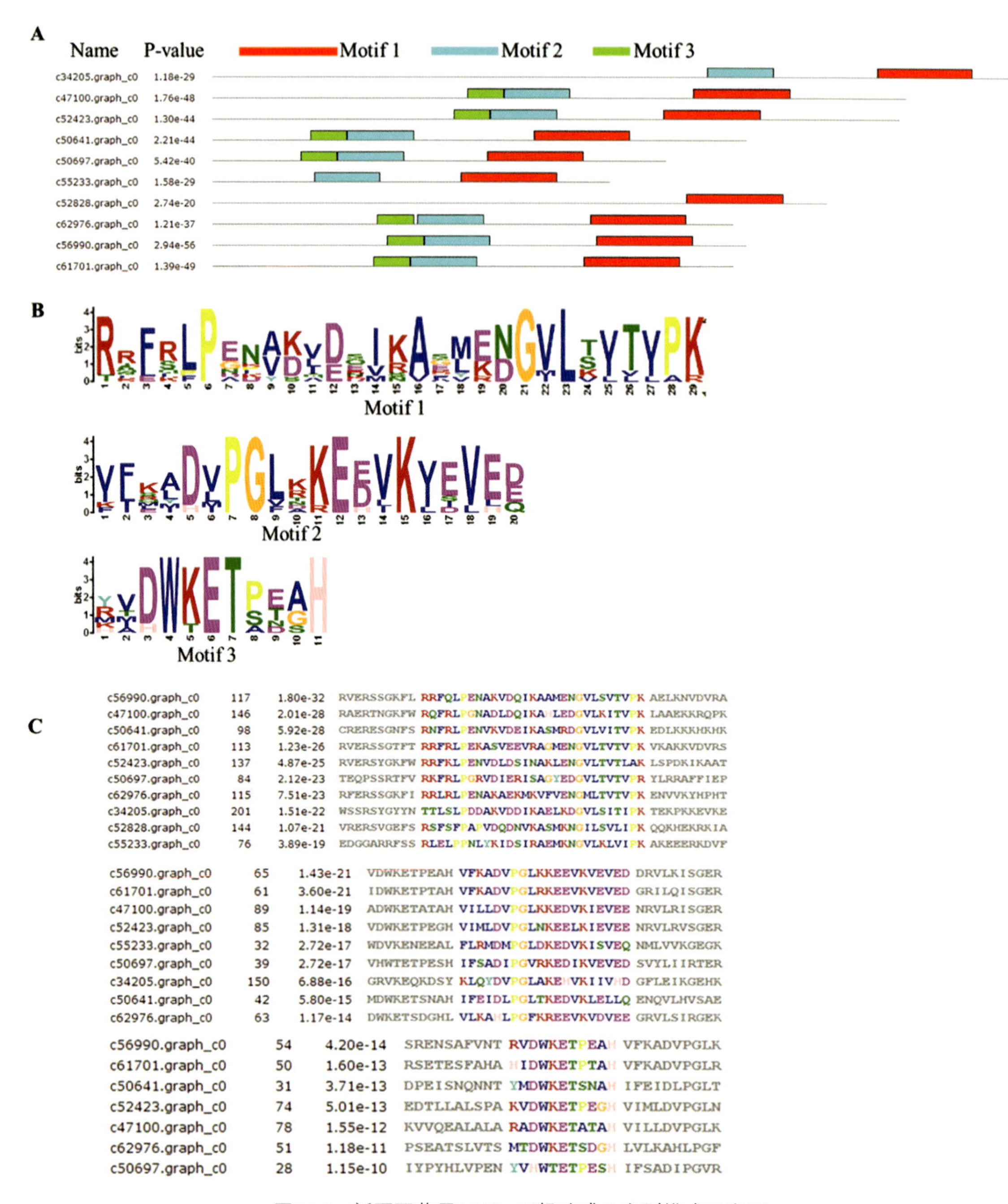

图9-23　新疆野苹果*MsHsp20*候选成员序列模式示意图

注：A. *MsHsp20*蛋白序列结构分析；*MsHsp20*保守结构域用模块标出，不同颜色代表不同的模序。*MsHsp20*成员预测序列名称及p-values标注在左侧；B. 用MEME预测的隐马尔可夫模型；C. *MsHsp20*的保守模序序列。

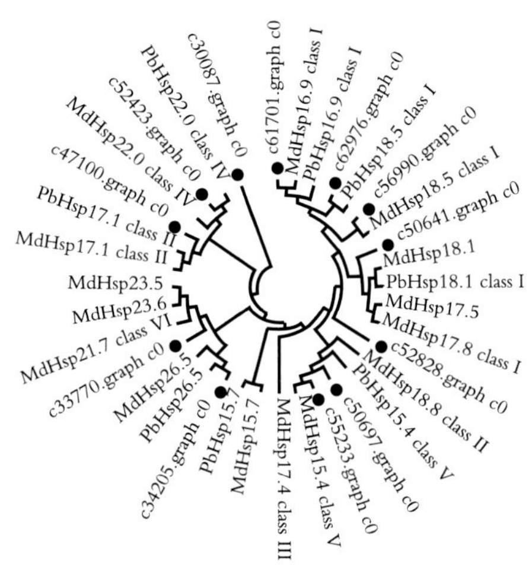

图9-24　Hsp20蛋白序列的系统进化树

注：新疆野苹果（●）；栽培苹果金冠（Md）；白梨（Pb）；梅（Pm）。

9.6.2　*MsHsp16.9*耐热性研究

为了进一步探究MsHsp20家族成员对于高温环境的响应机制，本研究采用无菌苗进行了高温处理，并对10个*MsHsp20*成员进行了表达模式分析。结果表明，在25℃正常生长条件下，10个*MsHsp20*成员的转录表达模式都比较低，但当处于42℃高温处理30min后，所有成员的转录水平明显上调（图9-25），这一结果说明*MsHsp20*家族的10个成员可以快速响应高温这一环境因子（图9-26）。10个

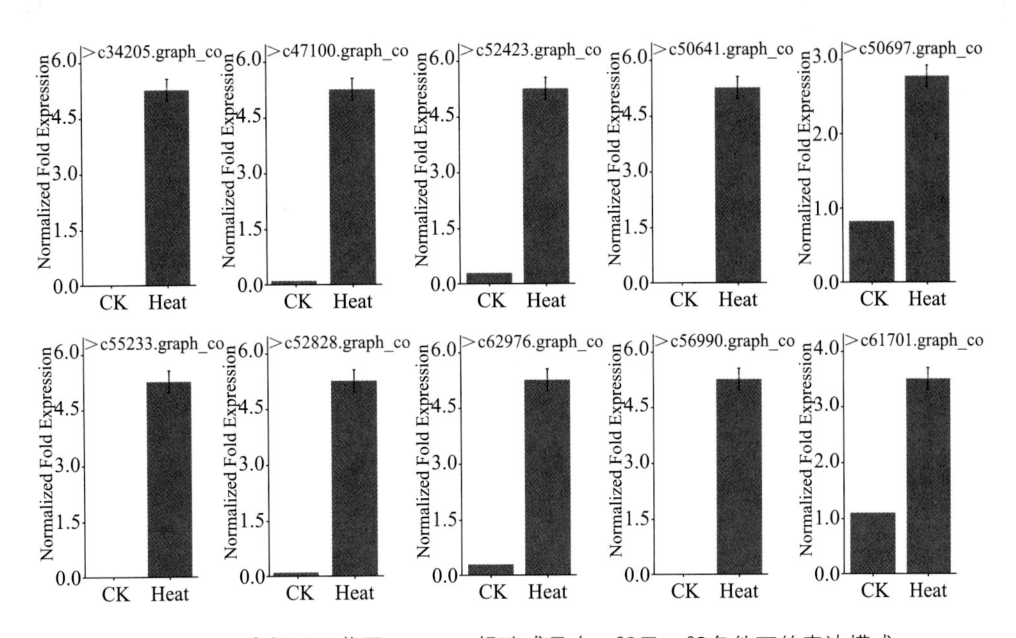

图9-25　10个新疆野苹果MsHsp20候选成员在25℃及42℃条件下的表达模式

*MsHsp20*成员在热处理条件下的表达趋势与RNA-Seq测序结果一致。为了进一步探究*MsHsp20*家族成员的高温应答机制，本研究以转录组测序数据为依据，选取高温条件下差异表达上调最显著的c61701.graph_c0（*MsHsp16.9*）为主要研究对象，进行功能研究。

图9-26　10个新疆野苹果MsHsp20候选成员在25℃及42℃条件下的表达热图模式

9.6.2.1 35S:*MsHsp16.9*表达载体的构建及转化

完整的*MsHsp16.9*开放阅读框用带有*Nco* I/*Bst* EII限制性酶切位点的引物序列进行扩增，引物序列参考表9-28。*MsHsp16.9*序列首先连接到pEASY-T1载体进行测序，测序正确后完成中间表达载体35S:*MsHsp16.9*的构建。载体中携带的*Bar*基因是除草剂草甘膦抗性，它作为特异的筛选标记进行后续阳性苗的筛选及鉴定（图9-27）。将构建好的载体在拟南芥中遗传转化，并进一步验证*MsHsp16.9*功能及探究其作用分子机制。

为了探究*MsHsp16.9*的功能，本研究选用组成型启动子35S进行载体的构建，将构建好的p35S::*MsHsp16.9*连同pCAMBIA3301质粒在拟南芥中进行遗传转化。pCAMBIA3301阳性株的筛选通过Basta喷洒及分子鉴定，鉴定引物采用35S的上游引物和下游引物进行，扩增片段为444bp（图9-28A），p35S::*MsHsp16.9*阳性株的筛选主要通过Basta筛选及分子鉴定。鉴定引物主要是采用35S的上游引物和目的基因的下游引物，扩增片段大小为471bp（图9-28B）。p35S::*MsHsp16.9*过表达植株经筛选及鉴定，共得到12个阳性Line。筛选其中的4个Line（3、6、8和11）进行qRT-PCR转录表达分析，发现*MsHsp16.9*在转基因株系中上调表达400～1500倍，后续研究选用表达倍数较高的L3、L8和L11进行（图9-28C）。对*MsHsp16.9*在不同组织中的表达进行分析，结果发现，*MsHsp16.9*主要在拟南芥的叶片和角果中表达，而在茎和花朵中表达相对较低（图9-28D）。

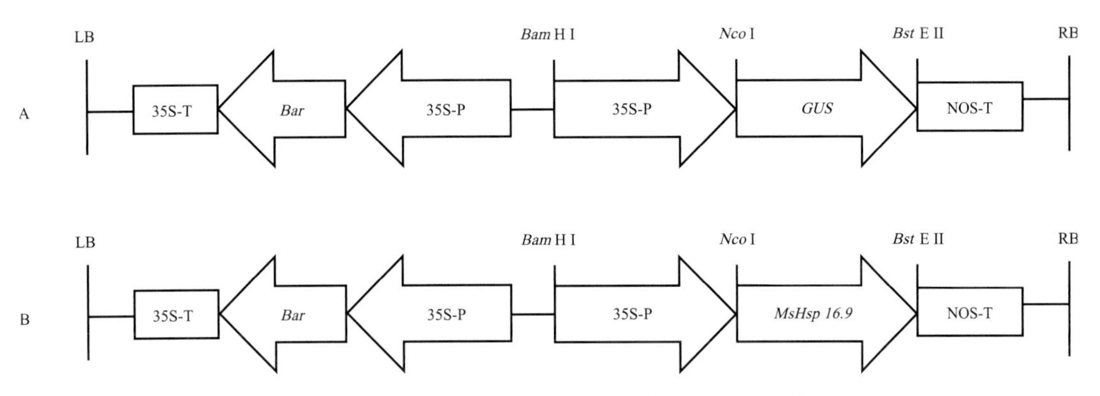

图9-27　农杆菌介导的双元表达载体的T-DNA区域

注：A. pCAMBIA3301双元表达载体；B. 双元表达载体p35S:*MsHsp16.9*，包含35S启动子驱动下的*MsHsp16.9*基因；35S-P，花椰菜病毒35S启动子；35S-T，花椰菜病毒35S poly-A；NOS-T，胭脂碱合酶基因的终止序列；*Bar*，草丁膦编码基因；RB，T-DNA插入区的右边界；LB，T-DNA插入区的左边界。

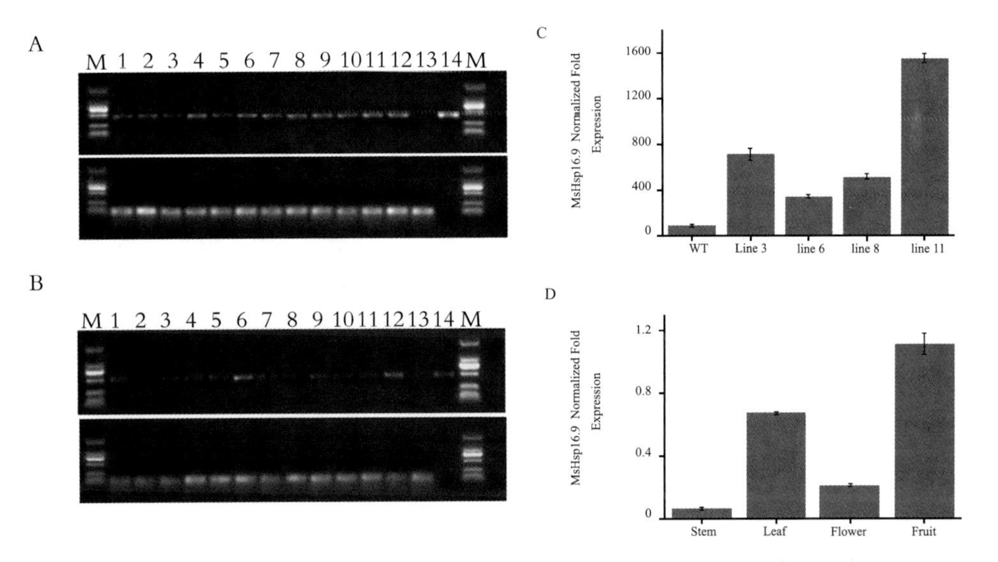

图9-28 pCAMBIA3301和*MsHsp16.9*过表达植株的筛选和鉴定

注：A. pCAMBIA3301转化株系的特异性引物PCR鉴定结果。泳道1和16，DNA Marker；泳道2～13，阳性株的DNA扩增结果；泳道14，阴性对照；泳道15，pCAMBIA3301质粒阳性对照。*Actin*基因用作参考基因；B. 35S:*MsHsp16.9*转化株系的特异性引物PCR鉴定结果。泳道1和16，DNA Marker；泳道2～13，阳性株的DNA扩增结果；泳道14，阴性对照；泳道15，35S:*MsHsp16.9*质粒阳性对照。*Actin*基因用作参考基因；C. 35S:*MsHsp16.9*的T2代转化株qRT-PCR分析，包括WT和四个转基因株系；D. *MsHsp16.9*在拟南芥不同组织中的表达情况。

9.6.2.2 *MsHsp16.9*转基因植株耐热性分析

将生长在1/2MS培养基中的5叶期幼苗进行了表型观察，并进行了相应生长指标的测定，结果显示，在正常生长条件下，转基因植株与对照组相比并没有表现出明显的生长优势（图9-29A、B）。为了进一步验证*MsHsp16.9*转基因植株是否可以提高耐热性，将转基因植株及对照组进行了高温处理（45℃，3h）。结果显示，转基因植株的3个Line表现出一定的耐热性，L3、L8和L11成活率分别为16%、25%和41%，而对照组WT和pCAMBIA3301（VC）植株的成活率仅有8%

（图9-29C）。另外，热处理明显抑制了对照组根部的伸长以及上胚轴的生长，而过表达植株表现出较强的生长优势（图9-29D）。这些结果表明*MsHsp16.9*过表达可以降低拟南芥幼苗期热胁迫的敏感性。

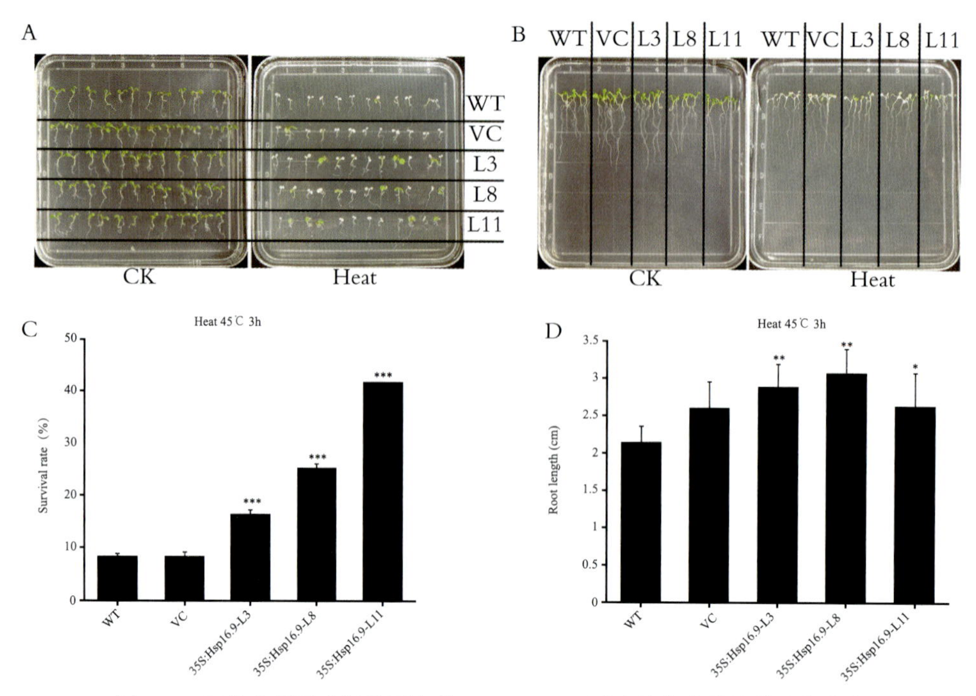

图9-29 正常生长及高温处理条件下*MsHsp16.9*过表达拟南芥幼苗生长状态

注：A. 野生型及转基因植株在正常生长（CK）及热胁迫（45℃，3h）处理下的生长状态；B. 正常生长（CK）及热处理（45℃，3h）条件下的WT及转基因植株的根长度；C. 热胁迫处理条件下WT和转基因植株的成活率；D. 热胁迫后WT和转基因植株的根长；***表示在0.001水平上差异显著；**表示在0.01水平上差异显著；*表示在0.05水平上差异显著。

为进一步验证*MsHsp16.9*过表达是否可以提高植物的耐热性，将生长期为8～10片真叶的过表达植株与对照植株置于45℃下处理16h（图9-30A）。结果发现，转基因植株的热敏感性明显低于WT及VC对照，表现出较弱的萎蔫情况，这表明*MsHsp16.9*过表达后的植株细胞具有持久的抗高温能力及更慢的死亡速度（图9-30B）。热处理至萎蔫后进行正常生长条件恢复至第7天，转基因植株有明显的恢复生长，但不同株系表现出的恢复情况不同，L8和L11可恢复到正常生长的苗子数量多于L3，且苗子恢复速度较快（图9-30C）。相反，大部分WT和VC植株已经全部失去恢复能力而死亡（图9-30C）。

恢复至第10天，残存的WT和VC开始慢慢恢复生长，而多数转基因植株已经完成了恢复生长且已经开始进入生殖生长时期（图9-30D）。对高温胁迫后的成活率进行统计，结果显示，对照及转基因株系在正常情况下成活率相似，而在热处理过程中，对照株系成活率明显低于转基因植株（图9-30E）。另外，本研究还继续测定了热处理过程中植株的抗氧化酶系统活性及膜损伤程度。在处理后期，SOD、POD及CAT酶的活性在转基因植株中明显增加，尤其是SOD及POD的活性改变在转基因植株中表现明显；CAT酶活性的变化主要发生在L11中。与酶活性指标相比，膜透性指标MDA的含量在热处理过程中都有了明显的上升趋势，但是转基因植株的膜伤害要低于WT及VC。这一结果初步表明*MsHsp16.9*过表达是通过改善抗氧化酶的活性以及降低细胞膜的损伤程度来抵御或减缓高温对植物造成的伤害。

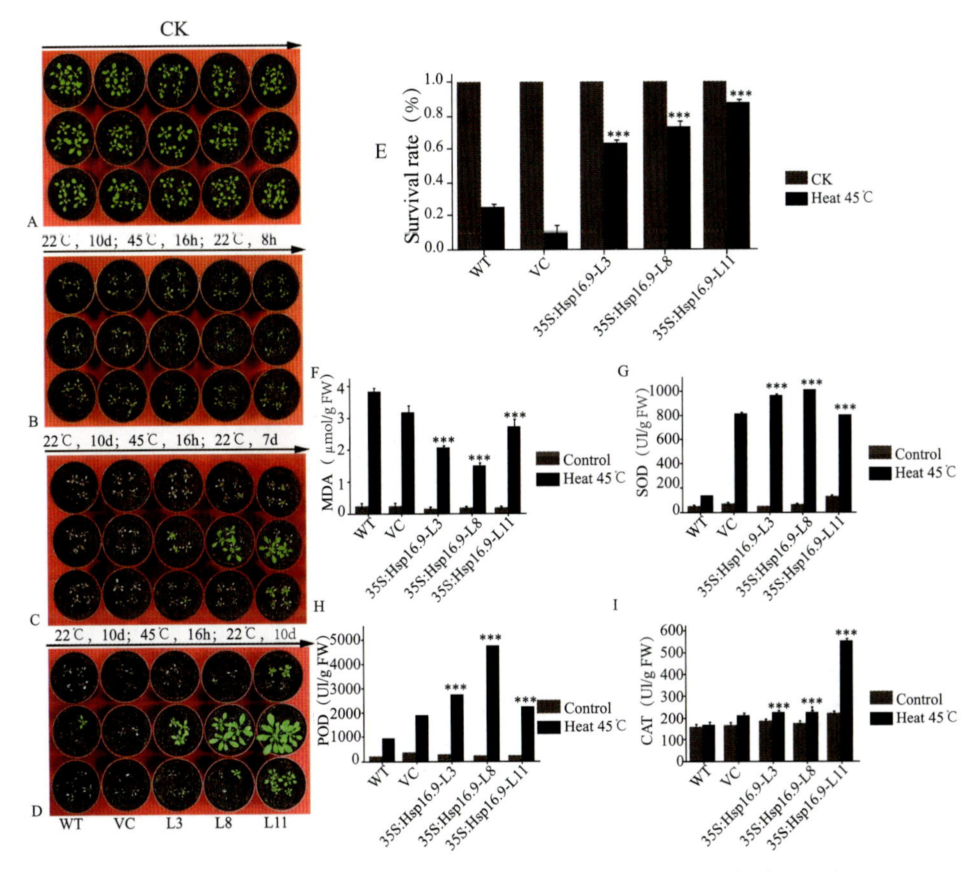

图9-30　45℃处理16h后*MsHsp16.9*过表达拟南芥植株的生长情况统计

注：A. 正常生长条件下转基因拟南芥的生长情况；B. 45℃高温处理恢复8 h后的拟南芥生长状况；C. 45℃高温处理恢复7天后的拟南芥生长状况；D. 45℃高温处理恢复10天后的拟南芥生长状况；E. 正常生长条件及高温45℃处理后拟南芥植株成活率；F、G、H、I为正常生长条件及高温45℃处理后拟南芥植株的MDA含量及SOD，POD和CAT活性；***表示在0.001水平上差异显著。

为了进一步验证热处理对于拟南芥生殖生长的影响，将WT、VC以及*MsHsp16.9*过表达植株置于45℃处理48h，然后将其置于正常生长条件22℃恢复至花期并观察表型（图9-31A、B、C），同时对恢复后的莲座叶直径，株高及角果的大小进行测量。结果显示，对照WT和VC展现出不同程度的萎蔫白化并且伴随着花期的推迟，转基因植株在热胁迫后也受到相应的伤害，但可以维持生长，并能抽薹结果，而野生型WT及对照VC已经失去生殖能力（图9-31F、K）。造成这一结果的主要原因是对照植株的莲座叶及茎枝因为热害而导致生长受阻且矮化，同时破坏了有效的光合作用，最终导致授粉失败而无法结实（图9-31D、E、G、J）。同时，受热害后的莲座叶变小也对开花及结果也有着严重的影响（图9-31H、I）。

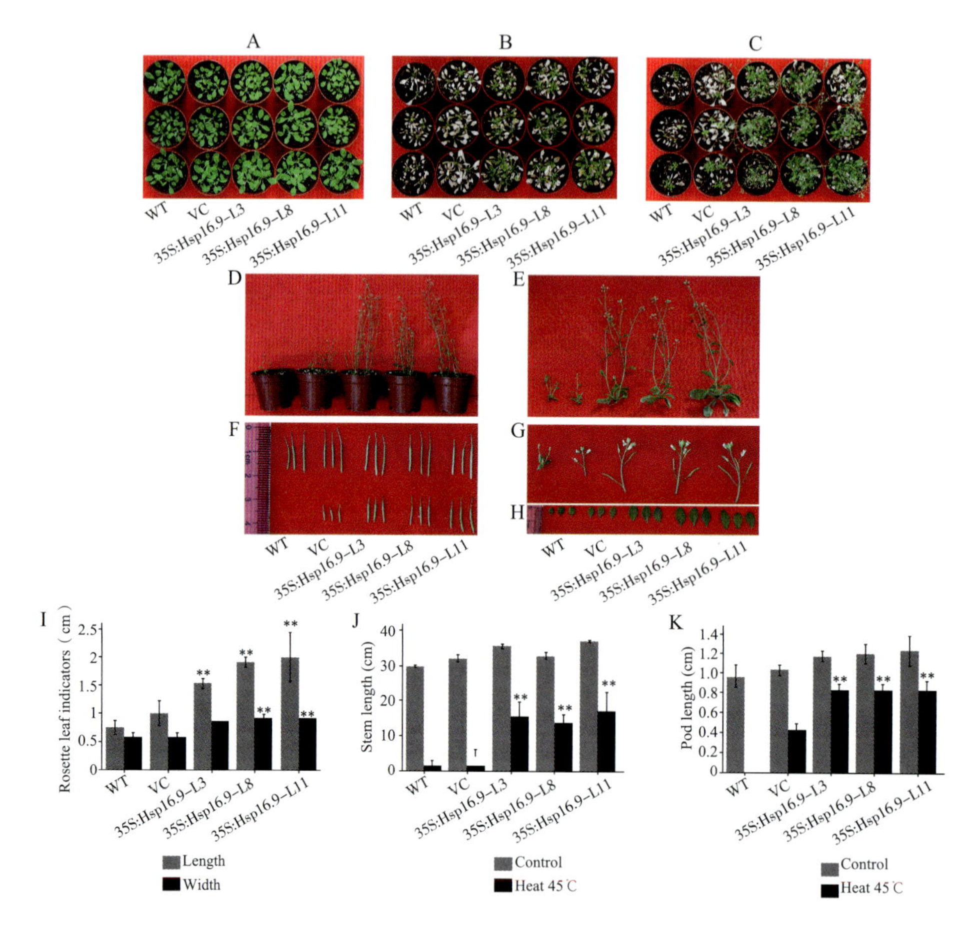

图9-31　45℃处理48h后*MsHsp16.9*过表达拟南芥植株的生长情况统计

A. 正常生长条件下对照及转基因植株的生长状况；B. 45℃处理48 h后对照及转基因植株的生长状况；C. 45℃处理48h后对照及转基因植株的恢复情况；D. 热处理恢复后的整株植株生长情况；E、F、G、H为45℃处理48h后植株的茎、角果、花以及莲座叶的恢复情况；I、J、K为45℃处理48h后植株莲座叶、茎及角果的生长指标；**表示在0.01水平上具有显著差异。

9.6.2.3 生化参数及相关基因表达分析

在高温环境下，活性氧（Reactive oxygen species，ROS）的产量会随着温度的增高而积累，为了确定转基因植株耐热性的提高是否与较低程度的

ROS累积有关，本研究还通过DAB及NBT染色分别检测了转基因植株中H_2O_2和O_2^-的积累情况。在正常生长情况下，DAB和NBT叶片染色结果较浅，且对照组及转基因植株染色结果相似（图9-32A、C）。然而，在热处理之后，所有植株叶片染色加重，但是对照组叶片染色比转基因植株严重的多，即热伤害严重（图9-32B、D）。对H_2O_2和O_2^-含量的测定也证实了这一结果，WT和VC植株中的H_2O_2和O_2^-含量的高水平会导致细胞的氧化损伤从而影响植株的生长，而转基因植株中低水平氧化物的累积可以较小程度地影响植物的生长和发育，这说明*MsHSP16.9*在植物ROS的清除机制中起到了间接或直接的作用（图9-32E、F）。

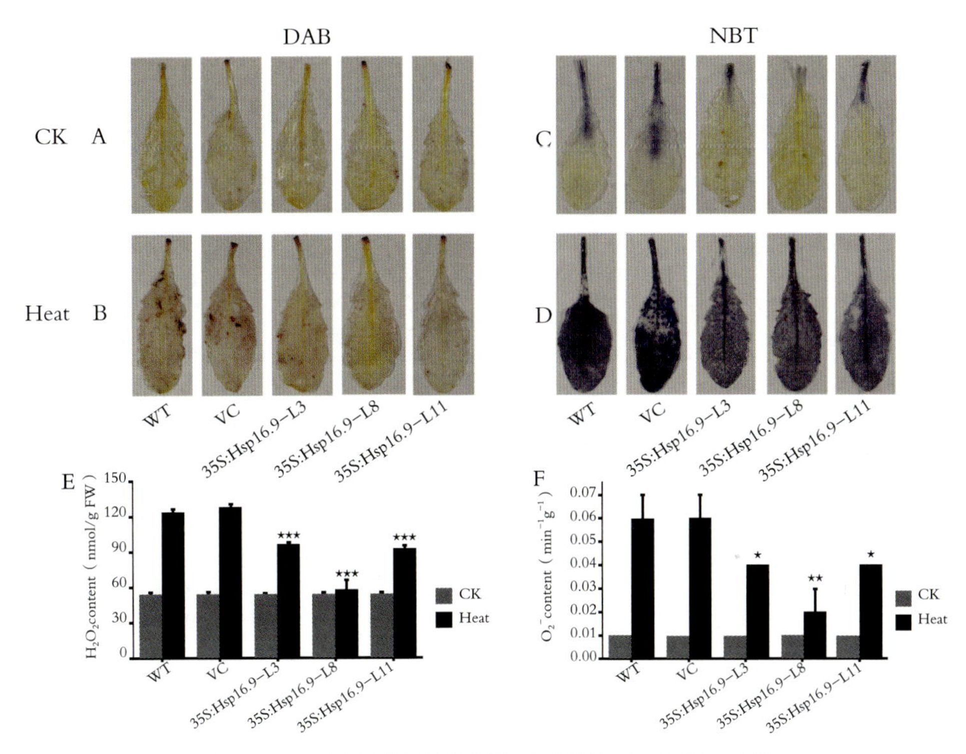

图9-32　45℃处理48h后*MsHsp16.9*植株中H_2O_2和O_2^-含量

注：A、B、E棕黄色染色指示为H_2O_2的累积；C、D、F蓝色斑点指示为O_2^-的累积。

为了解释*MsHSP16.9*过表达植株的耐热机制及热胁迫相应调控机制，本研究对热相关基因进行了分子鉴定。研究基因主要包括两部分，一部分为热调控转录因子，第二部分为功能基因。转录因子主要包括HSF家族成员（HSF1D、HSF1E、HSFA3和HSFA4A）、脱水应答原件结合蛋白（DREB2A）等。经转录水平的表达分析，L11中的所有HSF成员基因均呈现出上调的表达趋势，但是其他的转基因植株及对照并没有发生明显的表达变化。*Hsp70*基因的表达水平在L11中与HSF表达一致。L11的qRT-PCR结果以及表现出的明显的耐热性说明*MsHsp16.9*在L11中的高表达或许可以激活*Hsp70*基因和HSF的活性而维持蛋白结构的稳定性，这样直接或间接地保护了细胞免受外界的伤害。此外，DREB2A在包括L3和L8的所有转基因植株的耐热性提高方面也应该起到了积极的作用（图9-33）。至于功能蛋白，L3和L11中抗坏血酸过氧化物酶基因*APX*的上调以及过氧化氢酶基因*CAT*表达水平的上调解释了它们氧化损伤减缓的原因（图9-33）。另外，次级代谢产物如精氨酸脱羧酶基因*ADC1*、S-腺苷甲硫氨酸脱羧酶基因*SAMDC*、吡咯啉-5-羧酸合成酶基因*P5CS*等在热胁迫处理后的转基因植株均有了上调表达的趋势。这些与渗透调控相关的蛋白对于细胞的稳态至关重要，而且它们在转基因植株中的表达也证实了受到*MsHSP16.9*的影响。

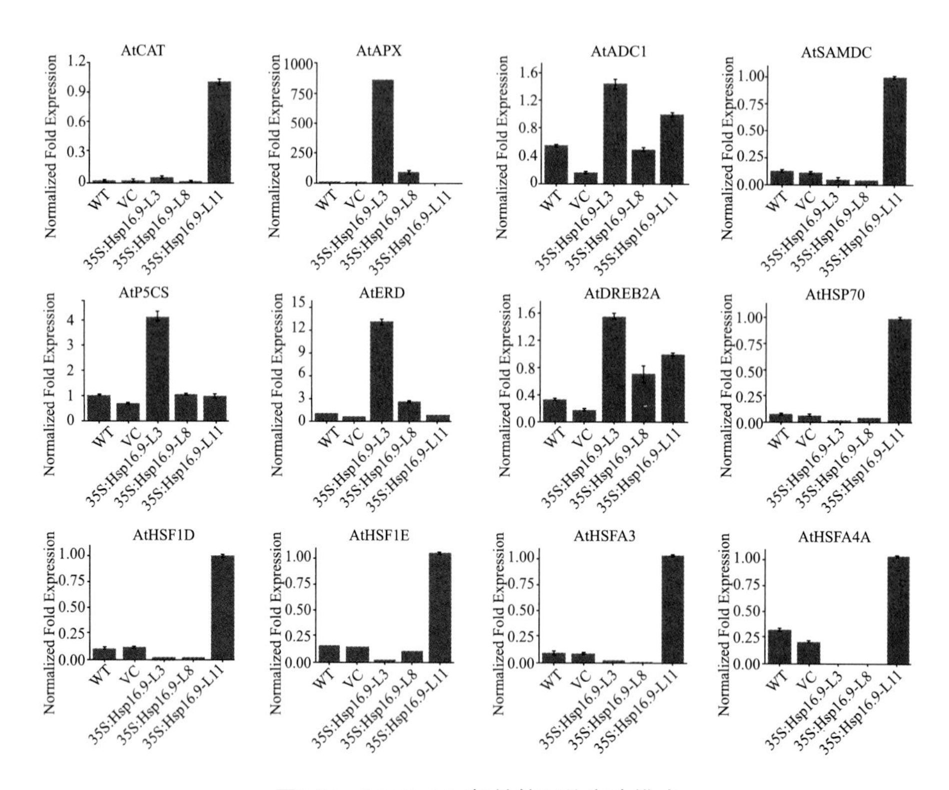

图9-33　*MsHsp16.9*相关基因的表达模式

9.6.3　小结

本研究将两个环境差异较大地区的新疆野苹果材料进行高通量测序，通过差异表达基因的筛选发现MsHsp20的家族成员主要在温度较高地区的T3材料中表达，这一结果也在人工控制环境下的热处理无菌苗材料中得到了验证。前人的研究成果已经证实Hsp20在多数植物的生长和发育过程中起着不同的重要作用。但是木本植物中的Hsp20家族中哪些成员可以进行热响应并具有耐热功能并不清楚。因此，基于本研究的转录组测序结果，通过序列比对及功能注释，一共筛选到12个MsHsp20候选成员，其中10个成员具有完整的ACD保守结构域，符合Hsp20成员的基本特征。这些基因在高温条件下均表现出一致的上调趋势，该结果说明MsHsp20成员参与热响应过程。

SOD、POD和CAT构成了重要的抗氧化酶系统，并且它们的活性可以作为植物抗逆性的重要指标。本研究的生理指标测定结果表明，在热胁迫处理条件下，ROS清除能力的提高主要是通过抗氧化酶活性的提高来完成，尤其是CAT的活性在TP11植株中的表现尤其明显。SOD和POD活性也在转基因植株中有了明显的提高，这一结果或许可以解释转基因植株在热处理条件下的高成活率。另外，转基因植株中MDA含量的降低也同样为保持细胞膜的完整性以及行使细胞的功能起到了关键作用。进而，转基因植株中NBT和DAB的染色及低过氧化物含量的检测结果也表明了*MsHsp16.9*可以减弱或消除氧化损伤。同时，*CAT*基因在TP11中的表达也与CAT酶的活性保持一致。除此之外，作为H_2O_2的清除者，*APX*基因在TP3植株中的表达升高也减缓了耐热性损伤。以上所有结果均表明，*MsHsp16.9*可以直接或间接地影响热处理条件下的保护酶系统，尤其是在*MsHsp16.9*高表达植株中。AtHSFA1D、AtHSFA1E、AtHSFA3和AtHSFA4A四个转录因子的表达在转基因植株中有着明显的上调，这说明*MsHsp16.9*的插入会导致HSF相关因子转录水平上的变化，进而可能导致蛋白水平以及个体应对热处理的应答变化。

9.7 新疆野苹果与红肉苹果果色相关基因分析

在植物中，花青素的累积对于植物的生长发育、生物抗性及非生物抗性都起到非常重要的作用。从消费者角度，红色的果皮由于富含花青素可以保持机体健康并且可以降低慢性疾病的发生。除了对健康生活的关注之外，人们也在不断提高精神生活上的追求，一些颜色鲜艳的盆栽植物已经成为人们生活的必需品。除了大量的草本盆栽植物之外，木本尤其是果树盆栽也涌入市场，因此探讨果树色素的合成代谢途径以及分析其调控途径对于装饰性盆栽果树的育种及改良都具有重要的意义。

9.7.1 形态差异

红肉苹果（*Malus neidzwetzkyana* Dieck.）枝条、叶片、花瓣、果皮及果肉富含花青苷，颜色均为红色（图9-34），具有较高的观赏价值和丰富的医疗保健功能。从育种角度看，红肉苹果可作为栽培苹果或观赏树种的育种资源，栽培成观赏苹果，以满足消费者的需求。通过对红肉苹果的调查发现，红肉苹果果肉肉质松软，果汁少，风味淡甜或甜酸，且略有涩味；与新疆野苹果相比，红肉苹果结果较早，果实偏大，且结实力强，在贫瘠的土壤或粗放管理的条件下亦可生长良好。

图9-34 红肉苹果

新疆野苹果花瓣多为白色或粉红色，花朵较小，花粉为正常黄色，叶片翠绿。红肉苹果与新疆野苹果相比，花朵颜色较深呈红色，且花朵较大。每簇花束含花朵朵数不同，一般为5～7朵，其中6朵偏多；花朵直径较新疆野苹果大，位48.1～57.2mm，花瓣长度最小为27.63mm，最大值为29.12mm（表9-29，图9-34）。除花朵之外，新疆野苹果与红肉苹果的叶片、花药和果实在颜色和大小上也有较大差别（图9-35至图9-38）。

表9-29　红肉苹果花指标测定

编号	花朵 / 簇（朵）	花朵直径（mm）	花瓣长度（mm）
1	6	55.1	28.04
2	6	48.7	29.12
3	6	57.2	28.05
4	5	54.3	27.63
5	6	48.1	28.11
6	7	52.2	27.92
7	7	54.1	28.05
8	6	57.0	28.12

图9-35　新疆野苹果与红肉苹果花朵

图9-36　红肉苹果与新疆野苹果叶片

图9-37 红肉苹果与新疆野苹果花药

图9-38 红肉苹果与新疆野苹果果实

9.7.2 红肉苹果花青素合成途径关键基因表达模式分析

9.7.2.1 新疆野苹果和红肉苹果的转录组测序及Novo组装

材料均于2015年5月采集于中国新疆伊犁州。红肉苹果采自新疆伊犁哈萨克自治州新源县；新疆野苹果采自新疆伊犁新源南山。采集红肉苹果及新疆野苹果健康的根、茎、叶及花器官新鲜组织，清理干净后在液氮中冷冻保存，提取RNA后进行转录组测序。

为了获得完整的转录组测序结果，并能够最大范围获得差异表达基因，本研究将相同组织的多个单株样品RNA混合进行cDNA文库的构建。在测序过程中，每个样品获得4Gb的Raw Reads，经过Qubit2.0和Agilent2100严格的质控评估，每个样品库分离出不少于20,267,090个pair-end Reads进行了后续的分析（表9-30）。

表9-30　测序数据评估结果

样本	Clean reads（个）	Base Number（个）	GC Content（%）	%≥Q30（%）
Mn-Root	22,805,091	4,606,628,382	47.40	92.53
Ms-Root	26,459,876	5,344,411,325	47.29	85.03
Mn-Stem	20,867,631	4,215,261,462	47.44	92.44
Ms-Stem	29,094,118	5,876,388,530	47.32	85.12
Mn-Leaf	20,267,090	4,093,952,180	46.77	92.64
Ms-Leaf	25,641,037	5,179,008,840	47.64	85.01
Mn-Flower	26,580,861	5,369,333,922	47.35	92.39
Ms-Flower	27,455,842	5,546,080,084	47.37	92.49

注：Ms为新疆野苹果；Mn为红肉苹果；Clean reads为Clean Data中pair-end Reads总数；Base Number为Clean Data总碱基数；GC Content为Clean Data 中GC含量；%≥Q30为Clean Data质量值大于或等于30的碱基所占的百分比。

根据Trinity软件进行序列的合并组装，short-reads最后分别被组装成了2,518,193条重叠群（Contig）和207,084条转录本（Transcript）。Contig和Transcrit的平均大小分别为69.62bp和1530.76bp，N50长度分别是101和2298。最后共获得62,912条Unigene，且N50的长度是1670（表9-31，图9-39）。在获得的Contig序列中，200～300bp长度的序列占比最大，高达97.54%；Transcript的序列长度以2000bp以上居多，占总序列数的29.40%；在Unigene序列中，长度为200～300bp的序列占了31.96%（表9-31，图9-39）。

表9-31　RNA-Seq测序结果组装

长度范围	Contig	Transcript	Unigene
200～300bp	2,456,121（97.54%）	26,013（12.56%）	20,105（31.96%）
300～500bp	27,717（1.10%）	26,449（12.77%）	16,413（26.09%）
500～1000bp	17,758（0.71%）	35,533（17.16%）	11,355（18.05%）
1000～2000bp	10,449（0.41%）	35,533（17.16%）	7880（12.53%）
2000bp+	6148（0.24%）	60,878（29.40%）	7159（11.38%）
总数	2,518,193	207,084	62912
总长度	175,313,711	316,995,078	52,959,886
N50 长度	101	2298	1670
平均长度	69.62	1530.76	841.81

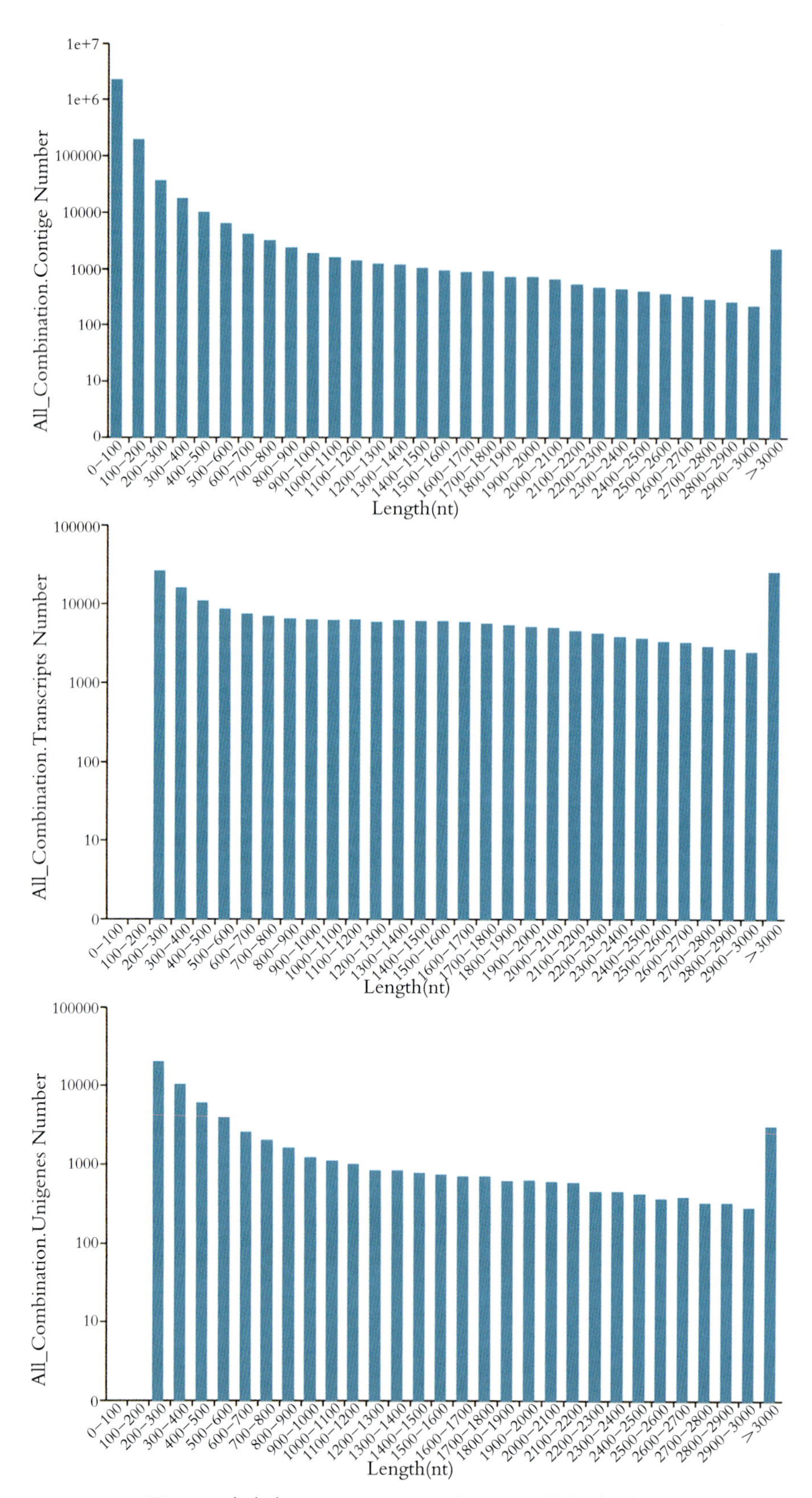

图9-39　文库中Contig、Transcript和Unigene的序列分布图

9.7.2.2 新疆野苹果和红肉苹果Unigene的功能注释及分类

在获得的62,912条Unigene序列中，有31,247（49.67%）条序列与nr数据库序列有着高度的相似性，并且多于50%的Unigene序列可以根据蔷薇科植物碧桃序列的注释信息进行功能注释（图9-40）；与SwissProt数据库中的序列信息进行比对，发现有19,285（30.65%）条Unigene序列可以匹配到数据库而获得功能注释信息；在Pfam数据库中，有19,648（31.23%）条Unigene序列可以成功获得功能注释信息（表9-32）。根据序列的比对及相应的功能注释结果，将所获得的所有Unigene进行COG分类，结果显示，8295（13.19%）条Unigene序列被划分成23个类别（表9-32，图9-40）。在COG分类中，最大的组别是常见功能预测（general function prediction only），这部分基因数量为2040条，占总序列数的8.09%；其次是翻译、核糖体的结构及生物起源（translation, ribosomal structure and biogenesis），该部分序列是1159条，占总序列数的10.28%；负责复制、重组、修复和转录（replication, rccombination and repair, transcription）的序列共有944条，占总数的8.37%；负责后转录修饰、蛋白折叠及伴侣（posttranslational modification, protein turnover and chaperones）的序列为877条，占比7.78%；最后，负责信号转导机制（signal transduction mechanisms）及碳水化合物的转运（carbohydrate transport and metabolism）及代谢以及氨基酸的转运和代谢（amino acid transport and metabolism）的序列数分别为695、644和610条。

表9-32　Unigenes序列注释结果统计

注释数据库	Unigene（个）	百分比（%）
COG	8295	13.19
GO	19,745	31.39
KEGG	6614	10.51
KOG	16,590	26.37
Pfam	19,648	31.23
SwissProt	19,285	30.65
Nr	31,247	49.67
All	31,547	50.14

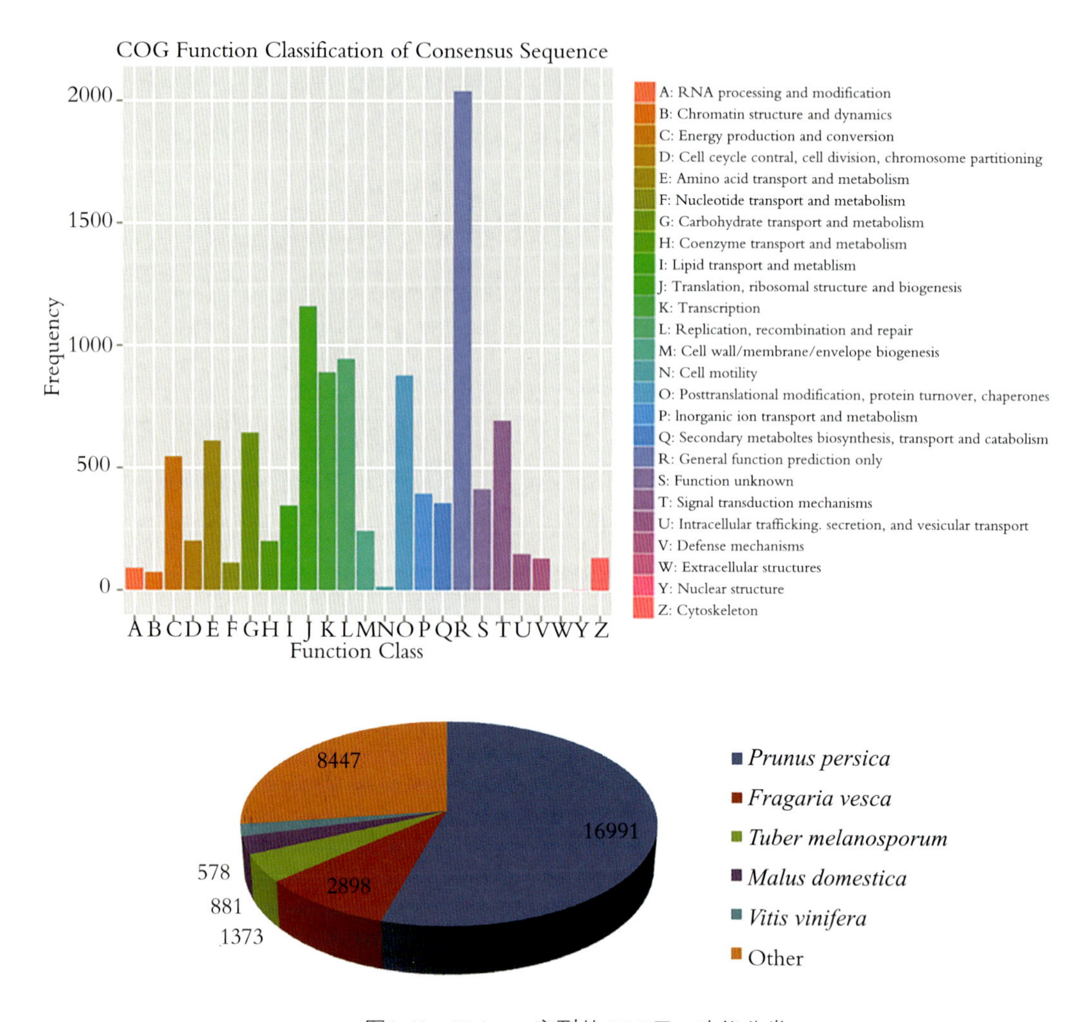

图9-40　Unigene序列的COG及nr功能分类

在GO分类中，获得注释结果的Unigene序列共计19,745个，占总Unigene数的31.39%，这些基因分别被注释到细胞组分（cellular component，CC）、分子功能（molecular function，MF）及生物过程（biological progress，BP）三个节点（图9-41）。其中分子功能及生物过程节点下所注释到的总基因数较多，分别有50,038和30,038条Unigene序列。此外，KEGG、KOG等数据库也给予了大量的功能注释信息。结合不同数据库的比对及注释结果，经过E-value≤10^{-5}和HMMER parameters E-value≤10^{-10}评估，最终获得功能注释信息的Unigene共有31,547条，占总数量的50.14%。

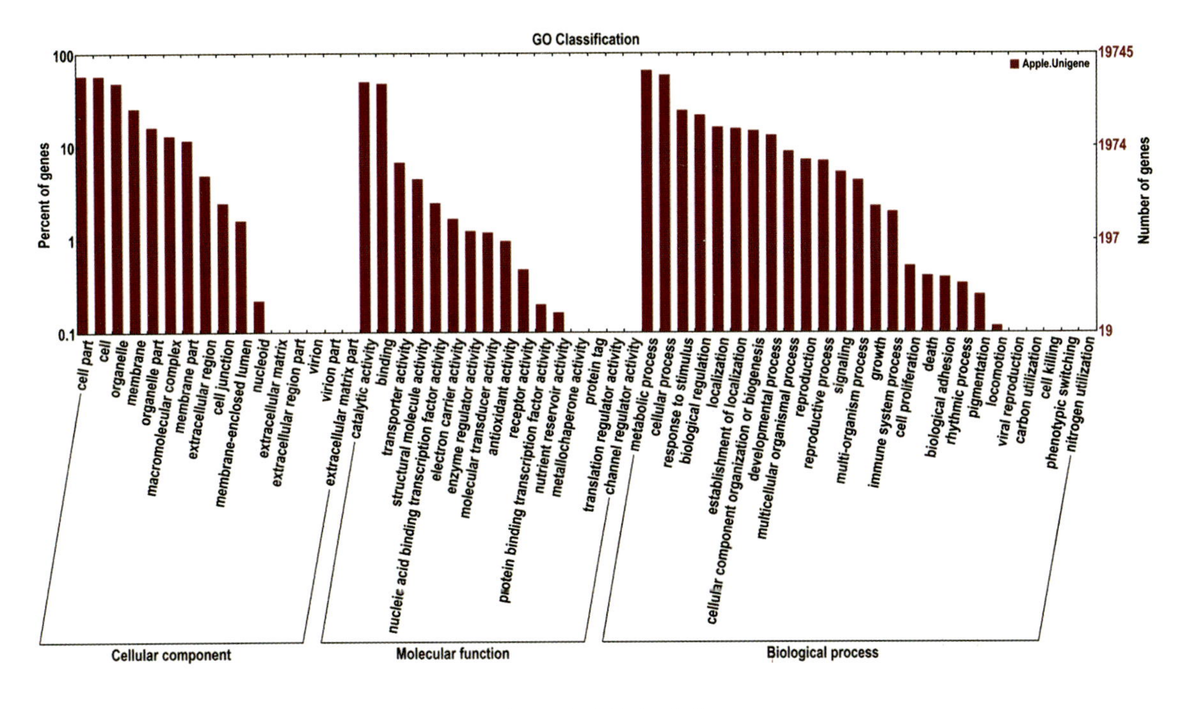

图9-41　Unigene序列的GO分类

9.7.2.3 新疆野苹果和红肉苹果差异表达基因筛选及GO功能注释

在差异表达分析过程中，采用Benjamini-Hochberg方法进行显著性p值（p-value）的校正。为了降低对大量基因的表达值进行独立的统计假设检验带来的假阳性，本研究测序采用FDR（false discovery rate）作为差异表达基因筛选的关键指标（图9-42）。

以FDR＜0.01及差异倍数FC≥2（fold change，表示两样品间表达量的比值）作为筛选标准，本研究在新疆野苹果及红肉苹果中共筛选出12,267个DEGs。不同组织中DEGs不同，在根、茎、叶及花中分别筛选到3079、3176、2737和3271条序列，其中花器官中的DEGs数量最多（图9-43A、C）。在总DEGs中，四个组织中分别有1590、1408、1780和1831个基因在红肉苹果中呈上调表达（图9-43B、C）。DEGs的差异表达水平在2～5倍，还有部分基因差异水平远大于5倍。将明显上调表达的基因分离出来进行功能注释分析，发现这些基因与查尔酮合酶（CHS）、黄烷酮-3-脱氢酶（F3H）、UDP-糖基转移酶以及转录因子R2R3MYB及bHLH等的合成及调控有关（表9-33）。

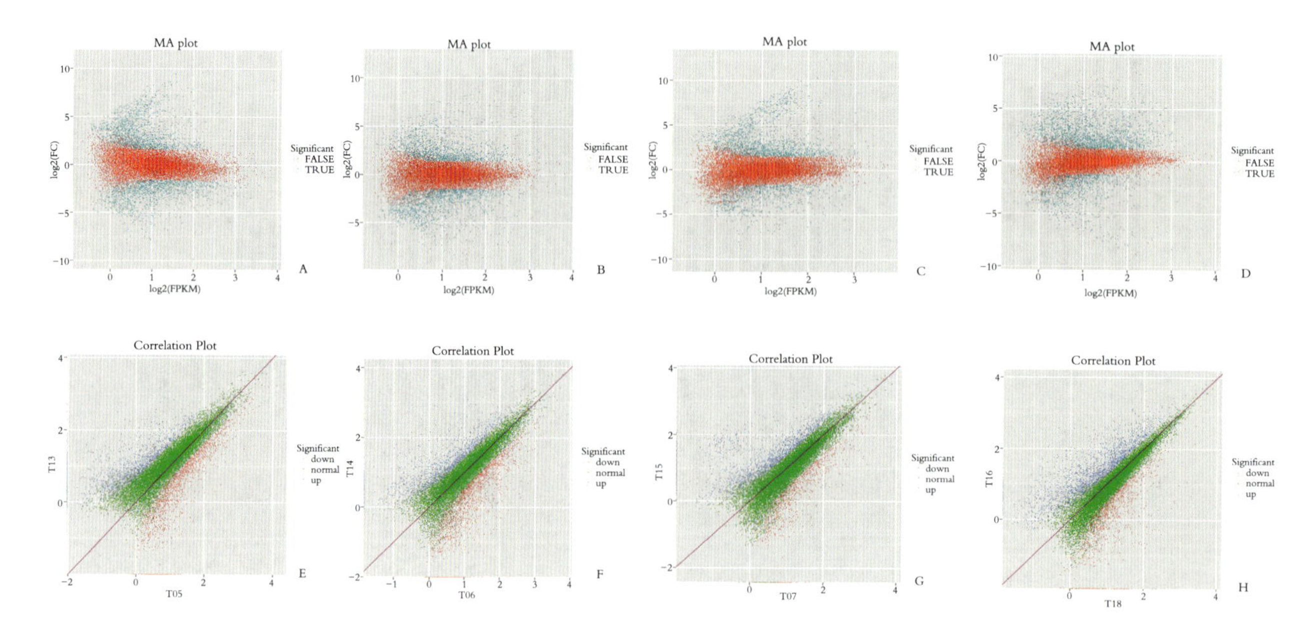

图9-42　差异表达基因筛选结果

注：A～D中蓝色点代表差异表达基因，红色点代表非差异表达基因；E～H中蓝色点代表上调表达的差异表达基因，红色点代表下调的差异表达基因。A、E为根；B、F为茎；C、G为叶；D、H为花。

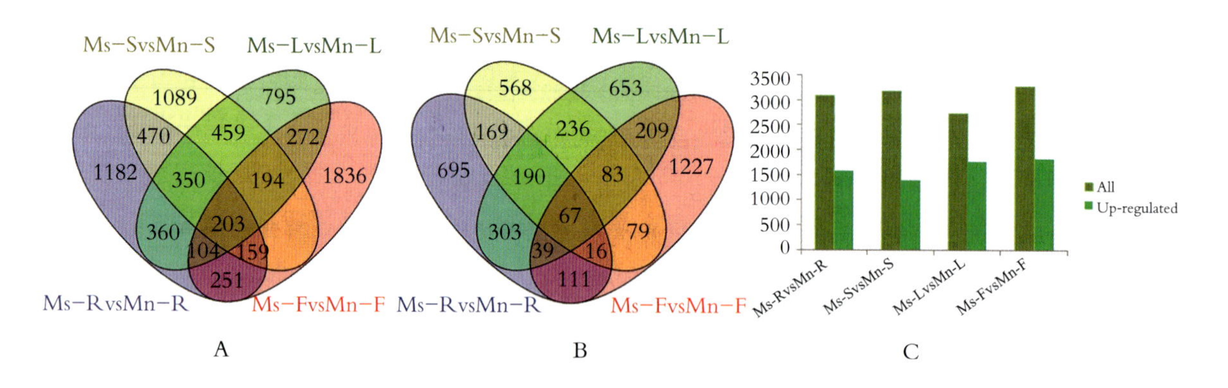

图9-43　差异表达基因统计图

注：A. 总差异表达基因维恩图；B. 上调差异表达基因维恩图；C. 差异表达基因柱形图。

表9-33a 不同组织器官差异表达基因信息

#ID	Roots of *M. sieversii*	Roots of *M. neidzwetzkyana*	FDR	log2FC	Swissprot_annotation
c58903.graph_c0	0.083688	28.25541	0	6.66433	Chalcone and stilbene synthases (CHS)
c52070.graph_c3	0.35999	78.4134	0	7.189927	Chalcone and stilbene synthases (CHS)
c56642.graph_c2	5.063859	66.75932	3.84E−11	3.304307	Chalcone and stilbene synthases (CHS)
c48651.graph_c0	1.752336	13.51418	8.02E−06	2.496231	Chalcone and stilbene synthases(CHS)
c32913.graph_c0	0.877741	5.523803	0.009086	2.102466	flavanone 3−hydroxylase (F3H)
c47386.graph_c0	0.811093	8.680363	9.71E−08	2.952068	flavonoid 3',5'−hydroxylase(F3'5'H)
c49898.graph_c0	2.262018	40.72208	2.27E−09	3.605407	Anthocyanidin 3−O−glucosyltransferase(UA3GT)
c51367.graph_c1	0.106948	3.82941	0.000948	3.497333	Anthocyanidin 3−O−glucosyltransferase(UA3GT)
c61169.graph_c0	11.999	50.82179	0.006113	1.673877	anthocyanidin 3−O−glucosyltransferase(UA3GT)
c50930.graph_c0	0.203214819	8.398111375	1.38E−14	4.720263392	UDP−glycosyltransferase 83A1
c62967.graph_c0	1.014469	5.650435	0.000942	2.027033	Cytochrome P450 78A9
c51956.graph_c0	0	4.13754113	1.23E−12	6.040100343	Transcription factor MYB39
c56247.graph_c0	2.187425	18.18853	6.92E−07	2.623532	MYB family transcription factor APL
c57590.graph_c0	1.044557	7.718311	2.97E−05	2.424146	Transcription factor MYB91
c56407.graph_c0	4.811682	58.42201	2.10E−10	3.185074299	Transcription factor bHLH79

表9-33b　不同组织器官差异表达基因信息

#ID	Stems of *M. sieversii*	Stems of *M. neidzwetzkyana*	FDR	log2FC	Swissprot_annotation
c48651.graph_c0	2.797662	13.29094	1.87E−06	2.217775	Chalcone and stilbene synthases(CHS)
c52070.graph_c3	21.67306	88.50909	3.08E−06	2.028695	Chalcone and stilbene synthases(CHS)
c60354.graph_c0	24.35883	249.6129	0	3.356145	flavanone 3−hydroxylase (F3H)
c54530.graph_c0	305.6936	952.1086	0.002034	1.640279	Anthocyanidin synthase (ANS)
c52719.graph_c0	26.57177	116.2283	6.70E−07	2.127514	flavonol biosynthase(FLS)
c60372.graph_c0	4.275246	17.69837	5.38E−06	2.036806	anthocyanidin 3−O−glucosyltransferase(UA3GT)
c61169.graph_c0	16.41523	89.97634	3.06E−09	2.45233	anthocyanidin 3−O−glucosyltransferase(UA3GT)
c38549.graph_c0	1.294992	6.899271	2.75E−05	2.321159	Flavonol 3−O−glucosyltransferase(UF3GT)
c50930.graph_c0	0.718039	10.81266	0	3.831659	UDP−glucosyltransferase
c57110.graph_c0	0.959453802	81.96985229	0	6.332039234	Cytochrome P450 86A1
c54682.graph_c0	0.158143	6.38602	4.48E−10	4.39617	R2R3 MYB transcription factor 10
c63978.graph_c0	0.628742	18.60427	3.23E−12	4.343482	Transcription factor MYB114
c45878.graph_c1	7.341802	24.78883	0.000364	1.739749	Transcription factor MYB44
c61258.graph_c0	9.753533	29.79689	0.000894	1.607892	Transcription factor MYB21
c54296.graph_c1	4.155668	15.58644	0.000202	1.876244	Transcription factor MYC4
c51697.graph_c0	1.226082	16.53351	1.77E−13	3.625874	Transcription factor bHLH61
c54760.graph_c0	0.259165	2.062146	0.000189	2.69128	Transcription factor bHLH111
c58360.graph_c0	4.594822995	19.35158701	5.17E−06	2.058555258	Transcription factor bHLH96

表9-33c　不同组织器官差异表达基因信息

#ID	Leves of *M. sieversii*	Leves of *M. neidzwetzkyana*	FDR	log2FC	Swissprot_annotation
c61161.graph_c0	445.6576	1556.018	8.33E−05	2.040012	Chalcone synthase 2(CHS)
c48651.graph_c0	2.282677	15.47855	9.43E−10	2.950489	Chalcone and stilbene synthases(CHS)
c52070.graph_c3	14.5563	83.53678	5.00E−10	2.754145	Chalcone and stilbene synthases(CHS)
c45734.graph_c0	4.061486	22.72937	7.46E−09	2.696609	Chalcone and stilbene synthases(CHS)
c56615.graph_c0	17.46921	60.01749	3.08E−05	2.014766	Chalcone and stilbene synthases(CHS)
c60354.graph_c0	28.63716	191.3606	1.10E−11	2.976524	flavanone 3−hydroxylase (F3H)
c57075.graph_c0	1.578374	11.72616	8.57E−11	3.084441	flavonoid 3',5'−hydroxylase(F3'5'H)
c58939.graph_c1	3.448602	16.39312	3.77E−07	2.457343	Dihydroflavonol−4−reductase(DFR)
c54530.graph_c0	301.1433	1234.558	2.49E−06	2.273732	Anthocyanidin synthase (ANS)
c36401.graph_c0	1.310189	7.752638	4.26E−08	2.745773	anthocyanidin 3−O−glucosyltransferase(UA3GT)
c50081.graph_c0	0.063666	1.510984	0.001707	3.337175	anthocyanidin 3−O−glucosyltransferase(UA3GT)
c61169.graph_c0	18.32104	53.18296	0.000623	1.77276	anthocyanidin 3−O−glucosyltransferase(UA3GT)
c38549.graph_c0	2.422617	10.50734	2.12E−05	2.297055	Flavonol 3−O−glucosyltransferase (UF3GT)

（续）

#ID	Leves of *M. sieversii*	Leves of *M. neidzwetzkyana*	FDR	log2FC	Swissprot_annotation
c44851.graph_c0	1.064885	13.88455	5.72E−10	3.678663	flavonol biosynthase(FLS)
c1358.graph_c0	0.14423	1.901674	0.002309	3.060398	flavonol biosynthase(FLS)
c52066.graph_c1	0.370503	10.94262	1.92E−14	4.660843	UDP−glucosyltransferase
c58852.graph_c0	2.490342	32.36619	0	3.917741	Xyloglucan glycosyltransferase 4 (GT4)
c57112.graph_c3	43.65865	166.7615	4.30E−06	2.169749	Transcription factor MYB4
c62967.graph_c0	0.146084	6.240626	0	5.188363	Cytochrome P450 78A9
c49257.graph_c0	0.504983	8.211809	1.17E−13	4.055401	Cytochrome P450 734A1
c51197.graph_c0	2.540184	15.6298	1.35E−09	2.828926	Cytochrome P450 87A3
c62111.graph_c0	8.865142728	47.02300357	5.10E−09	2.634809324	Cytochrome P450 71A26
c61145.graph_c0	33.63702	157.7845	5.23E−08	2.465422	Cytochrome P450 82A3
c58743.graph_c0	2.381036	10.26771	1.94E−06	2.320549	Cytochrome P450 84A1
c60937.graph_c1	150.7466	613.6225	2.91E−06	2.263489	cytochrome P450 reductase 2
c63978.graph_c0	0.355963	10.32544	4.39E−08	4.150377	Transcription factor MYB114
c51697.graph_c0	0.876818	6.06946	5.58E−06	2.839608	Transcription factor bHLH61

表9-33d　不同组织器官差异表达基因信息

#ID	Flower of *M. sieversii*	Flower of *M. neidzwetzkyana*	FDR	log2FC	Swissprot_annotation
c52070.graph_c3	1.074658	6.870018	9.86E−13	2.931428	Chalcone and stilbene synthases(CHS)
c57281.graph_c0	4.837031	20.81839	1.71E−11	2.407381	Chalcone−flavanone isomerase(CHI)
c58826.graph_c2	6.027588	271.1083	0	5.790296	flavanone 3−hydroxylase (F3H)
c49898.graph_c0	55.56484	125.3268	0.000225	1.482472	anthocyanidin 3−O−glucosyltransferase(UA3GT)
c38549.graph_c0	0.314679	6.09989	8.48E−14	4.190257	Flavonol 3−O−glucosyltransferase (UF3GT)
c60011.graph_c0	33.04201	109.4821	5.96E−09	2.041363	Dihydroflavonol−4−reductase (DFR)
c57780.graph_c0	0.257235	3.116473	3.01E−07	3.443511	flavonol biosynthase(FLS)
c57713.graph_c2	116.7459	687.1867	0	2.870631	Leucoanthocyanidin dioxygenase (LDOX)
c36880.graph_c0	3.198283	94.00374	0	5.164741	UDP−glucuronic acid decarboxylase 2
c46051.graph_c0	0.199476	7.404371	5.15E−13	4.66918	UDP−glycosyltransferase 87A1
c30582.graph_c0	1.09088	21.58737	0	4.533784	UDP−glucose 6−dehydrogenase 1
c57141.graph_c0	2.574089	17.76543	3.33E−16	3.067076	UDP−glycosyltransferase 82A1

（续）

#ID	Flower of *M. sieversii*	Flower of *M. neidzwetzkyana*	FDR	log2FC	Swissprot_annotation
c60462.graph_c0	15.904046	98.9645447	0	2.948881	UDP−glucosyltransferase
c57142.graph_c0	0.283266	7.885956	0	4.766261	Cytochrome P450 78A9
c63049.graph_c0	1.898116	21.80403	0	3.804787	Cytochrome P450 94A1
c62967.graph_c0	0.144211	11.03312	0	6.155926	Cytochrome P450 78A9
c57112.graph_c3	1.001291	25.67581	0	4.895678	Transcription factor MYB4
c58631.graph_c0	75.32771	362.7329	2.46E−14	2.581442	Transcription factor MYC2
c63978.graph_c0	2.635499	9.782754	0.000649	2.087058	Transcription factor MYB114
c61760.graph_c0	16.49181	53.33478	2.27E−08	2.001977	Transcription factor MYC4
c54724.graph_c0	0.511959	7.013196	0	3.935763	MYB−related protein 305
c55572.graph_c0	58.38744	290.7385	6.22E−15	2.629051	Transcription facto bHLH79
c57130.graph_c0	11.03793	88.44728	0	3.285792	Transcription factor bHLH137

为了进一步获得差异表达基因的全面信息，本研究将两样品间的DEGs进行了GO注释分类分析（图9-44）。在GO分类节点CC水平上，细胞组分（cell part）、细胞（cell）及细胞器（organelle），膜、细胞器及膜系统（membrane，organelle part or membrane part）等功能注释居于前五位；在MF水平上，酶活性与结合及转运活性（catalytic activity, binding and transporter activity）是主要的注释结果；而代谢过程及细胞过程（metabolic process and cellular process）是BP中功能分类的主要代表。

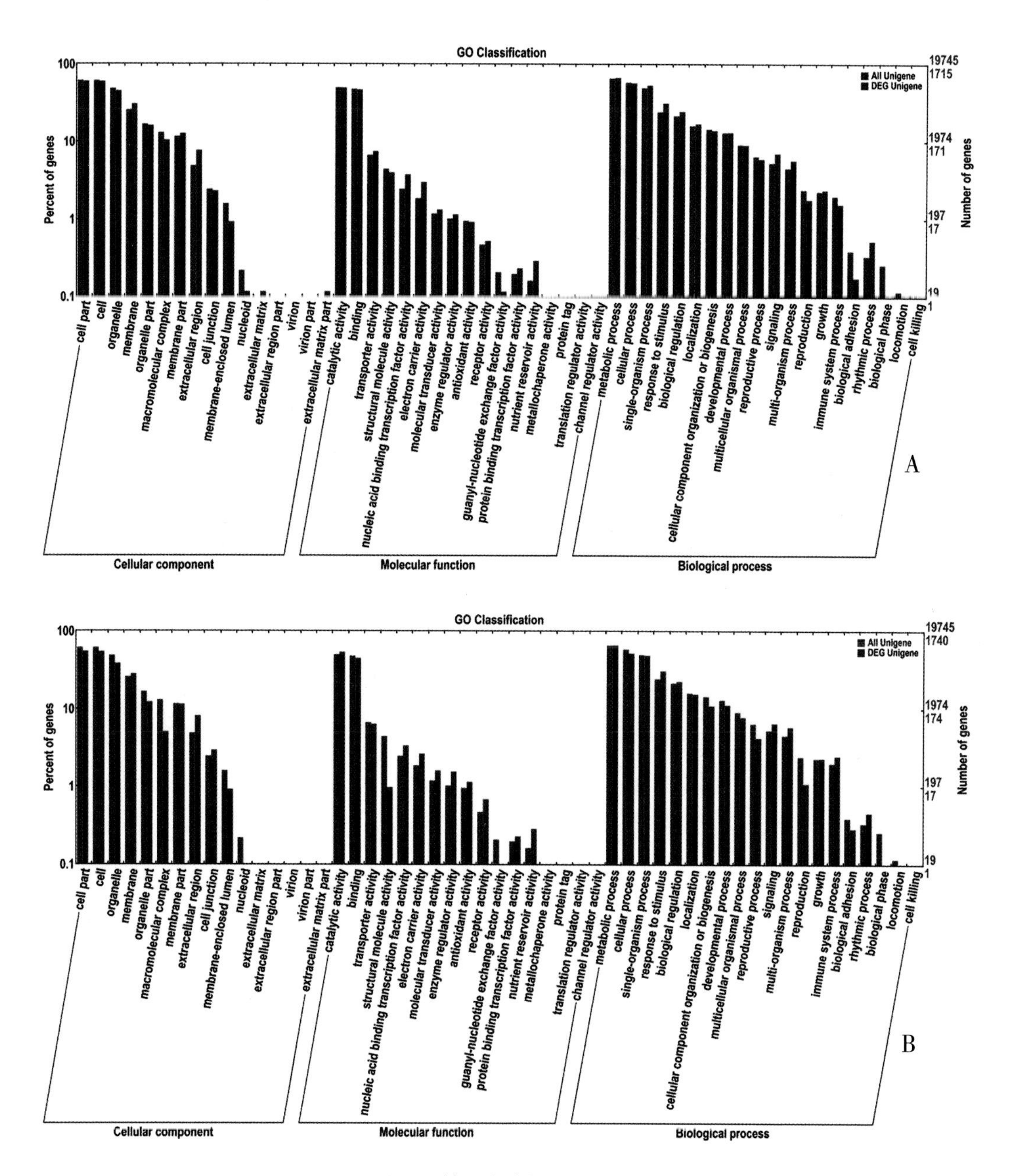

图9-44（1）　差异表达基因的GO分类图

注：A.根；B.茎。

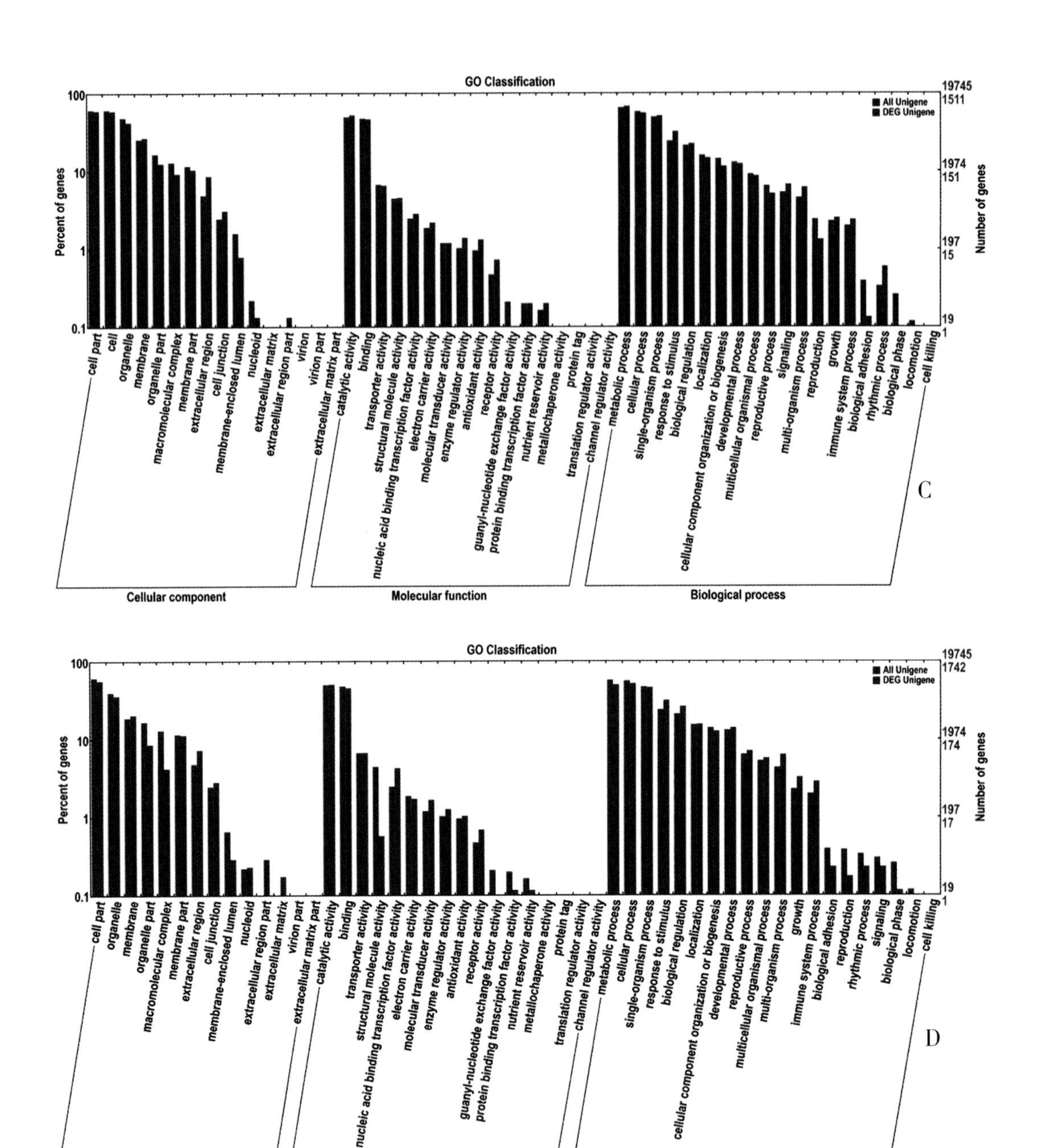

图9-44（2） 差异表达基因的GO分类

注：C.叶；D.花。

GO的MF节点中富集了与花青素合成相关的DEGs（表9-34），这些基因主要包括类黄酮合成酶基因（GO:0045431），花青素糖基转移酶基因（GO:0047213），UDP转移酶活性相关基因（GO:0035251）以及单加氧酶活性基因（GO:0004497）等。

表9-34 在GO注释中MF节点下的差异表达基因注释

组织	GO 序号	注释结果	Annotated	Significant	Expected	KS
根	GO:0047213	anthocyanidin 3-O-glucosyltransferase activity	22	5	1.94	0.00627
	GO:0008194	UDP-glycosyltransferase activity	233	32	20.51	0.00464
	GO:0004497	monooxygenase activity	254	53	22.36	2.60E-05
茎	GO:0047213	anthocyanidin 3-O-glucosyltransferase activity	22	5	1.96	0.00156
	GO:0045431	flavonol synthase activity	16	8	1.43	0.00382
	GO:0008194	UDP-glycosyltransferase activity	233	32	20.77	0.00519
	GO:0051213	dioxygenase activity	190	41	16.94	0.01093
	GO:0004497	monooxygenase activity	254	42	22.64	0.00665
叶	GO:0047213	anthocyanidin 3-O-glucosyltransferase activity	22	5	1.74	0.00119
	GO:0045431	flavonol synthase activity	16	6	1.27	0.0336
	GO:0008194	UDP-glycosyltransferase activity	233	34	18.47	0.00587
	GO:0004497	monooxygenase activity	254	28	20.13	0.01174
花	GO:0047213	anthocyanidin 3-O-glucosyltransferase activity	22	3	1.88	0.00703
	GO:0045431	flavonol synthase activity	16	4	1.37	0.01902
	GO:0016711	flavonoid 3'-monooxygenase activity	8	4	0.68	0.04765
	GO:0035251	UDP-glucosyltransferase activity	139	28	11.87	0.0095
	GO:0008194	UDP-glycosyltransferase activity	233	46	19.89	0.03238

9.7.2.4 新疆野苹果和红肉苹果差异表达基因功能分析

根据不同组织间的差异表达基因的筛选及功能注释，本研究发现有83个基因参与了红肉苹果花青素、黄酮及类黄酮合成途径（表9-34）。在这些基因中，有一个查尔酮合成酶基因在红肉苹果中高表达，该酶是一个关键酶，它可以催化4-香豆酸-CoA和丙二酰CoA合成查尔酮，并可以为黄酮的合成提供基本的碳骨架，这说明查尔酮合酶在红肉苹果色素合成过程中起到了关键的作用。测序结果得到6个与查尔酮合酶相关的基因序列，这些序列在红肉苹果中都呈显著的上调表达（图9-45）。

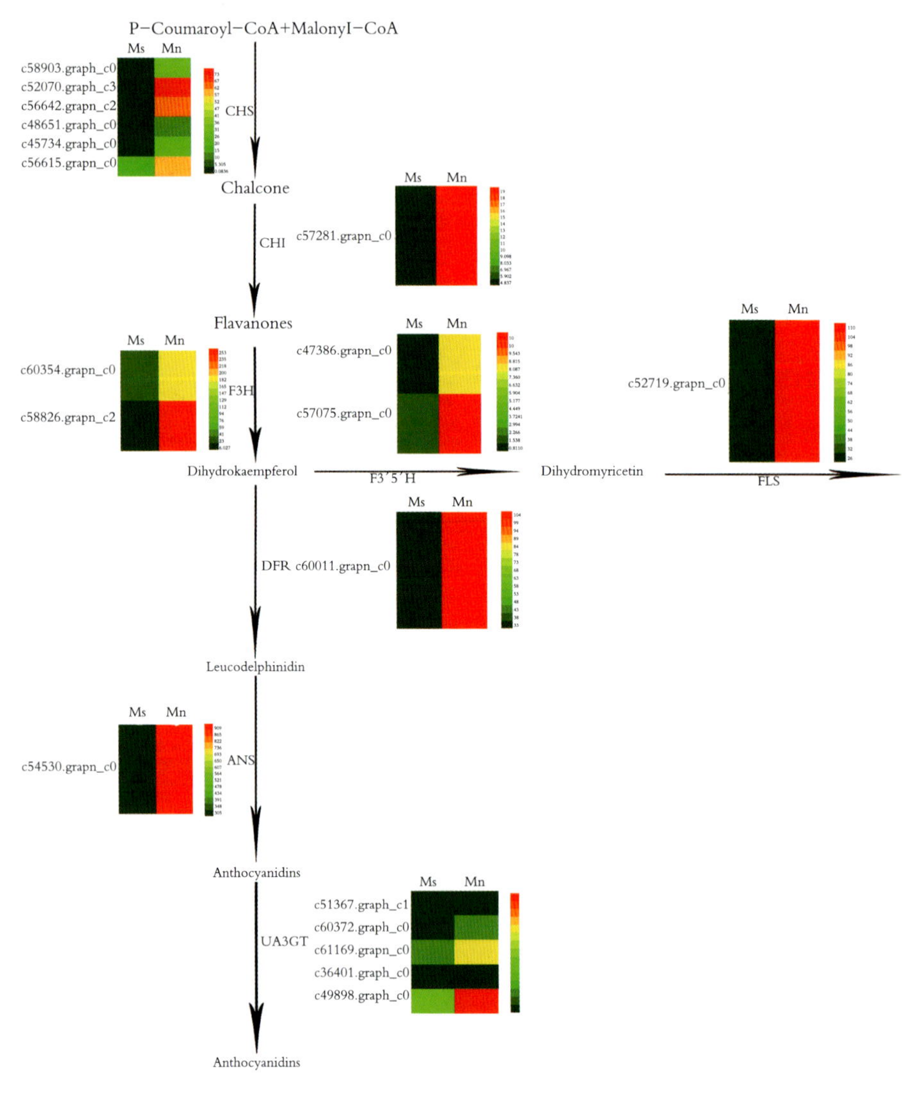

图9-45 花青素和黄酮生物合成途径中相关基因的表达模式

注：每个反应中的Unigene名称及表达模式已经列出；每个Unigene的表达模式在反应两侧。

F3H可以使无色的类黄酮醇转变成二氢黄酮醇（DHK），并且DHK可以在类黄酮3′羟化酶（F3′H）及类黄酮3′5′羟化酶（F3′5′H）的作用下进一步转变成有色的二氢黄酮醇（DHK、DHQ和DHM）。在红肉苹果中，具有F3′H及F3′5′H注释信息的c47386.graph_c0和c57075.graph_c0都呈现了上调的表达趋势，由于它们在各种色素合成过程中对于色素前体的继续合成都是必要的成分，所以红肉苹果中的表达有利于不同组织中花青素的合成。对于差异表达基因进一步分析，发现c60354.graph_c0和c58826.graph_c2都参与了F3H的生成并且同样在红肉苹果中高表达（图9-45）。从黄烷酮醇到有色的糖苷、二氢黄酮醇还原酶（DFR）、花青素合成酶（ANS）在花青素合成过程中是必须的，而红肉苹果中参与花青素合成的基因c60011.graph_c0和c54530.graph_c0都有着明显的上调表达，这也是红肉苹果各组织呈现出红色的主要原因（图9-45）。

糖基化意味着花青素修饰的开始。葡萄糖、半乳糖、木葡聚糖及阿拉伯糖在花青素合成过程中的糖基化修饰都是常见形式。糖基化的修饰可以提高花青素的稳定性及可溶性。本研究中发现，红肉苹果所有组织中虽然积累了较新疆野苹果更多的花青素，但却具有相似的糖基化修饰过程。在根、茎和叶片的糖基化修饰过程中，UDP-糖基转移酶（UDP-glycosyltransferase activity，GO:0008194）起到了主导作用；在花器官中，除了UDP-糖基转移酶，UDP-葡萄糖基转移酶（UDP-glucosyltransferase activity，GO:0035251）也有着较高的表达（表9-34）。此外，c51367.graph_c1、c60372.graph_c0、c61169.graph_c0、c36401.graph_c0和c49898.graph_c0在红肉苹果中对糖基的修饰过程也起到了一定的作用。

除了花青素合成及修饰途径中的关键酶基因以外，本研究还发现细胞色素P450在花青素前体的合成过程中也可能起到了关键的作用。如具有类黄酮3’-单加氧酶活性的P450 78A9（c62967.graph_c0），与类苯基丙烷代谢相关的P450还原酶2（c60937.graph_c1），以及参与次级代谢物质合成的P450 84A1（c58743.graph_c0）在红肉苹果中都呈现上调表达。无花色素双加氧酶（LDOX，c57713.graph_c2）在红肉苹果色素的呈现中起到了一定作用（表9-33）。

转录因子（transcription factor, TF）由调控基因编码，它们的功能则是通过特异的DNA—蛋白结合或者蛋白—蛋白的互作来激活或者抑制结构基因的时空表达。在红肉苹果花青素的合成途径的研究当中，GO分析发现在新疆野苹果及红肉苹果中存在着一些差异表达转录因子，这些转录因子主要包括MYB家族成员和bHLH家族成员，如R2R3MYB 10（c54682.graph_c0）、MYB-related protein 305（c54724.graph_c0）、MYB114（63978.graph_c0）、MYB4（57112.graph_c3）、bHLH61（c51697.graph_c0），以及MYC4（c54296.graph_c1）等（表9-33）。根据功能注释，发现这些转录因子都参与了类黄酮以及花青素的合成途径中的调控功能，该结果表明红肉苹果花青素合成还需要有相关转录因子的参与或调控。

9.7.2.5 新疆野苹果和红肉苹果参与花青素合成途径的差异表达基因分离及qRT-PCR验证

为了进一步验证RNA-Seq数据分析结果的准确性，本研究从83个DEGs中随机挑选16个基因进行qRT-PCR验证，定量结果与RNA-Seq分析结果一致，说明数据分析的可靠性及准确性（图9-46，图9-47）。同时，该结果也表明在红肉苹果不同组织器官花青素的合成过程中，各种关键酶基因及相应的转录因子都起到了非常重要的作用。

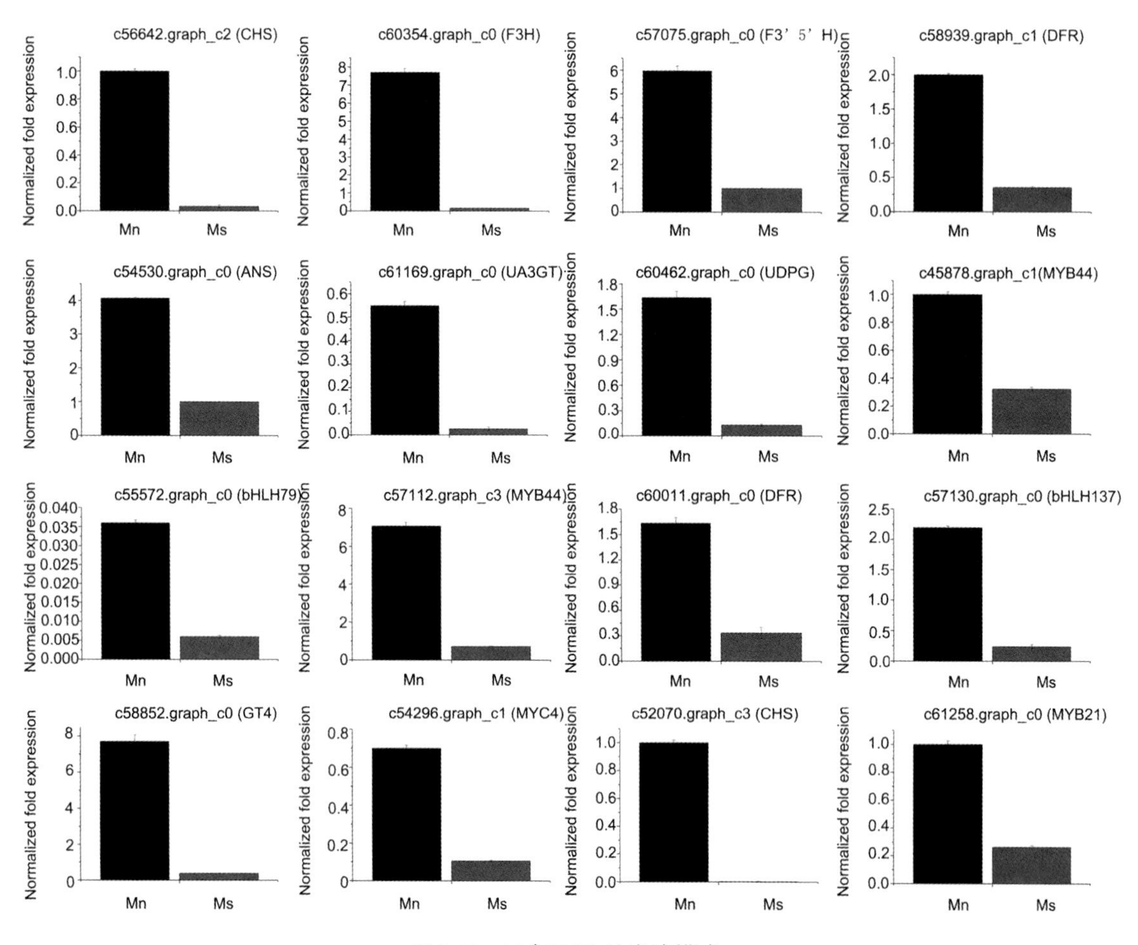

图9-46　16个DEGs的表达模式

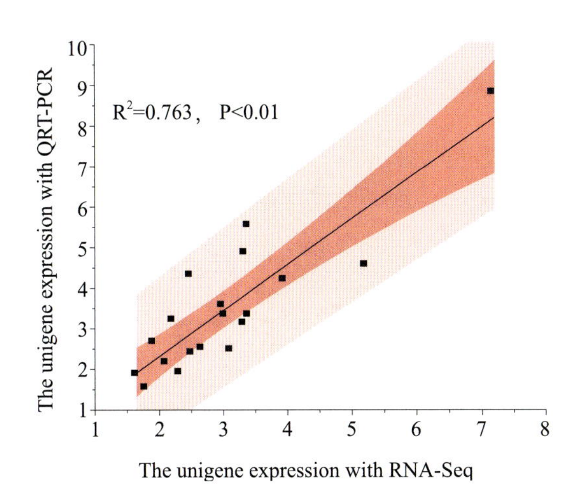

图9-47 RNA-Seq及qRT-PCR线性分析结果

9.7.2.6 新疆野苹果和红肉苹果SSR标记的筛选及特征

微卫星位点在植物的遗传、进化及育种方面有着重要的研究价值，之前的研究中并没有对新疆野苹果及红肉苹果的SSR位点进行过全面的报道。本研究通过MISA（Microsatellite Identification Tool，微卫星识别工具）分析，在新疆野苹果和红肉苹果的15,039个序列进行了SSR位点的筛选。筛选位点数共计6820个，其中包括3016个单核苷酸位点，2467个双核苷酸位点以及1251个三核苷酸重复位点。通过Primer 5.0对于每个SSR位点都进行了引物设计，这些位点的筛选及引物序列的开发将为遗传图谱的构建及分析育种提供科学依据（表9-35）。单核苷酸重复是最丰富的类型，占总位点数的44.22%，其次是双核苷酸重复，占位点总数的36.17%，三核苷酸重复占18.34%（图9-48）。

表9-35 新疆野苹果及红肉苹果转录组测序中的SSRs位点统计

SSR 分析	数量（个）	不同重复类型分布	数量(个)
评估的序列数目	15,039	单碱基重复SSR数	3016
评估的序列总碱基数目	33,957,084	双碱基重复SSR数	2467
识别的SSR总数	6820	三碱基重复SSR数	1251
包含SSR的序列数目	5073	四碱基重复SSR数	65
包含1个以上SSR的序列数目	1307	五碱基重复SSR数	13
以复合物形式存在的SSR数目	417	六碱基重复SSR数	8

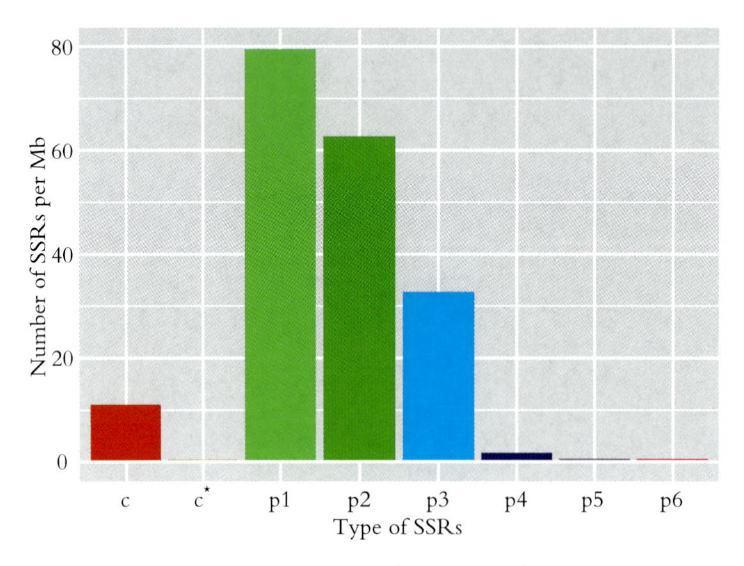

图9-48　新疆野苹果及红肉苹果中SSRs位点分布

9.7.3　小结

转录组测序已经成为一项高效快速的基因表达模式分析及分子标记开发的技术手段。随着测序读长的改善，相对较短的序列也可以被精确组装并能够成功地运用到无参考基因组的植物学研究。本研究首次通过Illumina HiSeq 2500测序平台对新疆野苹果及红肉苹果的转录序列表达方式进行了分析。通过分析，研究获得了12,267个DEGs并进行了相应的功能分类，并在这些基因中发现了83个与花青素合成相关的基因，这些基因在红肉苹果中的高表达初步解释了红肉苹果不同组织具有色素累积的主要原因，同时也验证了红肉苹果同样遵循花青素合成及调控的基本途径。

作为装饰性植物最重要的特征，色泽的呈现主要是由花青素的类型及含量所决定。花青素有多种结构类型，但只有7种主要的发色团形式，包括花青色素、翠雀色素、花葵素、牵牛花色素、芍药花色素、锦葵色素以及三甲花翠素。本研究分离到的83个参与花青素合成途径的基因主要包括关键酶基因及转录因子，其中有些相同的功能酶对应多条Unigene序列，这些序列应当是相同基因家族的不同成员或者单个转录本的不同片段。本研究筛选出的Unigene序列中，包括7个*CHS*基因、一个*CHI*基因、2个*F3H*基因、2个*F3'H*基因，2个*DFR*基因和6个*UA3GH*基因都在红肉苹果中呈上调表达。这一结果初步说明这些与花青素合成途径相关的基因的高表达促使了花青素在各组织器官中的累积。

第10章　新疆野苹果的现状及保护研究

10.1 新疆野苹果生存现状与危机

10.1.1　天山野果林的变迁

天山野果林是我国许多重要的野生果树、野生蔬菜及药用植物的基因库，其中，伊犁地区新源县交托海野果林、巩留县莫合尔野果林和库尔德宁野果林是野生果树分布最集中、种类多样、数量多、面积大、密度较高的地区。由于开发、生产、旅游及放牧等活动，天山野果林正面临着前所未有的变迁。

10.1.1.1 早期认知和开发（20世纪50年代）进军天山野果林

中华人民共和国成立（1949年）以后，园艺产业的发展开始起步，在实施第1个五年计划阶段末期（1956—1957年），中国处于苹果产业发展的起步阶段（陆秋农和贾定贤，1999）。1958—1962年，在国家政策的指导下，在新疆自治区政府计划和组织下，大批人员分别进入原始的新疆天山野果林自然分布区域，开始了大规模改造野果林的开发活动。

例如，1957—1958年，伊犁地区新源县政府收回了新疆八一农学院新源交托海野果林一带的实习农场，成立了国营新源县野果林改良场，下设果一队（生产队）、果二队和果三队等生产单位，组织和招募了几批来自国内其他省区的人员编入新源县野果林改良场。农场前期对新源交托海野果林一带的新疆野苹果林进行了大面积的改造、嫁接活动，他们利用新疆野苹果为砧木，嫁接一些伊犁地区本土苹果品种和引进的苹果新品种如：霍城冬白果、霍城冬红果、夏力蒙、秋力蒙、阿尔伯特、（酸）阿尔伯特、斯托罗维、国光等10多个苹果品种。当时的改造以改接、高接方式为主。1959—1960年，大面积的新疆野苹果大树和古树被砍伐，同时，野果林中的其他野生果树和乔灌木也被全面清除，由于人为的干预和影响，新源交托海野果林由落叶阔叶混交林逐步形成了同质性十分突出、由新疆野苹果组成成分较单一的“新疆野苹果纯林”（图10-1），由于生态系统的平衡被打破，野苹果林生物种类减少，物种多样性受到威胁和破坏。

最初的新源交托海野果林由众多野生果树和各种乔灌木组成，如野杏、红果山楂、多种栒子（*Cotoneaster* spp.）、多种蔷薇（*Rosatoneaster* spp.）、黑果小檗（*Berberis heteropota* Schrenk）和密叶杨（*Populus talassica* Kom.）、欧洲山杨（*Populus tremula*）、伊犁柳（*Salix iliensis*）、天山桦（*Betula tianschanica*）、锦鸡儿（*Caragana* spp.）等植物组成的落叶阔叶混交林。

图10-1　新疆野苹果新源居群在人工强烈干预下形成的“纯林”

同期，伊犁地区巩留县莫合尔野果林和库尔德宁野果林等地也在进行大规模的开发和利用活动。新疆供销合作社组织人员进入巩留县莫合尔野果林，组建野果加工厂，大量收集野苹果果实制作果酱等制品；同时，巩留县莫合尔野果林的其他开发活动也是围绕仅保留新疆野苹果树、全面砍伐和清除野果林中的其他野生果树和乔灌木进行的。随着大批人员的涌入，各种经济活动的强度也不断加大，如大规模垦荒种植粮食作物、毁林开荒，同时人们受当时交通和生活条件所迫，生活所需的薪材、家具等用品也就地取材，使林木遭到进一步砍伐。

同时新疆生产建设兵团农四师72团也派出了人员，进入了库尔德宁野果林，成立了八连（相当于农业生产队），进行农业开发活动。他们的主要任务是大量收集野苹果果实，全面砍伐和清除野果林中的其他野生果树和乔灌木等，仅保留新疆野苹果树，使位于吉尔格朗河北侧的奇巴尔阿哈西一带的新疆野苹果群落遭到破坏，库尔德宁野果林也形成了组成成分单一的“新疆野苹果林”景观，其实在自然界中难以形成这种新疆野苹果（塞威氏苹果）“纯林”。

10.1.1.2 人类活动的影响

在那个特殊的年代和发展阶段，进入天山野果林从事人为改造活动是逐年有组织进行的。由于短期内人口增加过快，流动加大，活动频繁，生活需求激增，加之交通十分不便，人们的收入水平很低，因生计所迫砍伐树木作为薪柴进行烧火、取暖和做饭的现象非常普遍。同时，人们开始进行大面积毁林开荒活动，把原本降水丰富、土壤肥沃、气候适宜、相对平缓的野果林的分布地改造为肥沃的农田。总之，各种简单的向野果林进军的初级开发模式，对原始野果林的生态环境产生了很大的影响。

同期，巩留县莫合尔野果林也是受人为干扰比较严重的区域，其原始野果林的自然景观发生了极大的变化，例如，莫合尔乡阿勒马勒村一带，在20世纪50年代，这里曾经是新疆野苹果原始林集中分布区，目前被改造为农田，造成新疆野苹果资源丧失严重、生存环境恶化、分布面积减少、分布地海拔上升，许多新疆野苹果古树丧失或者死亡。

有报道介绍，由于近50年人类的干预，出现农林争地、农牧争地等现象（图10-2），原始的新疆天山野果林面积减少了近一半，目前天山野果林仅有约5000hm^2。

图10-2　当年原始的野果林如今已经被大面积的农田所取代

10.1.2　新疆野苹果种群更新面临困境

据莫合尔当地某些年长者介绍，在20世纪60年代前后，莫合尔野果林内新疆野苹果大树、古树较多，郁闭度很高，秋季的野果林中遍地可见新疆野苹果落果，在低洼处或者林间沟底可见堆积厚度20～30cm成熟的果实落果层，然而当年的这种“景象”如今已经荡然无存。如今，人们再进入野果林中寻找成熟的新疆野苹果果实十分困难，其原因有多种，其一，长期的人为干扰导致原始野果林分布地难见踪迹；其二，过度放牧现象严重，放牧超过土地承载力，长期的、常年的、高频度的牛羊采食，导致新疆野苹果林下无法形成更新苗，成年大树多，幼龄树极少；其三，自20世纪80年代末期以来，每当夏秋季野苹果成熟早期，在野苹果林区出现不少收购新疆野苹果种子的商人（图10-3），许多果实未充分成熟就被当地的农牧民采收，卖给了收购种子的商贩，造成野苹果林下少有甚至没有自然落果，长此以往形成了野苹果林下缺乏种源，阻碍了野苹果种子的自然传播途径，从而造成新疆野苹果林下或林间自然更新极为困难。

因此，长期的人为干扰、过度放牧造成的草场退化（图10-4）和水土流失（图10-5），野苹果林下幼苗因家畜过载而被啃食，成熟的果实被大量的人工采集，造成了野苹果林下幼苗极度缺失，甚至几乎没有新疆野苹果种源，林下由于没有种源，难以形成自然更新苗和幼苗，造成新疆野苹果种群动态失衡，幼龄树数量严重缺乏，种群结构极不合理。

图10-3　新疆野苹果成熟季节收购野苹果种子的商户

图10-4　过度放牧造成草场退化严重

图10-5　水土流失现象严重

“林下无种，林中无苗”现象在新疆野苹果的每个分布地、各个居群（种群）中普遍存在，而“成年树为主，幼龄树木极少”的种群结构极不合理，对于新疆野苹果种群的繁衍十分不利，直接威胁这个物种的生存和发展，情形很不乐观，危害相当严重，新疆野苹果种群更新面临着前所未有的困境。

10.1.3　面临的生态危机

10.1.3.1 苹果小吉丁虫的侵害

苹果小吉丁虫（*Agrilus mali* Matsumura）属于鞘翅目吉丁虫科，主要分布于河北、山西、山东、河南等省的苹果产区。苹果小吉丁虫（图10-6）是苹果、海棠等果木的毁灭性蛀干害虫之一。

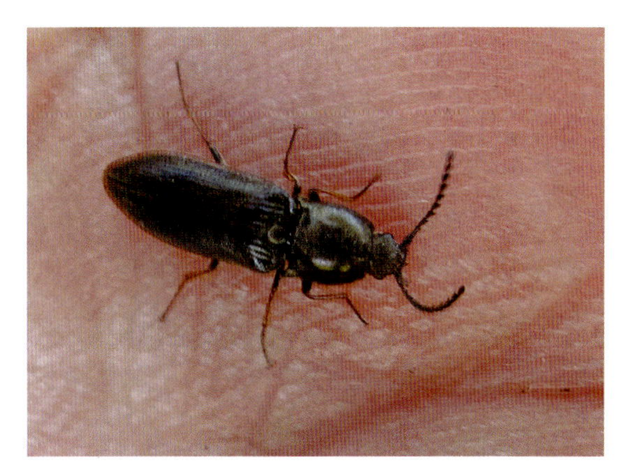

图10-6　苹果小吉丁虫成虫

苹果小吉丁虫在新疆属于生态入侵物种，在1993年以前，新疆是非疫区，该区没有发现这种害虫，也就是说苹果小吉丁虫是新疆严格的检疫和控制对象。1993年，新疆伊犁地区个别农技人员从陕西、山东等地购入一大批栽培苹果新品种苗木，在没有进行植物检疫的情况下进行大面积推广，这批从疫区引进的苹果苗木被分别种植在了新源县和巩留县等地的栽培苹果种植园。1995年5月，在伊犁地区新源县高潮牧场一带的栽培苹果定植苗上首次发现苹果小吉丁虫。由于苹果小吉丁虫在该地区没有天敌，加上其为害对象十分明确，选择性很强，只侵害苹果树，因此，苹果小吉丁虫首先在新源县、巩留县的栽培苹果中繁衍和蔓延，之后迅速扩散到天山野苹果林，侵染新疆野苹果，其他野生果树不受为害。

（1）苹果小吉丁虫的形态特征

①成虫（图10-6）：体长柱形，长6～10mm，宽2.0mm。全体紫铜色，有金属光泽，各部密布小刻点，复眼肾形。触角锯齿状，11节。前胸背板呈长方形，腹部中央有一突起伸向后方和中胸愈合。鞘翅基部明显凹陷，翅鞘尖削，后足胫节中部外缘有一列刺，腹部1～2节腹板愈合。

②幼虫：老熟幼虫体长12～20mm，体扁平，乳白色（图10-7）。头棕褐色，明显缩于前胸内；前胸膨大而扁平，中、后胸较窄；尾部尖端有一坚硬的刺状物。

图10-7　苹果小吉丁虫幼虫

（2）发生及为害特点

苹果小吉丁虫在河北、山东一带1年只发生1代，在侵入伊犁谷地的野果林（新疆野苹果）后，由于这里是非疫区，适合其生存和发展，并且没有天敌的制约，小吉丁虫在伊犁地区1年发生1～2代，属于典型的区域性外来入侵种。

苹果小吉丁虫的幼虫期是主要为害阶段，蛀食新疆野苹果的韧皮部和木质部，蛀食严重的树干部分发黑并下陷，形成坏死的伤疤。幼虫在枝干皮层中蛀食，受害处树皮变黑褐色，隧道螺旋形，蛀道上每隔一段距离有一新月形通气孔，并有少许黑色液体流出，干后呈白色物质附在裂口上。受害严重的枝条，叶片枯黄早落（图10-8），翌春，当小吉丁虫成虫羽化时，会从树皮下钻出，使枝条干枯死亡，严重时导致新疆野苹果整株死亡。幼树主干受害严重时，致使整株枯死，成虫食叶呈不规则缺刻和孔洞。小吉丁虫侵害扩散严重，不加以防治会导致大片树体死亡。图10-9为新疆野苹果受到小吉丁虫为害后整体枯死状。

图10-8　苹果小吉丁虫为害新疆野苹果状况（新源居群）

自1993年至今，苹果小吉丁虫为害对象已从栽培果园发展到分布广范的野生苹果林中。据有关部门的初步统计，苹果小吉丁虫发生和为害面积已超过5000hm^2，其中，野生苹果林受害面积高达4867hm^2，占野生苹果林面积的58.8%。

图10-9　新疆野苹果大树遭受苹果小吉丁虫的为害

（3）虫害调查

1996年至今，作者调查了苹果小吉丁虫对新疆野苹果的为害（图10-10），通过调查发现，新源和巩留两个地区的多个新疆野苹果居群均受到小吉丁虫的为害（图10-11），小吉丁虫在新疆野苹果林中正在蔓延，每年危害的程度和面积都在增加；就受害程度而言，小吉丁虫应是由低海拔向高海拔逐渐蔓延，因新源地区海拔低于巩留地区，因此，目前新源居群受害程度高于巩留居群。

由于苹果小吉丁虫是一个生态入侵物种，当它进入了一个没有天敌控制和能够肆意扩散的寄生者的“天堂”，特别是在野果林这种面积大，难以管理，没有农药防治的自然条件下，便以极快的蔓延速度在发展。

1996—1997年，作者在巩留县莫合尔以及库尔德宁一带考察时发现新疆野苹果树体上个别树梢出现枯黄的小枝条和叶片，经调查发现这些枯枝是由于小吉丁虫蛀入野苹果新枝而引起的，从此便一发不可收拾，其为害在新疆野苹果集中分布的区域——莫合尔（库尔德宁）野苹果林区逐年、逐步大面积扩散开来。

图10-10　调查苹果小吉丁虫的为害（2009）

图10-11　新疆野苹果枝干受小吉丁虫为害前后对比
注：A.幼虫刚入侵野苹果树枝第1年；B.入侵的野苹果树枝第2年；C.受为害的野苹果树枝第3年。

根据调查发现，在新源野果林改良场一带农家果园的个别植株出现苹果小吉丁虫的为害开始于2005年，此后苹果小吉丁虫逐渐向四周开始蔓延。2006年，小吉丁虫蔓延到新疆野苹果林，仅在低海拔少数植株中出现虫害，并不严重。2007年，小吉丁虫的为害程度增加，部分植株开始出现枯枝，当时主要采取人工措施，将干枯枝条砍下烧毁。2008年，调查发现小吉丁虫为害减轻，当年局部地段的新疆野苹果植株长势较好，但是人工砍伐枯枝、烧毁枯枝的面积非常有限。所以2009年，新源交托海一带的野苹果林面临考验，苹果小吉丁虫的为害突然加剧，大量枝条干枯不能萌芽抽枝，当年虽然进行了药物防治，具体措施是春季在野苹果植株的树干上进行打孔，并将40%氧化乐果原液或者10倍液注入植株的木质部，杀死幼虫。在杀死幼虫的基础上进行连续喷药，防治成虫羽化。实践证明，完全采用人工防治的方法，控制苹果小吉丁虫的蔓延和危害是相当困难的。苹果小吉丁虫的为害每年由低海拔向高海拔山地分布的新疆野苹果逐渐扩散和侵害。

由表10-1表明，苹果小吉丁虫侵染新疆野苹果的侵染率达到了100%，也就是说该疫区的新疆野苹果全部受害，死亡率高达60%。由于新疆野苹果林受害面积过大，且海拔较高，地形复杂，加之小吉丁虫发育时间不同步，限于人力和财力，在果园中适用的防治方法无法大面积开展防治。近几年，只能通过人工捕捉、药剂注射、喷施以及生物防治等有限方法进行防治，联合防治在某些程度上减弱了小吉丁虫的为害，但是小吉丁虫仍造成新疆野苹果大面积死亡，成为巨大生态灾害。

表10-1　新疆野苹果受小吉丁虫为害调查

调查对象	调查面积（m^2）	成年树（株）	侵染率 %	死亡株	死亡率 %
新疆野苹果	10000	150	100	90	60

注：调查地点为伊犁新源交托海野果林；时间为2016年8月5日。

我们在进行苹果小吉丁虫在伊犁谷地新源野苹果林的扩散情况及为害新疆野苹果的调查中发现，2010年之前，苹果小吉丁虫还没有扩散或者入侵至新疆野苹果新源那拉提居群，也就是说新疆野苹果（塞威氏苹果）分布最东端的那拉提居群未遭受虫害的威胁，我们通过选择定点的新疆野苹果分布区域（新疆野苹果新源那拉提居群）、定点树的跟踪观察记录了其后发生的系列变化（图10-12）。

2012年5月

2015年5月

2016年5月

2017年5月

图10-12　害虫对单株新疆野苹果树体的影响及为害调查和对比
注：该树为那拉提居群的定点观察树

图10-12显示了2012年之后该株新疆野苹果大树受到苹果小吉丁虫为害后的变化情况，随着苹果小吉丁的入侵和为害，树体出现个别枝条受害，由于虫口密度不断增加，危害不断地加剧，造成的枯枝、干枝越来越多，2016年造成新疆野苹果树体局部枝条干枯；到了2017年整株新疆野苹果濒临死亡。

（4）苹果小吉丁虫为害新疆野苹果并向四周扩散的速度

苹果小吉丁虫在水平方向侵害野苹果的速度每年以20～30km在新疆野苹果分布区周边蔓延；垂直方向蔓延速度也较快，1996年在莫合尔乡（海拔1100m）栽培苹果上被发现；1997年8月，我们在位于海拔1200m的八连的新疆野苹果树上发现受害枝；2003—2005年，苹果小吉丁虫已经在海拔1300m古树分布区蔓延（吉尔格朗河北侧的奇巴尔阿哈西一带的新疆野苹果林）。2006年之前还没有侵入和威胁到新疆野苹果“树王”一带的古树，之后逐渐出现个别为害现象。2007—2008年，海拔1600m处的野苹果古树开始出现苹果小吉丁虫为害的枯枝，2009年前后，海拔1700m左右的山区野苹果古树出现大量枯枝（图10-13）。这些调查数据说明苹果小吉丁虫在野苹果古树区垂直扩散速度每年上升100～150m。2010年前后古树区的新疆野苹果遭受较严重的小吉丁虫的为害；2013年之后不断加剧，2015年调查新疆野苹果古树分布区受侵染率100%，大面积出现部分枯死或者整株枯死植株（图10-13，图10-14）。

图10-13　新疆野苹果古树遭受小吉丁虫为害现状（2017年4月）

A. 2006年4月盛花期

B. 2011年4月盛花期

C. 2015年4月花期

图10-14　新疆野苹果林遭苹果小吉丁虫为害前后的状况对比

（5）苹果小吉丁虫对新疆野苹果种群的危害及影响

1993年春季，苹果小吉丁虫由内地传入伊犁地区，1995年在伊犁地区新源县西部的高潮牧场被发现，后来逐渐在伊犁地区各地的栽培苹果园扩散和传播开来，经过几年时间，苹果小吉丁虫扩散和传播至天山野果林，开始为害新疆野苹果。在21世纪初，苹果小吉丁虫传播和扩散至交托海野果林区。2004年前后，新源县交托海新疆野苹果居群局部出现苹果小吉丁虫，随着时间的推移，虫体数量增加、发展和扩大，受侵害的野苹果树数量也在增加，为害面积迅速扩大，而且愈演愈烈，以伊犁地区新源县交托海野果林为例，这里是天山新疆野苹果分布集中、数量大、密度较高、面积较广的分布地带之一，2005年左右开始遭受苹果小吉丁虫的侵害，目前已经扩散至整个新疆野苹果交托海居群，大面积野苹果树体死亡，导致严重的生态危机（图10-15，图10-16）。2007年至2015年，危机发生之后，有关政府和部门不断采取多项措施如人工喷药等多项化学方法、物理方法进行防治，但收效甚微。

图10-14为新疆野苹果新源交托海居群定点观察的新疆野苹果群落不同年份调查对比，情况表明，2006年4月新疆野苹果盛花期花色鲜艳夺目，花瓣为粉白色，色泽鲜亮，树体良好，群体健康（图10-14A）；2011年4月盛花期，花色暗淡，花瓣为灰白色，色泽污浊，树体也发暗，不健康，群体表现出危害十分严重的状态，但野苹果树开花数目未减，这可能是被苹果小吉丁虫侵染和严重危害后的应激反应，也可能是新疆野苹果树体应对害虫做出的对抗或者最后的努力、最后的表现和最后的挣扎（图10-14B）；2015年4月花期，未见健康树体，开花的新疆野苹果植株极少，寥寥无几，感染率100%，个体和群体死亡现象普遍（图10-14C）。我们通过前后十多年的定点、定位和同期记录和观测说明，历经十年的演变，如今此处的新疆野苹果居群现状令人揪心，同时野生新疆野苹果林的前景令人堪忧。

通过调查发现，新源和巩留两个县的多个居群新疆野苹果均受到苹果小吉丁虫的为害，目前仍然在新疆野苹果林中蔓延，受害面积在扩大，并且出现较大面积的死亡（图10-15，图10-16）。

图10-15　新疆野苹果“树王”遭苹果小吉丁虫为害状况（2017.5）

图10-16　新疆野苹果那拉提居群遭苹果小吉丁虫为害的状况

由于苹果小吉丁虫的为害使得新疆野苹果生长受阻，树势衰弱，极易遭受腐烂病的感染（图10-17），从而加剧了大部分新疆野苹果树体濒临死亡和死亡过程。

图10-17　新疆野苹果遭受苹果腐烂病的侵害

10.1.3.2 塔城分布区新疆野苹果遭苹果巢蛾为害严重

20世纪90年代中期，在塔城地区托里野苹果林爆发苹果巢蛾（*Yponomeuta padella* Linnaeus），并逐渐向周边扩散，新疆野苹果生存和生长受到严重危害。21世纪初，苹果巢蛾从巴尔鲁克山的托里野苹果林蔓延到塔尔巴盖台山的额敏野苹果林（图10-18），为害新疆野苹果十分猖獗。

图10-18 额敏野苹果林受苹果巢蛾侵害后似火烧状（2010.6）

苹果巢蛾属鳞翅目巢蛾科，以幼虫集中侵害野苹果林中的新疆野苹果，吐丝结网，之后化蛹（图10-19），其幼虫选择性专门为害新疆野苹果叶片，取食新生叶片、花蕾等部分，幼虫织网取食叶片，之后仅残留枝条、叶柄和透明的叶脉（图10-20），在塔城谷地野苹果林连续多年大爆发。

图10-19 苹果巢蛾的蛹及羽化后的成虫

图10-20 遭苹果巢蛾幼虫为害的新疆野苹果枝条

2010年6月调查时发现，当年应该属于苹果巢蛾特大爆发年份，其虫口密度大，分布集中，蚕食速度快，逐次迁徙、扩展速度也快，新疆野苹果植株叶片几乎被蚕食而光，连片为害，造成树体生长滞育，连片枯黄，树势严重下降，严重影响新疆野苹果开花、结果及其生长发育，甚至造成树体死亡（图10-21，图10-22），所以造成了塔城地区新疆野苹果大面积遭受侵害。

图10-21　受苹果巢蛾幼虫蚕食、为害的新疆野苹果果枝

图10-22　受苹果巢蛾为害的新疆野苹果
注：A. 叶片枝条；B. 单株；C. 群落。

10.1.4 小结

新疆天山山区的新源县和巩留县，位于伊犁谷地东部，其自然条件优越，交通条件相对便利，尤其是新源山区，接近伊犁河谷的谷底位置，处于交通要道之上。自20世纪50年代末期至60年代初期，由于在人民日报等报刊上报道发现伊犁山区分布有大面积的原始野果林，引起自治区政府的重视，拉开了野果林的开发和利用活动的序幕，同时出现较大规模的移民进入新源县交托海野果林区以及巩留县莫合尔一带的山区，进行野果林改造的现象，原有寂静的农林牧业的平衡被打破，大面积的原始野果林（落叶阔叶林）受到各类经济活动的影响，野苹果林分布面积不断缩减，严重的开垦等人为的干扰现象十分严重，其结果是：野果林大面积减少和丧失，经过人为的改造和严重的干扰之后，70年代以后野果林逐步恢复和演变成了组成成分单一的“野苹果林”景观。原始的天山野果林是由多种野生果树、乔灌木植物组成的混交林，不易形成“新疆野苹果纯林”，如果对历史演变的情况不甚了解，很难了解自20世纪60年代后期开始演变至今的过程，容易忽略其历史真实存在的另一面。

新疆野苹果是人类共有的重要资源，无论是伊犁谷地还是塔城谷地，新疆野苹果现存面积有限，且逐步在缩减，不容乐观，必须引起政府管理部门以及社会各界的高度重视，应不断加强研究和管理，采取及时有效的管理办法和应对措施。

伊犁谷地几个重要的新疆野苹果分布区内，二十多年来苹果小吉丁虫的不断蔓延，造成的新疆野苹果损失不可估量，受害状况触目惊心。塔城谷地的新疆野苹果同样在遭受苹果巢蛾的大肆蚕食为害，形势不容乐观，也同样触目惊心。

如何控制珍稀濒危的新疆野苹果分布区域人为干扰频度和力度，降低其分布面积和种群数量下降的速率，开展重要种质资源的研究和利用，加强新疆野苹果生态系统的保护，保持生态平衡和及时有效控制特大病虫害的发生和发展等措施，对于保护自然资源和生物多样性、维持生态平衡以及可持续发展均有着重要的战略意义。

10.2 新疆野苹果就地保护研究

自20世纪50年代开始，张新时、张钊等进行了天山野果林及新疆野苹果资源的调查、研究工作，伊犁地区园艺研究所原所长林培钧和许正（新源野生果树资源圃负责人）是长期坚守在新疆天山野果林资源研究和保护第一线的研究人员，对伊犁谷地新疆野苹果的种群地理分布区域及特点、生物学特性以及资源状况等十分熟悉和了解，林培钧率领研究团队也先后投身于这项研究事业，为此后展开天山野果林及新疆野苹果就地保护与研究等方面的工作奠定了良好的基础。

10.2.1　建立野外研究站

1985年，在俞德浚等专家提出“要选择适宜的地点建立资源圃”的建议指导下，林培钧教授与新源县野果林改良场合作商议，启动了拟建“资源圃”工作计划，在伊犁谷地新源县交托海野果林中心地带选址和进行第一阶段建设工作。

1988年秋季，本书第一作者参与了新疆伊犁果子沟的初步考察工作，自此与新疆野苹果结缘，逐步开始关注、了解和接触天山深处的野生果树资源。1992年9月，有幸与林培钧教授结识，并一同考察了伊犁谷地新源县交托海野果林，同时对伊犁谷地野果林资源、新疆野苹果及其生态环境的保护和研究达成了共识，自此开展和建立了良好的合作关系。自1993年开始，研究团队又与日本国立静冈大学大石惇教授展开合作，签订了合作研究协议书，长期开展野果林相关国际合作研究项目。

自20世纪90年代起，国际合作项目不断开展。1993—1995年，伊犁园艺研究所与日本静冈大学开展国际合作研究，为了推动研究和保护工作，大石惇教授为林培钧研究团队和新源野果林保护基地提供帮助，无条件提供10万元经费，用于建设“伊犁野生果树及有用植物资源圃”（简称“新源资源圃”或“资源圃”）（图10-23至图10-25），在23hm^2“资源圃”的周边使用刺铁丝加固修建围栏，

图10-23　“资源圃”建设的发起者（1999）
注：左起许正、林培钧、大石惇、阎国荣。

1995年围栏工程完工。经过多方努力和合作，“资源圃”的初步建设完成，在天山山区伊犁地区新源县交托海野果林建立和完成了首个天山野果林野外定点研究站，为之后的新疆野苹果就地保护等研究奠定了基础。

图10-24　伊犁（新源）野生果树与有用植物资源圃

图10-25　主要研究成员与交流访问人员
注：左起皮力冬、廖康、阎国荣、林培均、大石惇、近田文弘、浦沢誠、许正。

1994年，伊犁地区行署批准成立野果林发展中心。之后资源圃内引进各种野生果树43种及其他有用植物56种。1996—1997年，经伊犁地区园艺研究所林培钧的积极努力，在各方支持下，新源资源圃的面积由23hm^2的扩大到100hm^2（图10-26）。但由于当时国家正处于经济非常困难时期，资源圃没有运行费和项目经费，难以完成扩建的资源圃四周围栏保护工程。为了将新增扩的开放式野果林保护区早日封闭保护，1997年6月，由林培钧、阎国荣、许正和施小卫四人自发进行个人捐资修建"资源圃"扩大后的围栏工程，每人出资人民币5000元（相当于个人6～10个月薪水额），合计筹资2万元，于当年修建完成了100hm^2资源圃的主要部分围栏建设任务。由个人筹资用于保护野苹果林的基础建设的行动和举措，为之后研究和保护工作的开展奠定了基础。

1999年8月，伊犁地区园艺研究所与日本静冈大学开展的建设"伊犁野生果树与有用植物资源圃"国际合作项目初步完成（图10-24，图10-26）。

研究团队长期坚持相关的研究，做到研究点面结合，不断克服重重困难，在伊犁谷地新疆野苹果分布地进行野外调查、记录、采样和分析，掌握新疆野苹果大量的第一手资料的基础上，连续多年记录和汇集了丰富的数据和定点、定位观测的样地、样本图片等影像资料等。

2004年8月6～10日，"全国首届野生果树资源与开发利用学术研讨会"在新疆伊犁州新源县召开，作为承办单位，接待了来自中国园艺学会和全国的教学、科研、行业和管理等部门的60位代表赴"资源圃"的实地考察活动，不仅促进了交流与合作，也对外将资源圃进行了充分展示和宣传，并且逐步形成重要的野外科学研究平台。伊犁新源野生果树资源圃不仅为国内外学者开展对野果林的合作研究提供现场，也为合理开发和利用天山野生果树资源提供了试验基地，对于果树资源研究开发与利用具有非常重要的意义。

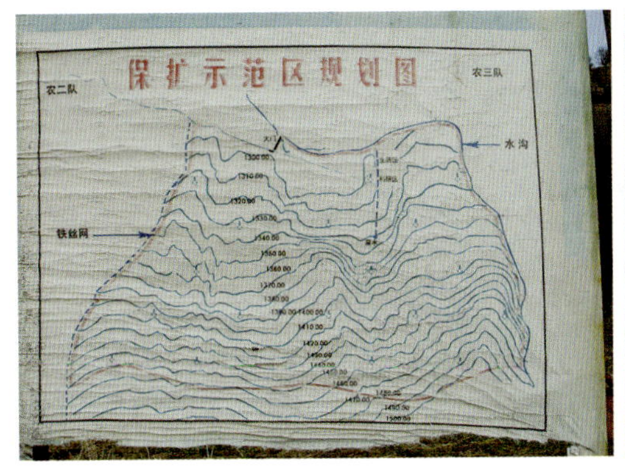

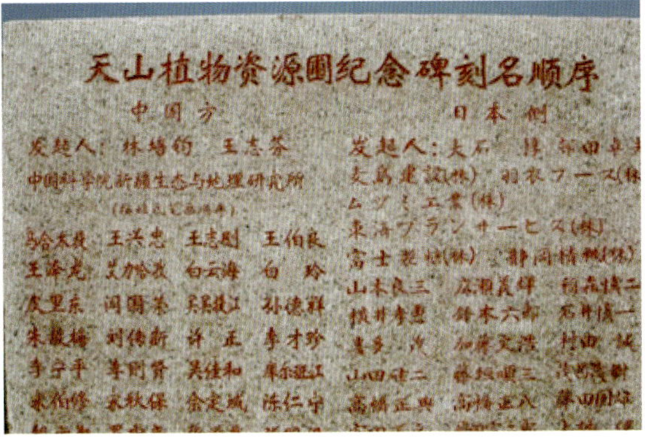

图10-26 资源圃纪念碑和保护面积（区域）规划图

10.2.2　定位研究及就地保护（原位保护）

以“资源圃”为研究基地和依托，作者对天山野果林资源保护和新疆野苹果的就地保护等方面先后主持或参与完成了数十项研究项目，其中主持完成了国家自然基金“伊犁野果林综合研究”项目（1986—1990年）、“塞威氏苹果遗传多样性”项目（1997—2000年）、伊犁园艺研究所与日本静冈大学国际合作“建立伊犁野果林野生果树与有用植物种质资源圃”项目（1993—1999年）等研究项目10余项；申请、安排和协助完成了国家级、省级各类研究项目几十项；参与完成了农业部“新疆伊犁苹果种质资源圃建设”（2006—2009年）、国家自然科学基金项目“新疆野苹果种下类型分类及其近缘栽培种演化关系研究”（2013—2015年）等研究课题20余项。利用本野外研究基地的资源优势和方位优势，为各类研究项目、课题的执行和完成发挥了主要支撑作用和研究功能。

团队科研人员通过长期的努力，对资源圃的野果林生态环境进行了30年的封闭保护。对新疆野苹果的原位保护过程中，在执行和完成了各类相关的研究项目的同时，作者观测和收集了大量的数据，在核心地带开展物候观测、植物引种、新疆野苹果苗木繁育、苗木更新及林下样方调查，并在资源圃的相对稀疏地带建立46.8亩的园中园，修建围栏进行封闭保护，用于人工干预抚育更新及苹果小吉丁虫防治技术等项目。

团队积极与中国农业大学、中国林业科学研究院、天津农学院、新疆农业大学等国内外科研学术机构和大专院校的科技人员开展合作交流与研究，承担、参与和完成相关科研项目数十项，同时在人才培养等方面发挥了重要的作用，培养了一批青年科技人员，培养硕士研究生和博士研究生20余名，发表研究论文100余篇，出版学术专著3部，获得了省部级奖励多项成果。

在开展伊犁野果林资源和环境的保护等项目的同时，团队积极对新疆野苹果的研究、保护工作及生态保护进行宣传教育，体现了社会价值与功能。通过长期对新疆野苹果的封闭保护，在保护原生境、防止种群衰退、防止水土流失、防止草场退化和保护生态环境等方面发挥着重要的作用。

10.2.3　新疆野苹果古树资源分布调查

新疆野苹果在新疆天山伊犁谷地南北两侧的山区与塔城地区的塔尔巴哈台山、巴尔鲁克山等山地范围呈现不连续分布，构成了伊犁谷地分布区和塔城谷地分布区，各山区又有众多的四级分布区（居群）。研究的焦点之一是各个居群的种群结构和特征，在长期的研究期间，通过对两大地理分布区内的几十个新疆野苹果主要居群分布地的调查发现，在伊犁谷地新源县哈拉布拉乡的奇巴尔阿哈西一带分布有树龄较大的新疆野苹果树，在海拔1300～1600m分布有数量较多的新疆野苹果大树，往上至海拔1600～1800m处，新疆野苹果的树龄达到100～200年，呈现稀疏分布状态，最高在海拔1930m仍有数目有限的新疆野苹果古树生存，树龄在200～500年，呈现零星分布，从而形成了一个新疆野苹果古树分布区（图10-27至图10-29）。

图10-27　新疆野苹果古树分布区之一

图10-28　新疆野苹果古树分布区之二（海拔1900m）

图10-29　新疆野苹果古树分布区之三（奇巴尔阿哈西居群，海拔1400～1600m）

新疆野苹果奇巴尔阿哈西居群（图10-27至图10-29）就在古树分布区之内。这个稀有的新疆野苹果古树分布区，不仅其地位特殊，而且形成了鲜明的特色，由于地处高海拔，野苹果生存条件较为恶劣，生长期较短，果实成熟期为8月初，果心大，更具有新疆野苹果原始的性状，显示其生物多样性丰富的特点。

1986—1987年，林培钧首次发现伊犁地区新源县的南山分布有一株巨大的新疆野苹果古树，当时估计树龄约为580年。

1999年，作者实地考察结果表明：这株巨大的新疆野苹果（图10-30），位于伊犁州新源县哈拉布拉镇萨哈村沃尔托托山，经多次测定和校准，确定其分布高度为海拔1930m，属新疆野苹果海拔最高分布的记录，并将这株海拔分布最高、十分稀有、树体巨大、树龄古老的古树，命名为新疆野苹果“树王”（图10-31）（阎国荣，2001）。

图10-30　最古老的新疆野苹果“树王”

10.2.4　新疆野苹果“树王”保护研究

新疆野苹果“树王”是目前发现的唯一一株树龄古老、高海拔分布并且生长良好的稀有古树资源，自1999年起，本研究团队对其持续开展多项保护和研究工作。

10.2.4.1 开展实地调查

新疆野苹果“树王”树体无明显的主干，从基部分枝，向上延伸形成五个巨大分枝（图10-31），直径分别为0.99m、0.72m、0.69m、0.68m和0.51m，生长势良好，树冠开阔，树冠荫地面积$18.9\times15.3=289.17m^2$。

关于新疆野苹果“树王”的树龄，在前人分析和估算结果之上，推测这株巨大的古树树龄近600年，首次在国内进行了报道（阎国荣，2001）；经过不断跟踪调查和研究分析证实这株新疆野苹果（塞威氏苹果）单株是野苹果最高分布点，自然分布海拔高、树龄最长、树体巨大的古树，不但是树龄最古的野苹果树，也是栽培

图10-31　新疆野苹果“树王”粗壮的基径与分支

苹果史上未见报道的奇迹。在其后的跟踪研究过程中，作者多次在国内外多个学术期刊上发表了相关的研究结果和报道（阎国荣等，2008，2010，2015，2016）。

经历数百年的沧桑，这株古树仍然长势良好，枝叶茂盛，春季大部分枝条上苹果花依然开放（图10-32），秋季树体中上部仍结有较多的果实（图10-33）。

图10-32　新疆野苹果“树王”花序

图10-33　新疆野苹果“树王”果实（1999.8）

新疆野苹果“树王”位于1930m的高海拔山区，生长环境较为恶劣，热量资源不足，生长发育期短于位于低海拔的新疆野苹果，与低海拔新疆野苹果相比，开花时间晚7～10天，果实成熟时间提早7～10天。虽然新疆野苹果“树王”表现为生长发育期较短的特点，但依然可以正常的生长、发育及繁衍，充分说明了新疆野苹果（塞威氏苹果）的生命力极其顽强，同时也经受了历史的考验和时间的磨练，证明了新疆野苹果（塞威氏苹果）也是一个长寿果树树种。

这株新疆野苹果“树王”因树体巨大、历史久远、树龄古老、历经磨难，被当地牧民尊为“神树”而时常受到膜拜。并且在这棵野苹果“树王”周围还分布着3株基径超过1.0～1.5m、估计树龄在300～400年的特大新疆野苹果树，另外的2株基径0.6～0.8m、估计树龄在100年以上的新疆野苹果大树（图10-34），这些古树均具有正常生长、发育、结实和繁衍的结实能力。

图10-34　生存在海拔1930m的多株新疆野苹果古树

相对来说，新疆野苹果古树分布区地处海拔较高的山区，远离人们活动的聚集地，地形较特殊，交通极不方便，所以还保留着这些新疆野苹果大树和古树，新疆野苹果“树王”也在其中，地处高海拔的新疆野苹果古树构成了一个特殊的野苹果古树群。古树分布区新疆野苹果树龄为100～300年的大树数量较多，果实类型多样性丰富，果实农艺性状特殊，果核大，表现出更为原始等性状，极端环境条件下具有较强的抗逆性等特点，为今后果树产业的发展、果树育种和可持续利用的重要基因资源。

10.2.4.2 新疆野苹果古树区现状

根据20世纪90年代末期的调查，新疆野苹果“树王”的分布地位于偏远的山区，人为干扰少，树体生长健壮和正常。但之后，由于伊犁地区巩留分布区新疆野苹果居群遭受苹果小吉丁虫侵害，苹果小吉丁虫的危害逐步在古树分布区的新疆野苹果蔓延。据调查，在新疆野苹果古树分布区内也遭到苹果小吉丁虫的侵害，并且从低海拔逐步向高海拔扩展，初步估计以每年上升40～60m的速度扩散多年，水平方向以5～10km速度在扩大和侵染。2008年开始，新疆野苹果“树王”被侵染（图10-35），逐步出现部分枝条被感染，甚至树枝枯死现象（图10-36）。

（2016.8）

（2017.5）

图10-35　新疆野苹果“树王”生存现状

图10-36　新疆野苹果“树王”遭受小吉丁虫为害（2015.4）

由于苹果小吉丁虫的危害，新疆野苹果“树王”和新疆野苹果古树分布区的古树均遭受前所未有的侵害，急迫需要进一步加大保护力度和加强管理工作，以保护其生态价值、研究价值、社会价值、应用价值和经济价值。

由于新疆野苹果具备较强的自然种群保护能力，经过10多年的自然修复和休养生息之后，古树分布区中低海拔的新疆野苹果大树受害症状逐步减轻，树势恢复较快，尤其是新疆野苹果古树区之一的奇巴尔阿哈西居群，20世纪末至21世纪初在遭受苹果小吉丁虫侵袭之后，初期受害症状也比较严重，近十年来，新疆野苹果奇巴尔阿哈西居群的单株逐步在康复，新疆野苹果群体也是处于基本恢复正常繁殖和生长水平（图10-37）。据此，说明新疆野苹果具有许多潜在的可逆性及其他性状，需要人类去探索和挖掘。

（2007.5）

（2012.5）

图10-37　新疆野苹果奇巴尔阿哈西居群正在恢复

所以，作者呼吁国家有关部门给予重视和加强新疆野苹果古树分布区环境及其资源的研究、保护和管理工作，由于该区是保护的重中之重，希望及早建立国家公园或自然保护区，对此加以封闭保护和管理。

10.2.4.3 新疆野苹果“树王”保护工作

一直以来，林培钧教授和大石惇教授都十分关注新疆野苹果“树王”保护，多次亲临现场考察和指导工作（图10-38）。

图10-38　林培钧教授赴实地考察（2008.8）

受当地经济活动的影响，新疆野苹果古树分布区周边的环境变化较大，新疆野苹果古树群和新疆野苹果“树王”环境在恶化。例如，1999年之前，古树分布区内仅有一条牧道供当地的牧民放牧；而1999年8月，该山区修建了一条简易公路，用于周边的牧民放牧和生活，这条公路途中紧邻新疆野苹果“树王”，修建后此处一直有较多的汽车、人员和农牧民的牲畜来往（图10-39），不仅不利于新疆野苹果“树王”和其他古树资源的保护，而且对于古树的生长发育还产生了严重的干扰，其生态环境不断遭受破坏和威胁。

图10-39　新疆野苹果“树王”周边环境受干扰状况

日本静冈市日中友好协会会长、日本静冈县日中友好协会副会长的大石惇先生，不顾70岁的高龄，不远万里长途跋涉，分别于2005年和2006年连续两次来到伊犁天山野果林和古树区考察，看到新疆野苹果古树分布区内常年受到人类活动的干扰，提出必须进行保护，并且积极推动保护工作，他访问了伊犁哈萨克自治州人大常委会主任木哈提别克，提出了保护建议和想法。为了避免人类活动对新疆野苹果古树分布的影响，减少车辆、牛羊以及过往的人员的破坏和干扰（图10-40），保护新疆野苹果“树王”以及周边四棵野苹果古树，大石惇先生同时建议当地有关部门，将影响新疆野苹果“树王”的临时公路改道。2007年4月，伊犁哈萨克自治州人大常委会主任木哈提别克陪同不远万里到伊犁考察的外国专家大石惇亲临现场考察，并且组织了伊犁州林业局、新源县林业局、交通局及其他有关部门的负责同志，齐聚现场办公（图10-40），感谢国际友人的善意和不辞辛劳，同意大石惇先生的保护建议，并且指示林业和其他有关部门要高度重视野苹果“树王”的保护和管理工作。

图10-40　2007年赴现场考察（左一为州林业局负责人；左二为大石惇先生）

2007年夏季，在有关部门的帮助下，经多部门协调，在多方的共同努力下，将野苹果“树王”后侧的临时公路路线改道，绕过了新疆野苹果“树王”，改为从其东侧下方绕行，从而减少了干扰和破坏，保护了新疆野苹果最大树龄古树周边的生境。

2008年5月，70岁高龄的大石惇先生，天津农学院阎国荣的教授以及伊犁哈萨克自治州林业科学研究院的高级工程师许正再次到古树所在地考察后，发现新疆野苹果“树王”的生境仍存在放牧等人为干扰现象。为了进一步保护珍稀、可贵的新疆野苹果“树王”，保护其最高分布界限的分布区生境，保护最大树龄古树及周边四株野苹果古树以及其生境，提出了建立围栏保护新疆野苹果“树王”、古树及其生境的方案，并多次赴现场和实地考察（图10-41，图10-42）。

图10-41　2008年赴现场考察

图10-42　围栏建设完成后大石惇赴实地考察（2008.10）

图10-43　新疆野苹果“树王”及其分布地保护围栏（2010.5）

团队研究人员经过多次与当地有关部门和人员交流，经过不断地努力，在新源县林业局、新源县喀拉布拉乡共同合作和协助下，2010大石惇先生决定提供建设围栏的资金6万元，2008年10月，在新疆新源县的新疆野苹果古树分布区，终于完成了将约600年树龄的新疆野苹果“树王”、古树及其最高分布地的生境周围修建围栏进行封闭保护（图10-43，图10-44），保护面积7800m^2。

新疆野苹果“树王”被围栏保护之后，不仅减少了人为干扰的影响，其生长发育要求也基本得以保障。2009年5月，调查围栏内外植被情况见图10-44。研究团队成员赴实地进行多年连续观测、记录、采样和分析等工作（图10-45），并且取得了诸多成果（杨美玲等，2016，2018）。

图10-44　围栏内外植被情况

图10-45　团队成员赴新疆野苹果“树王”分布地进行实地考察

注：左起张云秀、阎国荣、许正、杨美玲。

研究团队连续投入了诸多的人力、物力、时间和精力，开展保护新疆野苹果“树王”研究工作，调查、记录，经过长期的学术跟踪研究，成果发表之后，引起了社会的关注，同时引起并受到了当地有关部门和政府的关注和重视，促进和加快了天山野果林、新疆野苹果古树保护事业进程的步伐，这是民间学术力量推动下取得良好进展和成功的有力证明之一。

2007—2008年，新疆伊犁哈萨克自治州人大常委会主任木哈提别克不仅亲赴现场考察和安排新疆野苹果古树的保护工作，并且对其保护工作给予了特别的关心和指导，经伊犁哈萨克自治州领导的指示，在伊犁哈萨克自治州有关部门的支持和协助下，新源县林业局、新源县绿化委员会组织力量向国家林业局等部门进行了申报国家古树工作。

2009年12月，新疆野苹果古树申报工作成功获得审批，同时进行挂牌保护。从此，这株独处中国天山深处历史悠久而古老的新疆野苹果巨树（新疆野苹果“树王”）被列为国家一级古树，编号：654025-001，树龄600年，由新源县绿化委员会挂牌（图10-46）。

图10-46　新疆野苹果“树王”被列为国家一级果树

在得到伊犁哈萨克自治州、新源县有关部门重视之后，积极推动了申报吉尼斯纪录的工作。在多方的支持和帮助之下，新源县哈拉布拉乡（镇）向吉尼斯上海总部就新疆野苹果“树王”申报世界记录，这株位于伊犁哈萨克自治州新源县哈拉布拉镇萨哈村沃尔托托山新疆野苹果“树王”，分布高度海拔1930m，2013年获得上海吉尼斯认证记录，名称为“树龄最长的野生苹果树”，树龄逾600年，2013年7月正式发布，该树为国家一级古树，证书编号：No.02961，由新疆新源县哈拉布拉镇人民政府负责保护、管理。

2016年9月26日，中央电视台科教频道（10套），《走进科学》栏目播出《拯救基因库》，对伊犁山区分布的新疆野苹果也进行了报道。

受栏目组应邀，作者来到了新疆野苹果“树王”的分布所在地，阎国荣在现场接受了专题采访，介绍了新疆野苹果（塞威氏苹果）的研究情况，其濒危生存现状，并呼吁人类共同关注和保护天山野果林，保护新疆野苹果的种质资源基因库（图10-47，图10-48）。

图10-47　阎国荣、许正在介绍研究情况

图10-48　阎国荣在现场接受CCTV的专访

注：央视网链接为https://search.cctv.com/link_p.php?targetpage

《走近科学》“拯救基因库”视频内容简介：天山野果林是人类珍贵的果树遗传多样性种质基因库。可是由于近50年人类的干预，天山野果林大面积枯死，核心区新源县林木枯死率高达80%。2016年国家“拯救天山野果林基因库”科技项目开始实施，一大批专家投入到天山野果林艰巨的抢救、保育科技攻关中。

10.2.4.4 建立“野苹果王”纪念碑

为了长期和永久保护天山野果林资源和新疆野苹果古树，为了今后的保护研究和科普宣传教育工作等，尤其是保存位于海拔高度1930m处这株树龄600年罕见的古树——新疆野苹果“树王”，研究团队经过2年多的苦苦寻求，在伊犁谷地天山山脉中天山的那拉特山北坡新源县交吾托海野果林区一带，终于寻找到一块天然形成的花岗岩巨石，巨石整体最高处2.1m，宽1.1m，厚0.5m，重约2.5吨。因这块天然巨石取自于伊犁谷地著名的天山野果林的重要起源地——新源野苹果林区，作为相伴于现存的新疆野苹果古树的纪念碑非常适宜，制作时未加任何修饰和处理，进行设计之后、在其表面精心雕刻了“野苹果王”四个大字，由新源县运至150多千米以外的新疆野苹果古树分布区（海拔1930m）。经过不断的努力，2018年9月18日，将“野苹果王”纪念碑矗立于伊犁谷地天山深处的罕见而珍稀的古树——新疆野苹果“树王”之侧（图10-49），完成了一项具有重要意义的保护工作。

图10-49 “野苹果王”纪念碑（2019.4）

从此，我们关注和研究20多年的国家一级古树——新疆野苹果“树王”，开始赋予新的名称“新疆野苹果王”（简称“野苹果王”），这也是研究团队长期坚持和开展天山野果林资源及环境保护研究工作取得的一项重要成果。

希望政府管理机构给予重视，同时加大管理和保护的力度，管理和科学研究机构加强天山野果林资源的研究与利用工作，进一步做好新疆野苹果王及其生境的保护工作，还希望能引起社会各界的关注和反响，使其成为生态科普教育、旅游开发以及志同道合的关注者所向往的重要标志（图10-50）。

图10-50　作者与合作者考察

注：左起刘智、戴生波、阎国荣、许正、马建民。

第 11 章 | 思考与展望

在查阅国内外不同时期相关的学术著作和文献，包括一些有重要影响力的学者的著作，我们发现在许多资料中关于新疆野苹果的名称记载、划分、学术定义、种下分类以及与红肉苹果之间的关系等方面存在诸多问题，值得我们认真思考和梳理。同时，我们对于新疆西部山地野果林的生态环境以及野生果树资源的研究和保护等方面寄予美好的展望，并提出了几点建议。

11.1 思考

通过多年对相关的历史文献资料的搜集、整理和分析研究发现，因历史条件和其他条件所限，在国内学术界关于新疆野苹果的种下分类等学术问题观点或说法不一，部分学者在研究我国的新疆野苹果资源和引用相关文献时存在诸多的问题，本书进行了梳理，特提出以下若干学术观点，以供国内相关研究机构和大专院校的科研人员、行政部门的管理人员以及大学生在研究我国的新疆野苹果资源和引用相关文献时参考。

问题的提出：首先，新疆野苹果（塞威氏苹果）名称的使用及描述在不同时期和不同学者的观点上有一定的出入，常有相互引用不慎或者借鉴不当，名称界定范围不清，常出现多头或者不确定等问题。其次，了解和认识国外早期关于中亚分布的塞威氏苹果的种类、种下分类的状况和观点，不同学者说法不一。第三，是否能将国外学者早期关于中亚分布的塞威氏苹果的种类、种下分类的观点，直接套用或者引用到中国的新疆野苹果（塞威氏苹果）的研究中？第四，新疆野苹果（塞威氏苹果）与红肉苹果的种间关系如何？基于存在上述一系列的问题，我们认为有必要进行相关的分析、研究和探讨。

11.1.1 对比新疆野苹果名称的变化

为避免引起分歧、混乱等，作者认为有必要加以说明和整理，正确认识新疆野苹果与中亚山区分布的塞威氏苹果的关系，理清二者的相关性和特殊性，全面了解和认识新疆野苹果，并确立其国内和国际的学术地位，使其发挥重要的作用和体现应有的学术价值。

11.1.1.1 我国不同时期研究新疆野苹果的特点

作者先从了解和掌握国内早期研究新疆野苹果的历史和特点等方面入手，进行相关的分析和判断。

（1）起步阶段（20世纪50～60年代）

中国现代植物学研究领域关于新疆山地野果林以及新疆野苹果的植物学研究起步较晚，20世纪40年代以前属于未探索阶段，很难见到我国研究者的研究成果，直到20世纪50年代，有关部门开始着手进行新疆野果林的资源调查，进入了起步摸底阶段，但受我国经济落后、信息不畅、交通不便的影响，研究环节相对薄弱。

1956年，俞德浚、阎振龙在《植物分类学报》发表的《中国之苹果属植物》一文中介绍了中国苹果属植物有20种，但并不含新疆野苹果（塞威氏苹果）这个种。张钊（1958）在《新疆农业科学》发表的《新疆野生苹果林的开发和利用》一文出现塞威氏苹果（野苹果）（*M. sieversii*），这是国内最早记录新疆野苹果的学术研究报告之一。同期国内的报纸传媒也相继出现宣传和报道，例如《大公报》1958年4月17日刊登了《莫库尔区原始果林苏醒了》的报道；《新疆日报》1958年4月24日刊登了《巩留原始野果林——自治区新的水果基地》；1958年5月3日《人民日报》第2版刊登了谈风《大片原始果林蕴藏无尽，新疆派出的开发大队已进入林区》的报道；1959年4月19日《人民日报》第5版报道了《新老果园齐发展，新疆开发野生果林》，一时间引起了有关部门和社会各界对于新疆野果林和新疆野苹果的关注。这个时期学术界取得的主要成果有张新时（1959）在《新疆维吾尔自治区的自然条件（论文集）》中发表了《东天山森林的地理分布》，出现塞氏苹果；张钊（1959）发表《新疆果树概况》，介绍塞威氏苹果（通称野苹果）；1959年，新疆维吾尔自治区农业厅组织了新疆维吾尔自治区北疆果树资源调查队、伊犁哈萨克自治州果树资源调查队编写完成了《伊犁哈萨克自治州直属县（市）果树资源调查报告》；1959年，中国农业科学院果树研究所主编《中国果树栽培学（第二卷）》记载了塞威氏苹果（新疆野苹果），这是国内学术报道最早界定和出现的汉语双名的记载。起步阶段基本掌握了新疆野果林的分布面积。

由于地理位置偏远、交通极其不便和经济落后等原因，20世纪60年代关于新疆果树资源的研究资料很少。

（2）理清种类和确立分类地位阶段（20世纪70～80年代）

20世纪70年代以后，我国学术界逐渐度过了困难重重的阶段，开始进行新疆野苹果的植物学研究，同时确定了新疆野苹果的分类地位和价值，为之后的研究和开发利用奠定了基础。这一时期重要的学术文章和著作有张新时（1973）发表的《伊犁野果林的生态地理特征和群落等问题》（《植物学报》）；俞德浚等（1974）《中国植物志（第三十六卷）》记载新疆野苹果（别称：塞威氏苹果）（*Malus sieversii*（Ldb.）Roem.）；中国科学院新疆综合考察队（1978）编写了《新疆植被及其利用》；俞德浚（1979）的《中国果树分类学》中介绍我国现有苹果属植物已有23种，其中含新疆野苹果；张钊（1982）编著的《新疆的苹果》、孙云蔚（1983）主编的《中国果树史与果树资源》、吴耕民（1984）编著的《中国温带果树分类学》；俞德浚（1984）在《落叶果树分类学》中介绍，新疆伊犁地区栽培苹果的历史久远，推测古代栽培的苹果可能就是当地原产的野苹果中的某些类型。新疆野苹果在新疆苹果栽培史上起过很大的作用，根据近年调查采集研究结果，南疆、北疆许多当地栽培品种均与之有亲缘关系。林培钧等（1984）发表了《新疆果树的野生近缘植物》、河北省农林科学院昌黎果树研究所（1985）主编的《河北省苹果誌》、郑万钧主编的（1985）《中国树木志（第二卷）》、王宇霖（1988）编著的《落叶果树种类学》、廖明康（1989）发表的《新疆的红肉苹果》、李育农（1989）发表的《世界苹果和苹果属植物基因中心的研究初报》、张钊和林培钧（1990）发表的《新疆森林》（野苹果林）、国家环境保护局自然保护司（1991）编写的《珍稀濒危植物保护与研究》《国家珍稀濒危保护物种目录（第一册）》（1984年国务院环境保护委员会公布，1987年国家环保局，中国科学院植物研究所修订），新疆野苹果被列为国家二级重点保护野生植物，将其定为渐危类别，并纳入国家珍稀濒危物种范围。

（3）深入研究阶段（20世纪90年代开始）

随着我国经济实力的提高、交通及通信设备的普及、现代分子生物学手段逐渐成熟，对新疆野苹果的研究也逐渐深入。这一阶段出现的代表性著作和研究成果有廖明康（中国科学院新疆资源开发综合考察队）（1994）编著的《新疆瓜果》；韩英兰等（新疆植物志编辑委员会）（1995）编著的《新疆植物志（第二卷）》；束怀瑞等（1999）在《苹果学》中将新疆野苹果（塞威士苹果）列在苹果属植物的首位；陆秋农，贾定贤（1999）在《中国果树志（苹果卷）》中记载新疆伊犁地区分布新疆野苹果（塞威士苹果）；之后出现了林培钧等（2000）《天山野果林资源——伊犁野果林综合研究》和李育农（2001）《苹果属植物种质资源研究》。随着国家经济的发展、实力的壮大、研究人员队伍的发展，相关的研究力量发展迅速，出现许多关于新疆野苹果（塞威氏苹果）的研究著作和论文等成果，在此不一一赘述。

11.1.1.2 早期国内学术报道新疆野苹果（塞威氏苹果）的名称

由于在不同的时期，不同的研究者们在发表的文献中，对于新疆野苹果（塞威氏苹果）的名称叫法不一，所以我们将文献中出现的部分名称进行归类分析，并以此展开探讨和说明（表11-1）。

表11-1 国内各时期主要著作及文献记载新疆野苹果的名称对比统计

序号	时间	作者	文献出处	题目	新疆野苹果名称的记录和异同
1	1956	俞德浚 阎振龙	植物分类学报，52：77-100	中国之苹果属植物	中国苹果属植物共有20种，未记录中国存在新疆野苹果
2	1958	张钊	新疆农业科学，第4期	新疆野生苹果林的开发和利用	塞威氏苹果（野苹果）（*M. sieversii*）
3	1959	张新时	新疆维吾尔自治区的自然条件（论文集）	东天山森林的地理分布	塞氏苹果（野苹果）（*M. sieversii*）
4	1959	张钊	新疆农业科学 第6期	新疆果树概况	塞威氏苹果（野苹果）（*M. sieversii*）
5	1959	中国农科院果树研究所	中国果树栽培学（第二卷）农业出版社	我国的果树种类	塞威氏苹果（新疆野苹果）（*M. sieversii*）
6	1973	张新时	植物学报，15（2）：239-253	伊犁野果林的生态地理特征和群落等问题	天山苹果（*M. sieversii*）
7	1974	俞德浚	中国植物志，36：383	蔷薇科苹果属植物	新疆野苹果（塞威氏苹果）（*M. sieversii*）
8	1978	中国科学院新疆综合考察队	科学出版社	新疆植被及其利用	新疆野苹果（*M. sieversii*）
9	1979	俞德浚	农业出版社	中国果树分类学	新疆野苹果（塞威氏苹果）（*M. sieversii*）
10	1982	张钊	新疆人民出版社	新疆的苹果	塞威氏苹果（新疆野苹果）（*M. sieversii*）
11	1983	孙云蔚	上海科技出版社	中国果树史与果树资源	新疆野苹果（塞威氏苹果）（*M. sieversii*）

（续）

序号	时间	作者	文献出处	题目	新疆野苹果名称的记录和异同
12	1984	俞德浚	上海科技出版社	落叶果树分类学	新疆野苹果（别称：塞威氏苹果）（*M. sieversii* ）
13	1984	林培钧等	新疆八一农学院学报	新疆果树的野生近缘植物	塞威氏苹果（新疆野苹果）（*M. sieversii* ）
14	1984	吴耕民	农业出版社	中国温带果树分类学	塞威氏苹果（新疆野苹果）（*M. sieversii* ）
15	1985	郑万钧	中国林业出版社	中国树木志（第二卷）	新疆野苹果M. *sieversii*
16	1985	陈景新	农业出版社	河北省苹果志	新疆野苹果（塞威氏苹果）（*M. sieversii* ）
17	1988	王宇霖	农业出版社	落叶果树种类学	塞威氏苹果（新疆野苹果）（*M. sieversii* ）
18	1989	李育农	园艺学报, 16（2）: 101−108	世界苹果和苹果属植物基因中心的研究初报	塞威士苹果（新疆野苹果）（*M. sieversii* ）
19	1990	张钊, 林培钧	新疆人民出版社	新疆森林（野苹果林）	新疆野苹果（塞威氏苹果）（*M. sieversii* ）
20	1995	韩英兰	新疆科技卫生出版社	新疆植物志（第二卷）	新疆野苹果（塞威氏苹果）（*M. sieversii* ）
21	1994	廖明康	中国农业出版社	新疆瓜果	新疆野苹果（M. *sieversii* ）
22	1999	束怀瑞等	中国农业出版社	苹果学	新疆野苹果（塞威士苹果）（*M. sieversii* ）
23	1999	李育农	园艺学报, 26（4）:213～220	苹果起源演化的考察研究	塞威士苹果（新疆野苹果）（*M. sieversii* ）
24	1999	陆秋农，贾定贤	中国农业科技出版社,中国林业出版社	中国果树志（苹果卷）	新疆野苹果（塞威士苹果）（*M. sieversii* ）
25	2000	林培钧，崔乃然	中国林业出版社	天山野果林资源——伊犁野果林综合研究	新疆野苹果（*M. sieversii* ）
26	2001	李育农	中国农业出版社	苹果属植物种质资源研究	新疆野苹果（塞威士苹果）（*M. sieversii* ）

根据表11-1对比分析表明，新疆野苹果在不同阶段的学术著作中时常出现名称不一的现象，如新疆野苹果、天山苹果、野苹果、天山野果、塞威氏苹果、塞氏苹果、赛威氏、塞威士苹果等名称，均属描述同一个物种时采用的不同表示，属于同物异名。通常理解，国内学术界采用“塞威氏苹果”的名称是采用学名*Malus Sieversii*的种名*Sieversii*的音译；“新疆野苹果”则是研究者赋予其地域特色而得名的，说明它是源自于新疆伊犁山区的野苹果。由于新疆野苹果（塞威氏苹果）是属于跨国分布植物物种，我们可以理解两个汉语名称并用的现象，是在研究过程中甄别在中国新疆境内分布的新疆野苹果与中亚诸国山地分布的塞威氏苹果。

根据检索查询，1959年版的《中国果树栽培学》是国内最早出现塞威氏苹果（新疆野苹果）双中文名称并用的学术专著，此外，张新时（1959）、俞德浚（1974, 1979）、张钊（1982）、孙云蔚（1983）、吴耕民（1984）、郑万钧（1985）、陈景新（1985）、王宇霖（1988）、张钊和林培钧（1990）、国家环境保护局自然保护司（1991）、廖明康（1994）及韩英兰（1995）等人的学术著作陆续使用新疆野苹果（塞威氏苹果）双中文名称并用的表述；但也有部分著作出现中文名称不一致（或不统一）的表述。

鉴于此，为了避免引起不必要的麻烦、误解和学术导向错误，作者支持上述文献中使用的“新疆野苹果（塞威氏苹果）”观点，采取统一的中文名称、表述和规范使用较为合适。希望后续的研究者们在研究涉及中国新疆境内的新疆野苹果时，建议使用并列中文名称：新疆野苹果（塞威氏苹果）或者塞威氏苹果（新疆野苹果），不建议使用其他异称，如赛威士苹果、塞威士苹果、天山苹果、天山野苹果、吉尔吉斯苹果、天山野果、野果子、新疆野果等。

11.1.2　新疆野苹果（塞威氏苹果）种下分类的探讨

基于不同时期、不同文献中，关于新疆野苹果的种下分类的表述，出现了多种多样的差异描述，有些甚至出现较大的偏差，为此，特提出以下学术建议和参考。

11.1.2.1 早期关于中亚分布的塞威氏苹果的研究记录

由于塞威氏苹果分布区域广大，涉及中亚五国和我国新疆，地形复杂、自然环境多样、生态条件复杂，因而遗传和生态类型极为丰富，如20世纪30～60年代的苏联时期，不同学者在研究和调查中亚诸国山区分布的塞威氏苹果后，并且在不同时期，根据其不同的生态类型，得出的结论确实大相径庭，曾经出现多达十几个种的描述和记录，根据Ponomarenko的研究和归纳，出现了11个新种的记录（表11-2）。

表11-2 研究者对中亚山区塞威氏苹果的不同记载和命名统计
（Ponomarenko V V，1990）

序号	种　名	作者	发表时间	分布地区
1	*M. rossica* Medik.（俄罗斯苹果）	F. Medikus	1793	哈萨克斯坦、塔尔巴哈台山
2	*Pryus sieversii* Ledeb.（塞威氏苹果）	F. Medikus	1830	哈萨克斯坦、塔尔巴哈台山
3	*M. turkmenorum* Juz. et M. Pop.（土库曼苹果）	С. В. Юз е п ч у к	1839	中亚土库曼
4	*M. anisophylla* Sumn.（异叶性苹果）	Г.П.Сумн е вич	1948	乌兹别克斯坦
5	*M. kudrjaschevii* Sumn.（库德里亚绍夫苹果）	Г.П.Сумн е вич	1948	乌兹别克斯坦
6	*M. jarmolenkoi* Poljak.（亚尔莫连柯苹果）	П.П. Поляков	1949	哈萨克斯坦
7	*M. kirghisorum* Al. Theod. et Fed.（吉尔吉斯苹果）	А л.А.Фелоров	1949	吉尔吉斯斯坦
8	*M. hissaric* Kudr.（西撒利克苹果）	С.М.Ку л ряшо в	1950	乌兹别克斯坦
9	*M. linczevskii* Poljak. 林切夫苹果	П.П. Поляков	1950	哈萨克斯坦
10	*M. juzepczukii* Vass.（尤泽普丘克苹果）	И.Т.Ва снлвченко	1952	吉尔吉斯斯坦
11	*M. tianschanica* Sumn.（天山苹果）	Г.П.Сумн е вич	1955	乌兹别克斯坦

由于受其历史条件、国别差异和地域等条件所限，出现将中亚山区呈现多态性分布的*Malus sieversii*划分出多个新种或记录的说法，其依据难以考证，仅根据数量不多的植株特征以及表型性状的差异便命名一个新种（变种、变型），而不能确切说明这些“种（变种、变型）”特定的自然分布区，所以那些在不同历史时期出现的新记录和命名，是特定时期的产物，因缺乏有效的依据，并没有获得植物学家和果树分类学家等同行的广泛认可。例如，对于“西撒利克苹果”，曾有学者提出质疑“西撒利克苹果是一个单独物种还是塞威氏苹果种下变种”？经研究考证，“西撒利克苹果（*M. hissaric* Kudr.）”是苏联学者库德利亚在研究、考察中亚的乌兹别克斯坦的西撒利（Hissari）山区的塞威氏苹果时，单独提出的一个种。但是波氏（Ponomarenko，1975）在《西撒利克苹果存在吗》一文进行过质疑，同时在考察西撒利（Hissari）山区的塞威氏苹果时发现其多样性十分丰

富，因此他不同意单独成为一个种，故将其归入塞威氏苹果之中，定义为一个变种，就出现了“西撒利克苹果变种 *M. sieversii* var. *hissaric* (Kudr.) Ponom.”的说法。

11.1.2.2 关于塞威氏苹果种下的亚种、变种和变型描述和记录

由于苏联学者Ponomarenko（波诺玛连科）在调查中亚的吉尔吉斯斯坦山区的塞威氏苹果期间，提出了“塞威氏苹果吉尔吉斯苹果（亚种）*M. sieversii* subsp. *kirghisorum* (Al.) Ponom. ”，之后波氏（1991）又提出了“塞威氏苹果吉尔吉斯苹果（变种）*M. sieversii* var. *kirghisorum* (Al.) Ponom.”的说法，而拉脱维亚大学Langenfeld（兰格菲尔德）认为塞威氏苹果是吉尔吉斯苹果的变种 *M. kirghisorum* var. *sieversii* (Al.) Langen.。Ponomarenko与Langenfeld的说法完全不一致，而且Ponomarenko前后提出塞威氏苹果种下有一个亚种和一个变种，这是苏联学者在调查中亚吉尔吉斯山区分布的塞威氏苹果多样性后提出的观点。此外国外仍有个别学者之间关于吉尔吉斯斯坦山区的野苹果分类研究产生学术争论，所以，Langenfeld和Ponomarenko的观点并不适用于我国分布的新疆野苹果的研究。我国研究人员应该避免简单、盲目套用或滥用，不能简单的将部分国外学者在中亚的吉尔吉斯研究时命名或者出现的吉尔吉斯苹果（*M. kighisorum*）生搬硬套于新疆野苹果之内。

关于“塞威氏苹果吉尔吉斯苹果（亚种）*M. sieversii* subsp. *kirghisorum* (Al.) Ponom.”或者“塞威氏苹果吉尔吉斯苹果（变种）*M. sieversii* var. *kirghisorum* (Al.) Ponom.”的说法，苏联学者 Langenfeld和Ponomarenko是根据分布在哈萨克斯坦和吉尔吉斯斯坦山区的塞威氏苹果的种下多样性得出的结论，并且在记录亚种、变种、变型的说法多变，其分类依据并未获得考证。因此，将中亚的塞威氏苹果的亚种、变种、变型的说法套用于我国的新疆野苹果不适宜或难以被认可。

11.1.2.3 新疆野苹果种下分类的记载和描述

关于新疆野苹果种下有亚种、变种和变型的观点值得商榷。如李育农在编著《苹果学》《中国果树志（苹果卷）》和《苹果属植物种质资源研究》过程中，引用了波诺玛连科的观点，如在《苹果学》描述苹果属植物的种类和分布中，记载了新疆野苹果（塞威士苹果）*M. sieversii*种下有：吉尔吉斯苹果亚种 subsp. *kirghisorum* (Al.) Ponom.2n=34，Liang，G. L. 1993，西撒利克苹果变种var. *hissaric* (Kedra) Ponom.1994，新疆红肉苹果变型f. *niedzwetzkyana* (Dieck.)Langenf. 2n=34，Kobel，1927。自然分布：以上种类皆分布于中国新疆伊犁地区，集中分布于新源、霍城、伊宁等县山区。在《中国果树志（苹果卷）》中记载新疆伊犁

地区分布新疆野苹果（塞威士苹果）*M. sieversii*种下有变种和变型：吉尔吉斯苹果亚种var. *kirghisorum* (Al. et An. Theod.) Langenf.，新疆红肉苹果变型*M. sieversii* (Leded.) Roem. f. *niedzwetzkyana* (Dieck.) Langenf.。新疆野苹果群落在伊犁地区，已知包括一个自然种新疆野苹果，一个亚种吉尔吉斯苹果，一个变型红肉苹果和43个生态型。以上3种皆分布于中国新疆伊犁地区，集中分布于新源、霍城、伊宁等县山区。《苹果属植物种质资源研究》（2001）记载新疆伊犁地区分布新疆野苹果（塞威士苹果）*M. sieversii*种下有变种和变型：吉尔吉斯苹果亚种var. *kirghisorum* (Al. et An. Theod.) Langenf.，新疆红肉苹果变型*M. sieversii* (Leded.) Roem. f. *niedzwetzkyana* (Dieck.) Langenf.。我们认为，在以上3个著作中均将苏联学者早期关于中亚分布的塞威氏苹果存在亚种、变种等研究结果直接移入或纳入新疆野苹果也存在亚种、变种的描述未必合适。

张新时（1973）认为所谓的吉尔吉斯苹果是新疆野苹果（塞威氏苹果）的一个生态型。俞德浚（1974，1979）记录新疆野苹果（塞威氏苹果）不含种下亚种或变种。张钊（1982）也不认为新疆野苹果（塞威氏苹果）含种下亚种或变种。通过文献查询、分析，作者同意新疆野苹果（塞威氏苹果）种下不含亚种或变种的观点。通过对比和实地调查研究证实，在中国新疆西部山地没有吉尔吉斯苹果*M. kighisorum*的分布；并且新疆野苹果中不存在新疆野苹果（塞威氏苹果）亚种吉尔吉斯苹果*M. sieversii* subsp. *kirghisorum* (Al.) Ponom.，也不存在新疆野苹果红肉苹果变型*M. sieversii* (Leded.) Roem. f. *niedzwetzkyana* (Dieck.) Langenf.和西撒利克苹果变种*M. sieversii* var. *hissaric* (Kudr.) Ponom.。

11.1.2.4 同为一个种——塞威氏苹果（新疆野苹果）

苏联果树专家П．Г．希特认为中亚诸国山地分布的野苹果，与中国境内的野苹果都是同一个种，即塞威氏苹果。张新时（1973）认为吉尔吉斯苹果（*M. kighisorum*）是新疆野苹果（塞威氏苹果）（*M. sieversii* ）的一个生态型。俞德浚（1974，1979）也认为前者只是后者的一种类型，所有的类型都属于一个种，即新疆野苹果（塞威氏苹果），说明我国天山和准噶尔西部山区分布的新疆野苹果（塞威氏苹果）*M. sieversii*的分类地位已经明确。新疆野苹果分布于不同区域，受地形地貌、气候的影响，不同的新疆野苹果居群（种群）受环境因素的影响，形成了差异明显的多种生态型，如张钊（1958）记录有10种类型；新疆维吾尔自治区北疆果树资源调查队（1959）记录有43种类型；林培钧和崔乃然（2000）记录有84种类型，充分说明新疆野苹果种下类型丰富多样，并且呈现出一些特殊的生态类型。所以，我们支持上述观点：中国新疆境内山区自然分布的新疆野苹果和中亚诸国山地自然分布的塞威氏苹果同属一个物种，均为*Malus sieversii*；在我国天山和准噶尔西部山区自然分布的野生苹果只有一个种，即新疆野苹果（塞威氏苹果）*M. sieversii*；不建议使用或者采纳新疆野苹果种下亚种、变种等，换言之，新疆野苹果无种下亚种、变种。

综上所述，不同时期外国学者研究分布于中亚的塞威氏苹果时发表的相关新种、亚种、变种或变型等学术观点，其中不少观点并未被同行普遍认可和采纳，不能简单将中亚塞威氏苹果的调查结果和观点简单地套用于我国新疆山地分布的新疆野苹果之中，换句话说就是新疆山地分布的新疆野苹果中不含西撒利克苹果变种、土库曼苹果等，所以不应该简单引用、理解和应用，以避免我国的研究者在文献间相互引用或转述中出现一系列学术问题和争议。

11.1.3　新疆野苹果与红肉苹果之关系

问题的提出：新疆野苹果（塞威氏苹果）与红肉苹果的关系如何，后者是否属于新疆野苹果（塞威氏苹果）之种下变型？红肉苹果是一个独立种还是栽培苹果的种下变种？红肉苹果是一个栽培种还是一个野生种？如果是野生种的话，其自然分布地在哪里，在国外还是国内？红肉苹果的分布区域、面积、数量是多少？红肉苹果在中国新疆山地是否有自然分布？这一系列问题，引起了我们的关注和思考。

在研究新疆野苹果的文献中，关于新疆野苹果与红肉苹果关系的说法颇多，也缺乏统一的来源等。据了解，国外许多学者和国内的研究者的看法不一致，在国际合作或交流中容易引起不必要的分歧甚至干扰，为避免产生诸多方面的麻烦和问题，我们就此开展了相关的研究和探讨，以期为有关研究人员和技术开发者提供帮助和参考。

11.1.3.1 有关新疆野苹果与红肉苹果的关系的观点

关于红肉苹果的分类地位在许多学术文献尤其是国内的不少文献中，对其表述不一，特别需要指出的是诸多文献在描述新疆野苹果与红肉苹果的关系时分歧较大，甚至含糊不清。为此，需要加以说明和澄清。

（1）独立种

关于红肉苹果，第一个定名人认为红肉苹果是单独的种*Malus niedzwetzkyana* Dieck. ex. Goeze in Gard. Ghron. Ser. 3, 9:461, 1891。苏联学者瓦维洛夫（1935）、国内学者张钊（1982）、王宇霖（1988）、廖明康（1994）、韩英兰（1995）均主张单独列为一个种，即采用红肉苹果*M. niedzwetzkyna* Dieck.。

（2）变种

美国学者瑞德尔Rehder（1949）记载的西洋苹果的变种和变型，其中有8个类型具有较突出的特点，是西洋苹果的多型性代表类型，但不产于中国，其中包括红肉苹果*M. pumila* var. niedzwetzkyana (Dieck.) Schneid. Handb. Laubh. 1; 716, 1906, in Reper. Sp. Nov. Reg. Veg. 3; 178, 1906.，其嫩叶、花、果实及果肉、树皮、枝条木质部均为红色。国内学者俞德浚（1979，1984）与其主张一致，他在《中国果树分类学》和《落叶果树分类学》记述红肉苹果是普通苹果的变种：红肉苹果*M. pumila* var. *niedzwetzkyana* Dieck.。

（3）变型

苏联学者Langenfeld（1971）在调查和分析哈萨克斯坦和吉尔吉斯斯坦山区的塞威氏苹果时，仅根据其果实形态多样性等便得出的以下结论，认为塞威氏苹果种下有红肉苹果变型*M. sieversii* f. *niedzwetzkyana* (Dieck.) Langenf.，这一表述在Ponomarenko等学者的学术文章有引用或转述。国内学者李育农（1990）等翻译了Ponomarenko以及Langenfeld等学者的学术研究论文，采纳了其观点，并且在之后相关的研究和著作中均采用了塞威氏苹果（新疆野苹果）种下有红肉苹果变型*M. sieversii* f. *niedzwetzkyana* (Dieck.) Langenf.的观点。受其影响，束怀瑞等（1999）的《苹果学》、陆秋农和贾定贤（1999）的《中国果树志（苹果卷）》、李育农（2001）《苹果树植物种质资源研究》等著作中均记载相同的内容：新疆伊犁地区分布有新疆野苹果红肉苹果变型*M. sieversii* f. *niedzwetzkyana* (Dieck.) Langenf.。

11.1.3.2 新疆西部山地是否有红肉苹果自然分布

早期，瓦维洛夫（1935）推测红肉苹果分布在中国新疆的天山山区；王宇霖（1988）参考苏联学者的观点也记录此种野生于新疆天山之中；那么，红肉苹果是否在新疆天山山区及准噶尔西部山地有自然分布呢？张钊（1982）、廖明康（1994）的研究认为红肉苹果在新疆未见野生，在伊犁地区和南疆地区有栽培；韩英兰（1995）也认为红肉苹果在新疆各地有栽培，未见有野生。在查阅国内外文献、对比分析的基础上，我们根据长期地实地调查、观测和记录，得出如下结论：①在新疆伊犁谷地的天山山区和准噶尔西部山地新疆野苹果的自然分布区内，未发现有红肉苹果的自然分布单株、自然分布的群落和自然分布区。②在伊犁谷地山地和新疆塔城地区的塔尔巴哈（盖）台山、巴尔鲁克山均未发现红肉苹果的群落和单株，也就更谈不上有其野生种的分布区。③仅在新疆伊犁地区、塔城地区以及新疆南疆等地有人工栽培，如在部分栽培果园和个别农、牧民的房前屋后的果园中有零星栽培。

11.1.3.3 关于红肉苹果分类地位的探讨

红肉苹果到底是单独一个种，还是栽培苹果之变种，或是塞威氏苹果之种下变型？作者于1998年参与考察了哈萨克斯坦和吉尔吉斯斯坦山区的塞威氏苹果分布情况（图11-1），未发现塞威氏苹果分布区分布有红肉苹果的单株、种群，并且当地的研究人员也未能提供相关的证据和材料。

图11-1　阎国荣考察哈萨克斯坦野果林

对于“哈萨克斯坦、吉尔吉斯斯坦山区可能存在塞威氏苹果种下红肉苹果变型”的推论，其依据是否充分，需要进一步研究和考证。将“新疆野苹果（塞威氏苹果）种下有红肉苹果变型*M. sieversii* f. *niedzwetzkyana* (Dieck.) Langenf.”这一观点套用在我国新疆山地的新疆野苹果之中，我们认为这种简单的归纳是不正确的，不能用其取代或者代表我国新疆分布区的新疆野苹果（塞威氏苹果）情况，因为这与作者的调查和实际情况不符，为了避免记载不清或者误会，有必要澄清和说明此学术问题。

2003年，课题组利用（RAPD）分子标记的方法，采用20个新疆野苹果居群样本和2个红肉苹果（栽培果园中）进行比较，研究表明，利用遗传距离矩阵，以UPGMA方法进行聚类分析，建立系统聚类分析树状图，通过树状图结果分析，20个新疆野苹果居群的遗传距离在0.71聚为一个类群（Group），但居群间及居群内的遗传距离有一定的距离和差异，说明种下具有较明显的遗传多态性，而与红肉苹果的2个样品具有较大的差异，新疆野苹果居群与红肉苹果的遗传距离在0.56，反映出二者亲缘关系较远。

2014年，作者又在伊犁地区个别的农家院及栽培果园中采集了若干个红肉苹果样本，进行了红肉苹果与新疆野苹果SSR比较分析，根据聚类分析研究证明（Mei Ling Yang, 2017），红肉苹果若干个体相距不远，说明关系较近；但是在红肉苹果与自然分布的新疆野苹果多个居群遗传关系分析时发现，红肉苹果与新疆野苹果多个居群间的相似系数较低，遗传距离在0.75，说明红肉苹果与新疆野苹果亲缘关系偏远。因此，根据作者多年实地调查，野外记录、观测和分子生物学技术研究（阎国荣等，2003, 2008，2013，2015，2018）等实验分析，经综合分析我们认为新疆野苹果与红肉苹果遗传距离较远，不支持二者列入一个种之内。

据此，特提出下列观点：

①中国新疆山地分布的新疆野苹果的自然群落中不存在红肉苹果，即在中国新疆天山野苹果林中从未发现有红肉苹果的野生植株和种群分布。

②红肉苹果虽然在新疆伊犁地区个别果园及南疆有关地区有栽培，但是数量很少，资源非常有限。

③经分子生物学实验和分析结果表明，不支持将红肉苹果列入新疆野苹果种内，所以说红肉苹果不能成为新疆野苹果的一个变型。

基于此，建议不使用新疆野苹果（塞威氏苹果）红肉苹果变型*M. sieversii* f. *niedzwetzkyana* (Dieck.) Langenf.的说法，不宜将红肉苹果列为新疆野苹果的变型*M. sieversii* f. *niedzwetzkyana* (Dieck.) Langenf.。支持红肉苹果为独立种的观点，即红肉苹果*Malus niedzwetzkyana* Dieck.。

11.2　展望未来

新疆境内有西天山国家级自然保护区和托木尔峰国家级自然保护区，山体高大，植被垂直带分布十分明显而特殊，保护区内风景优美。西天山自然保护区内外分布有许多动植物的原生分布地，生物多样性丰富，更是许多动植物重要的基因库，天山山地地形地貌独特，降水充沛，形成许多的河流，在伊犁谷地（图11-2）汇集成伊犁河，贯穿中国新疆伊犁谷地，流经哈萨克斯坦，最后注入巴尔喀什湖。

图11-2　伊犁河上游巩乃斯河河谷景观

11.2.1　亟待保护的美丽山川

西天山国家级自然保护区位于中天山西段伊犁地区境内，南北长28km，东西宽14km，总面积约28000hm^2，这里的年降水量达800～1000mm，是新疆降水量最高的地区，被誉为干旱荒漠中的“湿岛”。保护区内形成了7个分属寒带、温带的垂直自然景观带，使得保护区内物种十分丰富。保护区主要保护对象是天山云杉林及其生境。据调查，天山山区共有野生动植物3000余种，各类珍稀濒危动植物近500种。新疆托木尔峰国家级自然保护区位于新疆维吾尔自治区阿克苏地区温宿县境内，地理坐标为东经79°50′～80°54′，北纬41°40′～42°04′，属森林生态系统类型自然保护区。保护区东西长105km，南北宽28km，总面积23.76万hm^2。新疆托木尔峰自然保护区始建于1980年6月，2003年晋升为国家级自然保护区。伊犁河是中国水量最大的内陆河，也是新疆水量最丰富的河流之一。

11.2.2 亟待保护的新疆野苹果及其生态系统

研究表明，现代栽培苹果起源于天山山区新疆野苹果（塞威氏苹果），新疆野苹果是中国绵苹果的直接祖先，种内蕴藏着丰富的遗传多样性，不仅具有现代栽培苹果的全部品质，而且具有耐旱、耐寒、耐病虫等众多优良性状，利用新疆野苹果开展和保障栽培苹果新品种培育和遗传改良工作尤为重要。当前，新疆野苹果面临着许多的问题和危机，这一重要的基因资源亟待研究和加以保护，保护新疆野苹果原始的基因库，保护其分布地区域的生态环境时不我待。

11.2.2.1 原有生境遭到人为破坏，物种多样化减少，种群面积和数量减少

随着经济的发展和社会的进步，人类的活动对自然环境和资源的影响不断加剧，在近几十年间，人为活动频度高，一系列的过度开发和利用活动对野果林生境、生态系统及其生物多样性造成极大的破坏，这是最主要的原因。由于人口激增（不同阶段），人为活动的频次和强度在不断增加，甚至强烈，由于采挖和盗挖野生中药材现象屡禁不止，自然植被破坏严重。加之过度放牧，草场承载能力有限，造成草场退化，野苹果种群面积缩小、数量下降。市场经济背景下，农牧民为了追求经济利益，提早采收果实，造成林下没有落果，缺乏更新苗，同时以苹果为食的鸟类、兽类和家畜（牛羊）采食不到果实和种子，对种子的传播和扩散极为不利，造成新疆野苹果种群更新困难，前景堪忧。在20世纪50年代末期，由于法规不健全，人们乱垦滥伐、缺乏规划和管理等经济行为以及个人行为等活动，打破了新疆野苹果林原有的由新疆野苹果、野杏、红果山楂、多种栒子、多种蔷薇、黑果小檗、密叶杨、欧洲山杨、伊犁柳、天山桦和锦鸡儿等构成的稳定的生态系统的平衡，对由数目众多的乔木、灌木、草本植物组成的复杂、稳定的落叶阔叶混交林群落产生了巨大的影响，如今大部分的新疆野苹果居群（种群）被严重干扰，数量在减少，面积在缩减，逐渐演变成了结构较为单一、稳定性差的“野苹果林”群落，由复杂多样的、生物多样性丰富的、基因多样性丰富的天山野果林生态系统演变成了结构单一、生物多样性丰富度低的野苹果林生态系统。因此新疆天山野果林面积减少了近一半，种群自然更新困难。所以加强新疆野苹果原生境的保护，减少人为干扰，恢复物种多样的、天然稳定的野苹果居群、群落、生态系统及其环境尤为重要。

11.2.2.2 虫害泛滥，防控困难，物种命运堪忧

由于新疆野苹果群落组成的单一性、个体遗传基因的一致性，难以抵抗各种自然灾害，当遭遇突发性病虫害侵害时，易造成毁灭性打击，爆发严重的生态危

机。20世纪90年代中后期苹果小吉丁虫侵入伊犁谷地是一例典型的生物入侵物种事件。苹果小吉丁虫突袭伊犁谷地，由于缺乏自然的天敌及控制，最先出现在农区的栽培苹果园，仅有几年的时间便迅速在野苹果林中蔓延，其危害区域广、面积大、防治难、防治效果差、难以控制，使新疆野苹果受害面积每年以数百公顷的速度在扩大和蔓延，造成大面积枯死。在新源交托海分布区的中心区内的野苹果被苹果小吉丁虫感染率达100%，因苹果小吉丁虫、苹果腐烂病等病虫害的危害，造成野苹果枯死率高达60%～80%。在塔城谷地的新疆野苹果种群同样从20世纪末开始遭受苹果巢蛾等病虫害的侵袭，种群生存受到极大威胁。新疆野苹果种群面临危险的境地，珍稀濒危的新疆野苹果的命运令人担忧。

11.2.3 建议与展望

11.2.3.1 加强新疆野苹果的原位保护、生态环境监测和逐步恢复等工作

对于新疆野苹果的保护必须采取合理有效的办法，开展原位保护（就地保护），尤其是选择重点区域或关键区域建立示范区，切实做到排除人为干扰，逐步进行封闭保护，以保障和改善林下生长环境，保护林下更新苗的安全稳定生长和恢复，以及维持新疆野苹果林的结构和功能稳定。设立生态定位研究站，早日纳入国家生态网络定位站体系，加强天山野果林落叶阔叶森林生态系统的结构与功能的规律研究，开展各类的生态定位观测研究，逐步开展和建立系统化、网络化、信息化等项目的建设工作。

例如，苹果小吉丁虫对于新疆野苹果的危害呈低海拔向高海拔发展的趋势，低海拔处受危害影响较重，高海拔处受危害情况较轻。为限制牲畜和人为的干扰，避免人为引起野生种和栽培种之间的基因渗透而降低遗传多样性和适应性，仅在新疆野苹果古树区域建立的小型示范点只是权宜之计，确实应该从长计议和规划，在新疆野苹果的关键区域实行封闭保护，以减少人为的破坏和外界的因素干扰，恢复新疆野苹果种群的自然修复和自然种群更新的能力。

从长远来看，最大程度限制或减少人为的干扰，应该选择关键区域及范围，实行有效保护、监测和管理，使野苹果林的生态环境逐渐恢复，及早保护和恢复其生物多样性。

11.2.3.2 加强对病害虫的防控，加强外来入侵生物的检疫、预防和控制

要加强对苹果小吉丁虫、苹果巢蛾等威胁极大的病虫害的研究。虽然相关部门从十多年前开始投入一些人力、物力和财力进行化学、物理防治研究，并且引

进害虫的自然天敌，也进行了综合防治，但是未能有效阻止虫害的进一步蔓延和危害。我们要拓展视野，通过多学科、多层次、多手段开展新疆野苹果生态系统和生境的保护，提高生态系统的自然恢复能力，增强新疆野苹果对病虫害的抵御能力，做到有效遏制和及时防控。

同时要建立完善的国家管理体系、设立加强生物入侵研究的新研究机构、建立系统的预防控制研究体系。虽说，目前我国已有多种涉及外来有害生物的相关法规与管理条例，但大多仅适用于预防已知的检疫对象，尚缺乏针对外来入侵生物的专门法规与管理条例。对外来入侵生物的预防与控制的共性技术研究薄弱，学科方向不完整，尚未形成特色鲜明的入侵生物学学科体系，以上几等方面研究与国际水平差距较大。通过这些典型生物入侵案例，希望能够引起各级有关部门的重视，制定相关法律、条例和政策，加强管理、逐级落实到位。加强生物入侵研究，通过设立新研究机构开展国际合作和与他国分享信息等方式，更有效地解决生物入侵问题。

11.2.3.3 加强野果林生物多样性调查、评估及其他基础研究

开展野果林生物多样性调查及评估工作，摸清新疆野苹果及其他野生植物资源的分布、种群规模，区域生物多样性现状评价及综合分析，建立生物多样性数据库。

新疆野苹果具有丰富的遗传多样性，且具备多种优良的抗逆性状，因此加强新疆野苹果的基础研究，建立种质资源基因文库，开展野苹果优良基因及其抗逆性基因的开发与研究，为推进种质资源基因库的建立提供基础资料。开展基因资源挖掘工作，可以为栽培苹果的育种及品质改良提供宝贵的基础资源，同时也为珍稀濒危的新疆野苹果种质资源的深入研究、开发及应用提供科学依据和支持。

11.2.3.4 建立天山野果林自然保护区或国家自然保护区

建立自然保护区，保护生态系统中物种遗传的多样性，不仅成为保护人类自身生存发展之需要，同时也成为国际社会衡量国家和政府业绩、人类文明和社会进步的一个重要标杆或尺度。2003年我国共建立各种类型、不同级别的自然保护区1999个，保护区总面积14398万hm^2（其中，陆地面积13975万hm^2，海域面积603万hm^2），约占国土面积的14.4%。在已建的自然保护区中，国家级自然保护区226个，面积8871.3万hm^2。资料显示，塔城谷地的托里巴尔鲁克山的野巴旦杏自然保护区已经升级为国家级自然保护区；但目前，以新疆山地落叶阔叶林、天山野果林、新疆野苹果林仍然不在自然保护区保护对象之列，也没有设立以新疆野苹果为主要保护对象的自然保护区。

由于上述的新疆野苹果分布区既具有比较典型的地带性、垂直分布的特殊性，又有许多珍稀濒危动植物资源，其中具有科学价值高、国际生物多样性意义的新疆野苹果、野杏等重要的野生果树资源等，因此，我们强烈呼吁国家有关部门早日制定战略规划，逐步推进，我们大力推荐选择新疆山地的重点区域——天山伊犁谷地新疆野苹果古树分布区（属伊犁地区巩留县和新源县所辖区域）以及塔尔巴哈台山新疆野苹果寒地分布区（属塔城地区额敏县所辖区域）作为新疆野苹果的自然保护区，希望能早日规划、建设和完成建立多种类型及相关级别的保护区以及建立国家级自然保护区。

新疆天山山脉稀有的自然属性，未污染的自然环境，多样的景观，丰富的自然资源，是重要的长期的科学研究区域和试验基地，也是重要的科普教育基地，更是具有特色的旅游观光区。需要科学家和政府联合起来加强科学研究，政府加大项目经费投入和管理，建立保障体系，加强研究基地建设，加强自然保护区的建设，对于拯救珍稀濒危物种、保护山地生态系统的完整性和生物多样性都具有十分重要的意义。

11.2.3.5 新的机遇——新疆天山获世界自然遗产

2013年6月21日，在第37届世界遗产大会上，中国新疆天山成功获得通过，成为世界自然遗产，入选自然遗产项目由博格达峰、巴音布鲁克、喀拉峻-库尔德宁、托木尔峰四部分组成，东西距离跨越1760km，总面积5759km^2，成为中国第44处世界自然遗产。

开展世界遗产新疆天山区域及景观生物保护、生态环境的保护、山脉的所有资源（生物、非生物、空间）保护、生态系统的保护；开展伊犁河上游区域的保护、伊犁河流域生态环境的保护、流域的所有资源（生物、非生物、空间）、生态系统的保护。以此为契机和助推力，切实落实世界遗产项目的有效开展、执行、质量管理和监督等方面工作，对于贯彻执行自然遗产项目，弘扬中华文明，加强和落实保护美丽的山川的行动等均具有十分重大的意义。

2017年7月10～17日，乌兹别克斯坦、哈萨克斯坦和吉尔吉斯斯坦三国联合就西部天山山脉申遗在内的6个自然遗产项目入选联合国教科文组织世界遗产名录。

11.2.3.6 设立天山国家公园

2015年，我国制定了国家公园的建设与规划，据了解目前我国有10个国家公园试点正在进行，其中包括：三江源、东北虎豹、大熊猫、神农架、武夷山、钱江源、湖南南山、祁连山、海南热带雨林以及普达措等，这项事业属于起步阶段。在此，我们大力推荐和建议：选择重点区域及关键地区——新疆天山伊犁谷地新疆野苹果库尔德宁分布区、新疆野苹果古树分布区等区域，设立“天山库尔德宁国家公园”，其理由是天山野果林分布最集中、种类最丰富的、代表性最突出的天山山脉那拉提山北侧的巩留县东南部的库尔德宁（包括大、小吉尔格朗河、莫合尔河等两侧）一带，以及那拉提山北侧的新源县（巩乃斯河中上游的南岸）山区一带（包括交托海野果林）等地范围，涵盖森林（针叶林、阔叶林）、草原、河流等大尺度或大范围景观（如东西长约100km范围），以保护其生境、种群、群落、生态系统、区域景观以及山川河流。由国家决策设立国家公园的方针，出台相应的法规、政策和管理条例，并部署开展各项工作，各级地方政府积极宣传、教育、执行和落实有关的工作，同时，加强保护自然遗产，保护自然环境，保护自然资源的宣传和教育等工作，不断进行科普宣传教育，让公众了解和认识保护自然的重要性，从而引导公众全民参与保护自然的行动和事业之中。

总之，生物多样性是人类的共同财富，保护生物多样性更是千秋万代传承的事业，新疆山地野果林和新疆野苹果都是人类共有的财富，它与人类社会生态环境安全与稳定息息相关。新疆野苹果不仅是我国重要的苹果种质资源，也是世界果树重要的基因库，更是我们人类维持可持续发展必需而重要的战略生物资源，在国际上都有着举足轻重的地位和重要的影响力。

参考文献

艾琳, 张萍, 胡成志. 2004. 低温胁迫对葡萄根系膜系统和可溶性糖及脯氨酸含量的影响[J]. 新疆农业大学学报, 27(4): 47-50.

白铃, 阎国荣, 许正. 1998. 伊犁野果林植物多样性及其保护[J]. 干旱区研究, 15(3): 10-13.

柴胜平, 蒋云生, 韦霄, 等. 2010. 濒危植物合柱金莲木种子萌发特性[J]. 生态学杂志,(2): 233-237.

陈建波, 王全喜, 章洁. 2007. 绿豆芽超氧化物歧化酶在胁迫条件下的活性变化[J]. 上海师范大学学报（自然科学版）, 36(1): 49-53.

陈景新. 1985. 河北省苹果志[M]. 北京: 农业出版社.

陈俊, 王宗阳. 2002. 植物MYB类转录因子研究进展[J]. 植物生理与分子生物学学报, 8(2): 81-88.

陈开秀, 周君英, 肖东玉, 等. 1988. 野苹果种子休眠原因的研究[J]. 八一农学院学报, (1): 18-24.

陈灵芝. 1993. 中国的生物多样性——现状与保护对策[M]. 北京: 科学出版社.

陈豫梅, 陈厚彬, 陈国菊. 2001. 香蕉叶片形态结构与抗旱性关系的研究[J]. 热带农业科学, (4) : 14 -16.

陈忠加. 2009. 灌木平茬机牵引性能及对沙地影响试验研究[D]. 北京: 北京林业大学.

董玉琛. 1995. 生物多样性及作物遗传多样性检测[J]. 作物品种资源, (3): 1-5.

樊自立. 1996. 新疆土地开发对生态环境的影响及对策研究[M]. 北京: 气象出版社.

冯昌军, 罗新义, 沙伟, 等. 2005. 低温胁迫对苜蓿品种幼苗SOD、POD活性和脯氨酸含量的影响[J]. 草业科学, (6): 29-32.

冯献宾, 董倩, 王洁, 等. 2011. 低温胁迫对黄连木抗寒生理指标的影响[J]. 中国农学通报, 27(8): 23-26.

傅立国. 1992. 中国植物红皮书[M]. 北京: 科学出版社.

高松, 苏培玺, 严巧娣. 2009. C4 荒漠植物猪毛菜与木本猪毛菜的叶片解剖结构及光合生理特征[J]. 植物生态学报, 33(2): 347-354.

高源, 刘凤之, 曹玉芬, 等. 2007. 苹果属种质资源亲缘关系的SSR分析[J]. 果树学报, (2): 129-134.

国家环境保护局自然保护司. 1991. 珍稀濒危植物保护与研究[M]. 北京: 中国环境科学出版社.

韩英兰. 1995. 新疆植物志（第二卷）[M]. 乌鲁木齐: 新疆科技卫生出版社.

何关福. 1996. 植物资源专项调查研究报告集[M]. 北京: 科学出版社.

侯夫云, 王庆美, 李爱贤, 等. 2009. 植物花青素合成酶的研究进展[J]. 中国农学通报, 25(21): 188-190.

江宁拱. 1986. 苹果属植物的起源和演化初探[J]. 西南农业大学学报, 6(2): 108-111.

蒋明义, 杨文英. 1994. 渗透胁迫下水稻幼苗中叶绿素降解的活性氧损伤作用[J]. 植物学报（英文版）, 36 (4): 289-295.

蒋有绪. 1996. 中国森林生态系统结构与功能规律研究[M]. 北京: 中国林业出版社.

景士西，吴禄平. 1989. 果树种质资源研究着眼于种质[J]. 北方果树, (3): 1-4.

康向阳. 2001. 毛白杨花粉败育机制的研究[J]. 林业科学, 42(5): 12-17.

孔令慧, 赵桂琴. 2013. 不同品种红三叶苗期对4℃低温胁迫的生理响应[J]. 中国草地学报, (3): 31-37.

李合生. 2000. 植物生理生化实验原理和技术[M]. 北京: 高等教育出版社.

李和平. 2009. 植物显微技术第二版[M]. 北京: 科学出版社.

李江风. 1991. 新疆气候[M]. 北京: 气象出版社.

李啃, 周春江. 2014. 植物WRKY转录因子的研究进展[J]. 植物生理学报, 50(9): 1329-1335.

李懋学, 陈瑞阳. 1985. 关于植物核型分析的标准化问题[J]. 武汉植物学研究, (4): 297-302.

李美茹, 李洪清, 孙梓健, 等. 2003. 影响蓝色花着色的因素[J]. 植物生理学通讯, 39(1): 51-55.

李世英. 1961. 北疆荒漠植被的基本特征[J]. 植物学报, 9(3-4): 287-315.

李育农. 1989. 世界苹果和苹果属植物基因中心的研究初报[J]. 园艺学报, 16(2): 101-108.

李育农. 1995.苹果和苹果属植物的起源与演化研究[J]. 中国学术期刊文摘, 1(4): 10-11.

李育农. 1996.世界苹果属植物种类和分类的研究进展评述[J]. 果树科学, 13（增刊）: 63-81.

李育农. 1999. 苹果起源演化的考察研究[J]. 园艺学报, 26(4): 213-220.

李育农. 2001. 苹果属植物种质资源研究[M]. 北京: 农业出版社.

梁国鲁, 李晓林. 1993. 中国苹果属植物染色体研究[J] 植物分类学报, 31(3): 236-251.

梁美霞, 戴洪义, 葛红娟. 2009. 组培和大田条件下苹果叶片结构和表皮特征的比较[J]. 果树学报, 26(6): 781-785.

廖明康. 1989. 新疆的红肉苹果[J]. 新疆农业科学, 2 : 33.

廖明康. 1994. 新疆瓜果[M]. 北京: 中国农业出版社.

林培钧, 崔乃然. 2000. 天山野果林资源——伊犁野果林综合研究[M]. 北京: 中国林业出版社.

林培钧, 林德佩, 王磊. 1984. 新疆果树的野生近缘植物[J]. 新疆八一农学院学报, (4): 25-32.

林培钧. 1963. 伊犁野生苹果的分布与形成[C]. 新疆维吾尔自治区园艺学会第一届学术年会会刊: 51-53.

刘建国. 1987. 新疆树木区系及其生态地理分布[J]. 干旱区研究, 4(2): 19-23.

刘立诚, 排祖拉, 徐华君. 1997. 伊犁谷地野果林下的土壤形成及其分类[J]. 干旱区地理, 20(2): 34-40.

刘欣, 李云. 2006. 转录因子与植物抗逆性研究进展[J]. 中国农学通报, 22(4): 61-65.

刘兴诗, 林培钧. 1993. 伊犁野果林生境分析和发生探讨[J]. 干旱区研究, (3): 28-30.

刘延吉, 张珊珊, 田晓艳, 等. 2008. 盐胁迫对NHC牧草叶片保护酶系统、MDA含量及膜透性的影响[J]. 草原与草坪, (2): 30-34.

柳展基, 邵凤霞, 唐桂英. 2007. 植物NAC转录因子的结构功能及其表达调控研究进展[J]. 西北植物学报, 27(9): 1915-1920.

陆秋农, 贾定贤. 1999. 中国果树志（苹果卷）[M]. 北京: 中国农业科技出版社.

穆尔扎也夫 ЭM, 周立三. 1959. 新疆维吾尔自治区的自然条件（论文集）[M] 北京：科学出版社.

秦伟, 廖康, 耿文娟, 等. 2010. 新疆野苹果及栽培品种花粉矿质元素的遗传多样性[J]. 经济林研究, 28(1): 94-96.

青木二郎. 1984. 苹果的研究 [M]. 曲泽洲, 刘汝诚, 译. 北京: 农业出版社.

茹赤科夫 H F . 1959. 果树栽培学各论[M]. 北京：高等教育出版社.

茹科夫斯基. 1957. 普通植物学[M]. 北京：高等教育出版社.

束怀瑞. 1999. 苹果学[M]. 北京: 中国农业出版社.

孙云蔚. 1983. 中国果树史与果树资源[M]. 上海: 上海科技出版社.

谈风. 1958. 大片原始果林蕴藏无尽, 新疆派出的开发大队已进入林区[N]. 人民日报, 5-3(2).

汤章城. 1984. 逆境条件下植物脯氨酸的累积及其可能的意义[J]. 植物生理学通讯, (1): 15-21.

唐巧红. 2013. 新疆野苹果花粉生活力的测定[J]. 浙江农业科学, (4): 414-415，418.

瓦维洛夫. 1982. 主要栽培植物的世界起源中心[M]. 董玉琛, 译. 北京: 农业出版社.

王东明, 贾媛, 崔继哲. 2009. 盐胁迫对植物的影响及植物盐适应性研究进展[J]. 中国农学通报, 25(4): 124-128.

王金玲, 顾红雅. 2000. CHS基因的分子进化研究现状[M] // 植物科学进展. 北京: 高等教育出版社, (3): 17-24.

王磊. 1989. 新疆野苹果和新疆野杏[J]. 新疆农业科学, (5): 18-19.

王荣富. 1987.植物抗寒指标的种类及其应用[J]. 植物生理学报, (3): 51-57.

王宇霖. 1984. 世界苹果品种研究[M]. 郑州: 中国农业科学院郑州果树研究所.

王宇霖. 1988. 落叶果树种类学[M]. 北京: 农业出版社.

王云, 秦伟, 王永丰. 2013. 新疆野苹果S基因特异性PCR体系优化[J]. 新疆农业科学, 50(11): 2023-2030.

王壮伟, 渠慎春, 章镇, 等. 2004. 苹果属RNA高效快速提取新方法[J]. 果树学报, (4): 385-387.

吴耕民. 1984. 中国温带果树分类学[M]. 北京: 农业出版社.

希特 П Г. 1956. 果树栽培农业技术生物学基础[M]. 王宇霖, 祖容, 译. 北京：财政经济出版社.

辛树帜. 1962. 中国果树历史的研究[M]. 北京: 农业出版社.

新疆八一农学院. 1982. 新疆植物检索表（第一册、第二册）[M]. 乌鲁木齐：新疆人民出版社.

新疆八一农学院. 1983. 新疆植物检索表（第三册）[M]. 乌鲁木齐：新疆人民出版社.

新疆地理学会. 1993. 新疆地理手册[M]. 乌鲁木齐：新疆人民出版社.

新疆生产建设兵团农业局. 1991. 新疆兵团果树品种志[M]，乌鲁木齐：新疆人民出版社.

新疆生物土壤沙漠研究所. 1977. 新疆药用植物志（第一册）[M]. 乌鲁木齐: 新疆人民出版社.

新疆生物土壤沙漠研究所. 1981. 新疆药用植物志（第二册）[M]. 乌鲁木齐: 新疆人民出版社.

新疆生物土壤沙漠研究所. 1984. 新疆药用植物志（第三册）[M] 乌鲁木齐: 新疆人民出版社.

新疆维吾尔自治区国土整治农业区划局. 1986. 新疆国土资源[M]. 乌鲁木齐: 新疆人民出版社.

新疆植物志编辑委员会. 1992. 新疆植物志（第一卷）[M]. 乌鲁木齐: 新疆科技卫生出版社.

新疆植物志编辑委员会. 1994. 新疆植物志（第二卷）[M]. 乌鲁木齐: 新疆科技卫生出版社.

新疆植物志编辑委员会. 1996. 新疆植物志（第六卷）[M]. 乌鲁木齐: 新疆科技卫生出版社.

邢全, 石雷, 刘保东, 等. 2004. 枇杷叶荚蒾叶片解剖结构及其 生态学意义[J]. 园艺学报. 31(4): 526-528.

徐琮. 2015. 盐胁迫对木槿几种生理指标的影响[J]. 天津农业科学, 21(6) : 141-145.

徐兴兴, 梁海永, 甄志先, 等. 2006. 苹果SSR反应体系的建立[J]. 果树学报, (2): 161-164.

严兆福，林培钧. 1990. 新疆森林: 野核桃林[M]. 乌鲁木齐: 新疆人民出版社.

阎国荣, 许正. 2001. 天山山区野生果树资源[J]. 北方园艺, 136(1): 24-27.

阎国荣, 许正. 2010. 中国新疆野生果树研究[M]. 北京: 中国林业出版社.

阎国荣, 张立运, 许正. 1999. 天山野果林生态系统受损现状与保护[J]. 干旱区研究, 16(4): 1-4.

阎国荣. 1996. 新疆野生果树资源与生物多样性保护[J]. 干旱区研究, 13(1): 64-65.

阎国荣. 1998. 新疆野苹果（*Malus sieversii*）在我国的自然分布及现状[C]. 中国植物学会六十五周年大会论文摘要: 306-307.

阎国荣. 1999. 新疆野生果树生物多样性研究 [D]. 沈阳: 中国科学院沈阳应用生态研究所.

阎国荣. 2001. 新疆野苹果树王[J]. 植物杂志 , 03: 11.

阎国荣. 2003. 中国栽培苹果的起源与进化研究[D]. 天津: 南开大学.

阎顺. 1991. 新疆第四纪孢粉组合特征及植物演替[J]. 干旱区地理, 14(2): 1-9.

杨磊, 廖康, 佟乐, 等. 2008. 影响新疆野苹果种子萌发相关因素研究初报[J]. 新疆农业科学, 45(2): 231-235.

杨晓红, 李育农. 1995. 苹果属植物中花楸苹果组和多胜海棠组的花粉形态和系统学研究[J]. 西南农业大学学报, (4): 348-354.

杨晓红, 林培均, 李育农. 1992. 新疆野苹果*Malus sieversii* (Ldb.) Roem. 花粉形态及其起源演化研究[J]. 西南农业大学学报, 14(1): 45-50.

杨晓红. 1986. 苹果属植物花粉观察研究[J]. 西南大学学报（自然科学版）, (2): 125-133.

叶静渊. 2002. 中国农学遗产选集—落叶果树（上编）[M]. 北京: 中国农业出版社.

叶玮. 1999. 新疆伊犁地区黄土的沉积特征与古气候研究 [D]. 兰州: 中国科学院兰州沙漠所.

佚名. 1958. 莫库尔区原始果林苏醒了[N]. 大公报, 4-17.

佚名. 1958. 巩留原始野果林——自治区新的水果基地[N]. 新疆日报, 4-24.

佚名. 1959. 新老果园齐发展, 新疆开发野生果林[N]. 人民日报, 4-19(5).

佚名. 1988. 波兰: 七千年前的苹果（考古发现）[N]. 人民日报, 7-14(7).

俞德浚, 阎振龙. 1956. 中国之苹果属植物[J]. 植物分类学报, 52: 77-100.

俞德浚. 1979. 中国果树分类学[M]. 北京: 农业出版社.

俞德浚. 1984. 落叶果树分类学[M]. 上海: 上海科技出版社.

张春雨, 陈学森, 林群, 等. 新疆野苹果群体遗传结构和遗传多样性的SRAP分析[J]. 园艺学报, 36(1): 7-14.

张立运, 潘伯荣. 2000. 新疆植物资源评价及开发利用[J]. 干旱区地理, 23(4): 331-336.

张萌. 2012. 基于 SSR 分子标记的葡萄种质资源的遗传多样性分析及品种鉴定[D]. 南京: 南京农业大学.

张宁, 胡宗利, 陈绪清, 等. 2008. 植物花青素代谢途径分析及调控模型建立[J]. 中国生物工程杂志, 28(1): 97-105.

张秋香, 武绍波, 杨荣苹, 等. 2004. 果树种子休眠原因及解除休眠的方法[J]. 山西果树, (1): 31-32.

张绍铃, 谢文暖, 陈迪新, 等. 2003. 8种果树花粉量及花粉萌发与生长的差异[J]. 上海农业学报, 19(3): 67-69.

张喜春, 白明霞. 1996. 前苏联森林中野生乔木果树种类及分布[J]. 北方园艺, (1): 24-27.

张新时. 1959. 东天山森林的地理分布 · 新疆维吾尔自治区的自然条件（论文集）[M]. 北京: 科学出版社.

张新时. 1973. 伊犁野果林的生态地理特征和群落等问题[J]. 植物学报, 15(2): 239-253.

张亚冰, 刘崇怀, 潘兴, 等. 2006. 盐胁迫下不同耐盐性葡萄砧木丙二醛和脯氨酸含量的变化[J]. 河南农业科学, (4): 84-86.

张妍, 冯连荣, 宋立志, 等. 2011. 植物抗寒指标的种类及测试原理[J]. 中国林副特产, (4): 99-102.

张元明, 阎国荣. 2001. 塞威氏苹果*Malus sieversii* (Ldb.) Roem花粉形态的研究[J]. 植物研究, 21(3): 380-383.

张钊, 林培钧. 1990. 野苹果林（新疆森林）[M]. 乌鲁木齐: 新疆人民出版社.

张钊. 1958. 新疆野 苹果林的开发和利用[J]. 新疆农业科学, 4 : 148.

张钊. 1959. 新疆果树概况[J]. 新疆农业科学, (6): 210-230.

张钊. 1982. 新疆的苹果[M]. 乌鲁木齐: 新疆人民出版社.

郑万钧. 1985. 中国树木志（第二卷）[M]. 北京: 中国林业出版社.

中国科学院登山科学考察队. 1978. 天山托木尔峰地区的生物[M]. 乌鲁木齐: 新疆人民出版社.

中国科学院生物多样性委员会. 1994. 生物多样性研究的原理与方法[M]. 北京: 中国科学技术出版社.

中国科学院新疆资源开发综合考察队. 1989. 新疆生态环境研究[M]. 北京: 科学出版社.

中国科学院新疆资源开发综合考察队. 1989. 新疆水资源合理利用与供需平衡[M]. 北京: 科学出版社.

中国科学院新疆资源开发综合考察队. 1989. 新疆土地资源承载力[M]. 北京：科学出版社.

中国科学院新疆资源开发综合考察队. 1994. 新疆瓜果. [M]. 北京: 中国农业出版社.

中国科学院新疆综合考察队. 1978. 新疆植被及其利用[M]. 北京: 科学出版社.

中国科学院植物研究所. 2003. 中国植物主题数据库[DB/OL]. http: //www. plant. csdb. cn/protectlist.

中国科学院中国植物志编辑委员会. 1974. 中国植物志（第三十六卷）[M]. 北京: 科学出版社.

中国农科院果树研究所. 1959. 中国果树栽培学（第二卷）[M]. 北京: 农业出版社.

中国农业百科全书果树卷编辑委员会. 1993. 中国农业百科全书·果树卷[M]. 北京: 农业出版社.

中国农业科学院果树研究所. 1993. 果树种质资源目录[M]. 北京: 农业出版社.

中国生物多样性国情研究报告编写组. 1998. 中国生物多样性国情研究报告[M]. 北京: 中国环境科学出版社.

中国植被编辑委员会. 1980. 中国植被[M]. 北京: 科学出版社.

中国自然资源丛书编撰委员会. 1995. 中国自然资源丛书·新疆卷(41) [M]. 北京: 中国环境出版社.

周琦, 祝遵凌, 施曼. 2015. 盐胁迫对鹅耳枥生长及生理生化特性的影响[J]. 南京林业大学学报（自然科学版）, 40(6): 56-60.

朱京林. 1983. 新疆巴旦杏[M]. 乌鲁木齐: 新疆人民出版社.

邹丽娜, 周志宇, 颜淑云, 等. 2011. 盐分胁迫对紫穗槐幼苗生理生化特性的影响[J]. 草业学报, 20 (3): 84-90.

Ponomarenko V V. 1990. 世界苹果属植物种类研究论文选译集 (一) [M]. 西南农业大学《苹果及苹果属植物起源演化研究》课题组, 译,[S. l.] :[s. n.] .

Ryan Gregory T. 2007. 基因组的进化[M]. 北京: 科学出版社.

Yelenosky G. 1981. 低温锻炼伏令夏橙树忍受−6.7℃没有受冻[J]. 邓伯勋, 译. 华中农学院学报, (3): 97-100.

Пономаренко В В .1980. Современное состояние проблемы происхожденчя яблони домашней —*Malus domestica* Borkh. [J]. Труды по прикладной отанике генетикеи селекци, Том67, Выд, 1: 11-21.

Abebe T, Guenzi A C, Martin B, et al. 2003. Tolerance of Mannitol-Accumulating Transgenic Wheat to Water Stress and Salinity[J]. Plant Physiology, 131(4): 1748-1755.

Alberte R S，Thomber J P，Fiscus E L. 1997. Water stress on the content organize of chlorophyll inmesophyll and bundle sheath chloroplasts of maize[J]. Plant Physiol, 59: 351-353.

Almoguera C, Prieto-Dapena P, Jordano J. 1998. Dual regulation of a heat shock promoter during embryogenesis: stage-dependent role of heat shock elements[J]. The Plant Journal, 13(4): 437-446.

An X H, Tian Y, Chen K Q, et al. 2012. The apple WD40 protein MdTTG1 interacts with bHLH but not MYB proteins to regulate anthocyanin accumulation[J]. Journal of Plant Physiology, 169(7): 710-717.

Arefian M, Vessal S, Bagheri A. 2014. Biochemical changes inresponse to salinity chickpea (*Cicer arietinum* L.) during early stages of seedling growth[J].Journal of Animal and plant Sciences, 24(6): 1849-1857.

Asada K. 2006. Production and scavenging of reactive oxygen species in chloroplasts and their functions[J]. Plant Physiology, 141(2): 391-396.

Ashraf M, Harris P J C. 2004. Potential biochemical indicators of salinity tolerance in plants[J]. Plant Science, 166(1): 3-16.

Bae W, Lee Y J, Kim D H, et al. 2007. AKr2A-mediated import of chloroplast outer membrane proteins is essential for chloroplast biogenesis[J]. Nature cell biology, 10(2): 220-229.

Bao G, Zhuo C, Qian C, et al. 2016. Co-expression of NCED and ALO improves vitamin C level and tolerance to drought and chilling in transgenic tobacco and stylo plants[J]. Plant Biotechnology Journal, 14(1): 206-214.

Barnett T, Altschuler M, Mcdaniel C N, et al. 1979. Heat shock induced proteins in plant cells[J]. Developmental Genetics, 1(4): 331-340.

Bartels D, Sunka R. 2005. Drought and Salt Tolerance in Plants[J]. Critical Reviews in Plant Sciences, 24(1): 23-58.

Basha E, Friedrich K L, Vierling E. 2006. The N-terminal Arm of Small Heat Shock Proteins Is Important for Both Chaperone Activity and Substrate Specificity[J]. Journal of Biological Chemistry, 281(52): 39943-33952.

Beikircher B, Mayr S. 2013. Winter peridermal conductance of apple trees: lammas shoots and spring shoots compared[J]. Trees, 27(3): 707-715.

Boes N, Schreiber K, Härtig E, et al. 2006. The *Pseudomonas aeruginosa* Universal Stress Protein PA4352 Is Essential for Surviving Anaerobic Energy Stress[J]. Jourrnal of Bacteriology, 188: 6529-6538.

Bondada B R. 2011. Micromorpho-Anatomical Examination of 2. 4-D Phytotoxicity in Grapevine (*Vitis vinifera* L.) Leaves[J]. Journal of Plant Research, 30(2): 185-198.

Bondino H G, Valle E M, Have A T. 2012. Evolution and functional diversification of the small heat shock protein/ α -crystallin family in higher plants[J]. Planta, 235(6): 1299-1313.

Borevitz J O, Xia Y J, Blount J, et al. 2000. Activation Tagging Identifies a Conserved MYB Regulator of Phenylpropanoid Biosynthesis[J]. The Plant Cell, 12: 2383-2393.

Borkhausen. 1803. Iozepchuk in Komarov Fl[J]. SSSR, 9:365.

Buak H, Shearman R C, Parmaksiz I, et al. 2004. Comparative analysis of seed and vegetative biotype buffalo grasses based on plulo genetic relationship using ISSRs, SSRs, RAPDs and SRAPs[J]. *Theor Appl Genet*, 109(2): 280-288.

Busch W, Wunderlich M, Schöffl F. 2005. Identification of novel heat shock factor-dependent genes and biochemical pathways in *Arabidopsis thaliana*[J]. The Plant Journal, 41(1): 1-14.

Chamovitz D, Pecker I, Hirschberg J. 1991. The molecular basis of resistance to the herbicide norflurazon[J]. Plant Molecular Biology, 16(6): 967-974.

Chan J L, Yang K A, Hong J K, et al. 2006. Gene expression profiles during heat acclimation in *Arabidopsis thaliana* suspension-culture cells[J]. Journal of Plant Research, 119(4): 373-383.

Chandler V L, Radicella J P, Robbins T P, et al. 1989. Two regulatory genes of the maize anthocyanin pathway are homologous: isolation of B utilizing R genomic sequences[J]. Plant Cell, 1(12): 1175-1183.

Chang S, Puryear J, Caimey J. 1993. A simple and efficient method for isolation RNA from pine trees[J]. Plant Mol Biol Rep, 11: 113-116.

Charng Y Y, Liu H C, Liu N Y, et al. 2006. *Arabidopsis* Hsp32, a novel heat shock protein, is essential for acquired thermotolerance during long recovery after acclimation[J]. Plant Physiology, 140(4): 1297-1305.

Chen J. 2007. *UspA* of *Shigella sonnei*[J]. Journal of Food Protection, 70(10): 2392-2395.

Chen Qiang, Zhang Meide, Shen Sihua. 2011. Effect of salt on malondialdehyde and antioxidant enzymes in seedling roots of Jerusalem artichoke (*Helianthus tuberosus* L.) [J]. Acta Physiologiae Plantarum, 33(2): 273-278.

Chen Rui-yang. 1993. Chromosome Atlas of Chinese Principle Economic Plant [M] T. I. International Academic Publishers.

Chen W, Honma K, Sharma A, et al. 2006. A universal stress protein of *Porphyromonas gingivalis* is involved in stress responses and biofilm formation[J]. Fems Microbiology Letters, 264(1): 15-21.

Chen X S, Feng T, Zhang Y M, et al. 2007. Genetic Diversity of Volatile Components in Xinjiang Wild Apple (*Malus sieversii*) [J]. Journal of Genetics and Genomics, 34(2): 171-179.

Cominelli E, Galbiati M, Vavasseur A, et al. 2005. A Guard-Cell-Specific MYB Transcription Factor Regulates Stomatal Movements and Plant Drought Tolerance[J]. Current Biology, 15: 1196-1200.

Cominelli E, Sala T, Calvi D, et al. 2008. Over-expression of the *Arabidopsis* AtMY B 41 gene alters cell expansion and leaf surface permeability[J]. Plant Journal for Cell & Molecular Biology, 53(1): 53-64.

Craig S Pikaard. 2000. Nucleolar dominance: uniparental gene silencing on a multi-megabase scale in genetic hybrids[J]. Plant Molecular Biology, 43: 163-177.

Dafny-Yelin M, Guterman I, Menda N, et al. 2005. Flower proteome: changes in protein spectrum during the advanced stages of rose petal development[J]. Planta, 222(1): 37-46.

Dafnyyelin M, Tzfira T, Vainstein A, et al. 2008. Non-redundant functions of sHSP-CIs in acquired thermotolerance and their role in early seed development in *Arabidopsis*[J]. Plant Molecular Biology, 67(4): 363-373.

Dai X, Xu Y, Ma Q, et al. 2007. Overexpression of an R1R2R3 MYB gene, OsMYB3R-2, increases tolerance to freezing, drought, and salt stress in transgenic *Arabidopsis*[J]. Plant Physiology, 143(4): 1739-1751.

Dar Mudasir Irfan, Naikoo Mohd Irfan, Rehman Farha, et al. 2016. Proline accumulation in plants: roles in stress tolerance and plant development[M]. India: Springer India, 155-166.

Davletova S, Mittler R. 2005. The Zinc-Finger Protein Zat12 Plays a Central Role in Reactive Oxygen and Abiotic Stress Signaling in *Arabidopsis*[J]. Plant Physiology, 139(2): 847-856.

Demir Y, Kocacaliskan I. 2002. Effect of NaCl and proline on bean seedlings cultured in vitro[J]. Biologia Plantarum, 45(4): 597-599.

Djangallev D. 1977. The Wild Apple Tree of Kazakhstan[M]. Publishing House of Kazakh SSR Alma-Ata.

Docimo T, Coraggio I, Tommasi N De, et al. 2008. Enhancing phenylpropanoid secondary metabolites in *Nicotiana tabacum* and *Salvia sclarea* by overexpression of a rice myb4 transcription factor[J]. Planta Medica, 74(9): 1169-1170.

Dong J, Chen C, Chen Z. 2003. Expression profiles of the *Arabidopsis* WRKY gene superfamily during plant defense response[J]. Plant Molecular Biology, 51(1): 21-37.

Drumm J E, Mi K, Bilder P, et al. 2009. *Mycobacterium tuberculosis* Universal Stress Protein Rv2623 Regulates Bacillary Growth by ATP-Binding: Requirement for Establishing Chronic Persistent Infection[J]. PLOS Pathogens, 5(5): e1000460.

Duan N, Bai Y, Sun H, et al. 2017.Genome re-sequencing reveals the history of apple and supports a two-stage model for fruit enlargement[J]. Nature Communications, 8(1): 249.

Espley R V, Hellens R P, Putterill J, et al. 2007. Red colouration in apple fruit is due to the activity of the MYB transcription factor, MdMYB10[J]. Plant journal, 49(3): 414.

Fink R C, Evans M R, Porwollik S, et al. 2007. FNR Is a Global Regulator of Virulence and Anaerobic Metabolism in *Salmonella enterica* Serovar Typhimurium (ATCC 14028s)[J]. Journal of Bacteriology, 189: 2262-2273.

Freestone P, Nyström T, Trinei M, et al. 1997. The universal stress protein, UspA, of *Escherichia coli* is phosphorylated in response to stasis[J]. Journal of Molecular Biology, 274(3): 318-324.

Fujita M, Fujita Y, Maruyama K, et al. 2004. A dehydration-induced NAC protein, RD26, is involved in a novel ABA-dependent stress-signaling pathway[J]. The Plant Journal, 39(6): 863-876.

Giese K C, Vierling E. 2004. Mutants in a Small Heat Shock Protein That Affect the Oligomeric State. Analysis and allele-specific suppression[J]. Journal of Biological Chemistry, 279(31): 32674-32683.

Guan Zhijie, Zhang Shibao, Guan Kaiyun. et al. 2011. Leaf anatomical structures of Paphiopedilum and Cypripedium and their adaptive significance[J]. Journal of Plant Research, 124(2): 289-298.

Guo M, Zhai Y F, Lu J P, et al. 2014. Characterization of CaHsp70-1, a Pepper Heat-Shock Protein Gene in Response to Heat Stress and Some Regulation Exogenous Substances in *Capsicum annuum L.*[J]. International Journal of Molecular Sciences, 15(11): 19741-19759.

Guo P, Baum M, Grando S, et al. 2009. Differentially expressed genes between drought-tolerant and drought-sensitive barley genotypes in response to drought stress during the reproductive stage[J]. Journal of Experimental Botany, 60(12): 3531-3544.

Gury J, Seraut H, Tran N P, et al. 2009. Inactivation of PadR, the Repressor of the Phenolic Acid Stress Response, by Molecular Interaction with Usp1, a Universal Stress Protein from *Lactobacillus plantarum*, in *Escherichia coli*. [J]. Applied & Environmental Microbiology, 25(75): 5273-5283.

Guttikonda S K, Valliyodan B, Neelakandan A K, et al. 2014. Overexpression of AtDREB1D transcription factor improves drought tolerance in soybean[J]. Molecular Biology Reports, 41(12): 7995-8008.

HamiltonI E W, Coleman J S. 2000. Heat-shock proteins are induced in unstressed leaves of *Nicotiana attenuata* (Solanaceae) when distant leaves are stressed[J]. Ameican Journal of Botany, 88(5): 950-955.

Haslbeck M, Vierling E. 2015. A First Line of Stress Defense: Small Heat Shock Proteins and Their Function in Protein Homeostasis[J]. Journal of Molecular Biology, 427(7): 1537-1548.

He F, Mu L, Yan G L, et al. 2010. Biosynthesis of Anthocyanins and Their Regulation in Colored

Grapes[J]. Molecules, 15(12): 9057-9091.

Hichri I, Barrieu F, Bogs J, et al. 2011. Recent advances in the transcriptional regulation of the flavonoid biosynthetic pathway[J]. Journal of Experimental Botany, 62(8): 2465.

Holbrook N M, Putz F E. 1996. From epiphyte to tree: differences in leaf structure and leaf water relations associated with the transition in growth form in eight species of hemiepiphytes[J]. Plant, Cell and Environment, 19(6): 631-642.

Holton T A, Cornish E C. 1995. Genetics and Biochemistry of anthocyanin biosynthesis[J]. Plant Cell, 7(7): 1071-1083.

IUCN/UNEP/WWF (IUCN/UNEP/Worldwide Fund for Nature). 1980. World Conservation for Strategy: Living Resource Conservation for Sustainable Development[M]. Gland , Switzerland : IUCN.

James J. Luby. 1997. Collecting and Managing Wild Malus Germplasm in its Center of Diversity[J]. Hort Scierce, 32(2): 173-176.

Jaya N, Garcia V, Vierling E. 2009. Substrate binding site flexibility of the small heat shock protein molecular chaperones[J]. PNSA, 37: 15604-15609.

Jung C, Seo J S, Han S W, et al. 2007. Overexpression of AtMYB 44 enhances stomatal closure to confer abiotic stress tolerance in transgenic *Arabidopsis*[J]. Plant Physiology, 146(2): 623-635.

Kampinga H H, Hageman J, Vos M J, et al. 2009. Guidelines for the nomenclature of the human heat shock proteins[J]. Cell Stress and Chaperones, 14(1): 105-111.

Kim D H, Xu Z Y, Na Y J, et al. 2011. Small Heat Shock Protein Hsp17.8 Functions as an AKR2A Cofactor in the Targeting of Chloroplast Outer Membrane Proteins in *Arabidopsis*[J]. Plant Physiology, 157(1): 132-146.

Kim S, Park M, Yeom S I, et al. 2014. Genome sequence of the hot pepper provides insights into the evolution of pungency in *Capsicum* species[J]. Nature Genetics, 46(3): 270-278.

Kirschner M, Winkelhaus S, Thierfelder J M, et al. 2000. Transient expression and heat-stress-inducedco-aggregation of endogenous and heterologous small heat-stress proteins in tobacco protoplasts[J]. Plant Journal for Cell & Molecular Biology, 24(3): 397-412.

Konopkapostupolska D, Clark G, Goch G, et al. 2009. The role of annexin 1 in drought stress in *Arabidopsis*[J]. Plant Physiology, 150(3): 1394-1410.

Kreps J A, Wu Y, Chang H S, et al. 2002. Transcriptome Changes for *Arabidopsis* in Response to Salt, Osmotic, and Cold Stress[J]. Plant Physiology, 130(4): 2129-2141.

Ksouri N, Jiménez S, Wells C E, et al. 2016. Transcriptional Responses in Root and Leaf of *Prunus persica* under Drought Stress Using RNA Sequencing[J]. Frontiers in plant science, 7: 1715.

Kvint K, Nachin L, Diez A, et al. 2003. The bacterial universal stress protein: function and regulation[J]. Current Opinion in Microbiology, 6(2): 140-145.

Lamboy W F, Yu J , Forsline P L, et al. 1996. Partitioning of allozyme diversity in wild populations of (*Malus sieversii* L.) and implications for germplasm collection [J]. Journal of the American Society for Horticultural science, 121(63): 982-987.

Langenfeld V. 1991. Apple trees[M]. Rija Zinatne(in Russian): University of Latvia, 9-24, 119-204.

Laohavisit A, Mortimer J C, Demidchik V, et al. 2009. *Zea mays* annexins modulate cytosolic free Ca^{2+} and generate a Ca^{2+}-permeable conductance[J]. The Plant Cell, 21(2): 479-493.

Lawlor D W, Tezara W. 2009. Causes of decreased photosynthetic rate and metabolic capacity in water-defcient leaf cells: a critical evaluation of mechanisms and integration of processes[J]. Annals of Botany, 103(4): 561-579.

Lenne C, Douce R. 1994. A Low Molecular Mass Heat-Shock Protein Is Localized to Higher Plant Mitochondria[J]. Plant Physiology, 105(4): 1255-1261.

Licandroseraut H, Gury J, Tran N P, et al. 2008. Kinetics and Intensity of the Expression of Genes Involved in the Stress Response Tightly Induced by Phenolic Acids in *Lactobacillus plantarum*[J]. J Mol Microbiol Biotechnol, 14: 41-47.

Litt M, Luty J A. 1989. A hypervariable microsatellite revealed by in vitro amplification of a dinucleotide repeat within the cardiac muscle actin gene[J]. American Journal of Human Genetics, 44(3): 397-401.

Liu W T, Karavolos M H, Bulmer D M, et al. 2007. Role of the universal stress protein UspA of *Salmonella* in growth arrest, stress and virulence[J]. Microbial Pathogenesis, 42(1): 2-10.

Lopes-Caitar V S, Carvalho M C D, Darben L M, et al. 2013. Genome-wide analysis of the Hsp 20 gene family in soybean: comprehensive sequence, genomic organization and expression profile analysis under abiotic and biotic stresses[J]. BMC Genomics, 14(1): 577.

Lu Gan, Zhang Chunyu, Yin Yongtai, et al. 2013. Anatomical adaptations of the xerophilous medicinal plant, *Capparis spinosa*. to Drought Conditions[J]. Hort Environ Biotechnol, 54(2): 156-161.

Malik M K, Slovin P, Hwang C H, et al. 1999. Modified expression of a carrot small heat shock protein gene, hsp17.7, results in increased or decreased thermotolerance double dagger[J]. Plant Journal for Cell & Molecular Biology, 20(1): 89-99.

Maqbool A, Zahur M, Husnain T, et al. 2009. GUSP1 and GUSP2, two drought-responsive genes in *Gossypium arboreum* have homology to universal stress proteins[J]. Plant Molecular Biology Reporter, 27: 109-114.

Martin C, Prescott A, Mackay S, et al. 1991. Control of anthocyanin biosynthesis in flower of *Antirrkinum majus*[J]. Plant Journal, 1(1): 37-39.

Maruyama K, Sakuma Y, Kasuga M, et al. 2004. Identification of cold-inducible downstream genes of the *Arabidopsis* DREB1A/CBF3 transcriptional factor using two microarray systems[J]. The Plant Journal, 38(6): 982-993.

Masterson J. 1994. Stomatal size in fossil plants:evidence for polyploidy in majority of angiosperms [J]. Science, 264(5157) : 421-424.

Mcghie T K, Espley R V, Sakuntala K, et al. 2010. An R2R3 MYB transcription factor associated with regulation of the anthocyanin biosynthetic pathway in *Rosaceae*[J]. BMC Plant Biology, 10(1): 50-67.

Medinaescobar N, Cárdenas J, Muñozblanco J, et al. 1998. Cloning and molecular characterization of a strawberry fruit ripening-related cDNA corresponding a mRNA for a low-molecular-weight heat-shock protein[J]. Plant Molecular Biology, 36(1): 33-42.

Meiling Yang, Fang Li, Hong Long, 2016. Ecological Distribution, Reproductive Characteristics, and In Situ Conservation of Malus sieversii in Xinjiang, China [J]. Hort science, 51(9): 1-5.

Meiling Yang, Yunxiu Zhang, Huanhuan Zhang, et al. 2017. Identification of MsHsp20 Gene Family in Malus sieversii and Functional Characterization of MsHsp16.9 in Heat Tolerance[J]. Frontier in plant science, 8: 1761.

Mendes M M, Gazarini L C, Rodrigues M L. 2001. Acclimation of Myrtus communis to contrasting Mediterranean light environments-effects on structure and chemical composition of foliage and plant water relations[J]. Environmental and Experimental Botany, 45(2): 165-178.

Menssen A, Höhmann S, Martin W, et al. 1990. The En/Spm transposable element of *Zea mays* contains splice sites at the temin generating a novel intron from sSpm element in the A2 gene[J]. The EMBO Journal, 9(10): 3051-3057.

Meyer P, Heidmann I, Forkmann G, et al. 1987. A new petunia flower colour gene rated by transformation of a mutant with a maize gene[J]. Nature, 330(6149): 677-678.

Mittler R, Finka A, Goloubinoff P. 2012. How do plants feel the heat[J]. Trends in Biochemical Sciences, 37(3): 118-125.

Mittler R. 2006. Abiotic stress, the field environment and stress combination[J]. Trends in Plant Science, 11(1): 15-19.

Mol J, Grotewold E, Koes R. 1998. How genes paint flowers and seeds[J]. Trends in Plant Science, 3(6): 212-217.

Molas J. 1997. Changes in morphological and anatomical structure of cabbage (*Brassica oleracea* L.) outer leaves and in ultrastructure of their choroplasts caused by an in vitro excess of nickel[J]. Photosynthetica, 34(4): 513-522.

Mortimer J C, Laohavisit A, Macpherson N, et al. 2008. Annexins: multifunctional components of growth and adaptation[J]. Journal of Experimental Botany, 59(3): 533-544.

Nachin L, Nannmark U, Nyström T. 2005. Differential Roles of the Universal Stress Proteins of *Escherichia coli* in Oxidative Stress Resistance, Adhesion, and Motility[J]. Journal of Bacteriology, 187(18): 6265.

Nakashima K, Tran L S, Van N D, et al. 2007. Functional analysis of a NAC-type transcription factor OsNAC6 involved in abiotic and biotic stress-responsive gene expression in rice[J]. Plant Journal, 51(4): 617-630.

Nanjo T, Fujita M, Seki M, et al. 2003. Toxicity of Free Proline Revealed in an *Arabidopsis* T-DNA-Tagged Mutant Deficient in Proline Dehydrogenase[J]. Plant and Cell Physiology, 44(5): 541-548.

Nei M. 1973. Analysis of gene diversity in subdivided populations[J]. Proceedings of the National Academy of Sciences of the United States of America, 70(12): 3321-3323.

Nieto-Sotelo J, Yang R, et al. 2002. Maize HSP101 Plays Important Roles in Both Induced and Basal Thermotolerance and Primary Root Growth[J]. The Plant Cell, 14(7): 1621-1633.

Nyström T, Neidhardt F C. 1992. Cloning, mapping and nucleotide sequencing of a gene encoding a universal stress protein in *Escherichia coli*. [J]. Molecular Microbiology, 6: 3187-3198.

O'Toole R, Smeulders M J, Blokpoel M C, et al. 2003. A Two-Component Regulator of Universal Stress Protein Expression and Adaptation to Oxygen Starvation in *Mycobacterium smegmatis*[J]. Journal of Bacteriology, 185: 1543-1554.

O'Toole R, Williams H D. 2003. Universal stress proteins and *Mycobacterium tuberculosis*[J]. Research in Microbiology, 154(6): 387-392.

Osteryoung K W, Vierling E. 1994. Dynamics of small heat shock protein distribution within the chloroplasts of higher plants[J]. Journal of Biological Chemistry, 269(46): 28676-28682.

Parihar P, Sibgh S, Singh R, et al. 2015. Effect of salinity stress on plants and its tolerance strategies: a review[J]. Environ Sci Pollut Res, 22(6): 4056-4075.

Parker K G. 1979. Common names of apple diseases[J]. Phytopathology News, 13: 127-128.

Pasta S Y, Raman B, Ramakrishna T, et al. 2003. Role of the conserved SRLFDQFFG region of alpha-crystallin, a small heat shock protein. Effect on oligomeric size, subunit exchange, and chaperone-like activity[J]. Journal of Biological Chemistry, 278(51): 51159-51166.

Paz-Ares J, Ghosal D, Wienand U, et al. 1987. The regulatory c1 locus of *Zea mays* encodes a protein with homology to myb oncogene products and with structural similarities to transcriptional activators[J]. EMBO Journal, 6(12): 3553-3558.

Peng S, Huang J, Sheehy J E, et al. 2004. Rice yields decline with higher night temperature from global warming[J]. PNAS, 101: 9971-9975.

Pernthaler J. 2017. Competition and niche separation of pelagic bacteria in freshwater habitats[J]. Environmental Microbiology, 19(6): 2133-2150.

Pfannschmidt T, Bräutigam K, Wagner R, et al. 2009. Potential regulation of gene expression in photosynthetic cells by redox and energy state: approaches towards better understanding[J]. Annals of Botany, 103(4): 599-607.

Ponomarenko V V. 1975. What is *Malus pumila* Mill. [J]. Bot. zh. USSRM, 60: 1574-1586.

Ponomarenko V V. 1979. Note on *Malus sieversii* (Ledeb.) M. Roem. (Rosaceae) Wild apple[J]. Botanicheskii zhurnal SSSR, 64(7): 1047-1050.

Ponomarenko V V. 1986. Review of the species comprised in the genus *Malus* Mill.[J]. Bulletin of Applied Batony and Plant Breeding, 106: 16-26.

Ponomarenko V V. 1987. History of Apple *Malus* domesitica Borkh. [J]. Origin and Evolution. Bot. zh. USSR, 76:10-18.

Ponomarenko V V. 1991.The polymorphylism and the chareclaristics of *Malus* species in Russian[D]. N. I. Vavilov Institute of Plant Industry: 77-110.

Prashanth S R, Sadhasivam V, Parida A. 2008. Over expression of cytosolic copper/zinc superoxide dismutase from a mangrove plant Avicennia marina in indica Rice var Pusa Basmati-1 confers abiotic stress tolerance[J]. Transgenic Research, 17(2): 281-291.

Ramsay N A, Glover B J. 2005. MYB-bHLH-WD40 protein complex and the evolution of cellular diversity[J]. Trends in Plant Science, 10(2): 63-70.

Rehder A. 1940. Manual of cultivated trees and shrubs[M]. New York: Macmilan Co., 389-399.

Rehder A. 1949. Bibiography of cultivated trees and shrubs[M]. New York: Macmilan Co.. 267-276.

Rizhsky L, Liang H, Shuman J, et al. 2004. When Defense Pathways Collide. The Response of *Arabidopsis* to a Combination of Drought and Heat Stress[J]. Plant Physiology, 134(4): 1683-1696.

Robinson J P, Harris S A, Juniper B E. 2001. Taxonomy of the genus *Malus* Mill. (Rosaceae) with emphasis on the cultivated apple, Malus domestica Borkh[J]. Plant Systematics and Evolution, 226(1): 35-58.

Roelfsema M R G, Hedrich R. 2010. Making sense out of Ca^{2+} signals: their role in regulating stomatal movements[J]. Plant Cell & Environment, 33(3): 305-321.

Roldán A, Díaz-Vivancos P, Hernández J A, et al. 2008. Superoxide dismutase and total peroxidase activities in relation to drought recovery performance of mycorrhizal shrub seedlings grown in an amended semiarid soil[J]. Journal of Plant Physiology, 165(7): 715-722.

Ross C A, Liu Y, Shen Q J. 2007. The WRKY Gene Family in Rice (*Oryza sativa*) [J]. Journal of Integrative Plant Biology, 49(6): 827-842.

Sakuma Y, Liu Q, Dubouzet J G, et al. 2002. DNA-binding specificity of the ERF/AP2 domain of *Arabidopsis* DREBs, transcription factors involved in dehydration- and cold-inducible gene expression[J]. Biochemical and Biophysical Research Communications, 290: 998-1009.

Sarkar N K, Yeonki K, Grover A. 2009. Rice sHsp genes: genomic organization and expression profiling under stress and development[J]. BMC Genomics, 10(1): 393.

Sawahe W A, Hassan A H. 2002. Generation of transgenic wheat producing high levels of the osmoprotectant proline [J]. Biotechnology Letters, 24(9): 732-725.

Scharf K D, Siddique M, Vierling E. 2001. The expanding family of *Arabidopsis thaliana* small heat stress proteins and a new family of proteins containing α-crystallin domains (Acd proteins) [J]. Cell Stress & Chaperones, 6(3): 225-237.

Schramm F, Ganguli A, Kiehlmann E, et al. 2006. The Heat Stress Transcription Factor HsfA2 Serves as a Regulatory Amplifier of a Subset of Genes in the Heat Stress Response in *Arabidopsis*[J]. Plant Molecular Biology, 60(5): 759-772.

Schreiber K, Boes N, Eschbach M, et al. 2006. Anaerobic Survival of *Pseudomonas aeruginosa* by Pyruvate Fermentation Requires an Usp-Type Stress Protein[J]. Journal of Bacteriology, 188: 659-668.

Seki M, Narusaka M, Abe H, et al. 2001. Monitoring the Expression Pattern of 1300 *Arabidopsis* Genes under Drought and Cold Stresses by Using a Full-Length cDNA Microarray[J]. The Plant Cell, 13(1): 61-72.

Seki M, Narusaka M, Ishida J, et al. 2002. Monitoring the expression profiles of 7000 *Arabidopsis* genes under drought, cold and high-salinity stresses using a full-length cDNA microarray[J]. The Plant Journal, 31(3): 279-292.

Shah Fahad, Saddam Hussain, Amar Matloob, et al. 2015. Phytohormones and plant responses to salinity stress: a review[J]. Plant Growth Regulation, 75(2): 391-404.

Sheng T, Smeekens S, Leónie Bentsink N, et al. 2005. Sucrose-Specific Induction of Anthocyanin Biosynthesis in *Arabidopsis* Requires the MYB75/PAP1 Gene[J]. Plant Physiology, 139(4): 1840-1852.

Siddique M, Gernhard S, Von K P, et al. 2008. The plant sHSP superfamily: five new members in *Arabidopsis thaliana* with unexpected properties[J]. Cell Stress and Chaperones, 13(2): 183-197.

Smeets H J M, Han G B, Ropers H H, et al. 1989. Use of variable simple sequence motifs as genetic markers: application to study of myotonic dystrophy[J]. Human Genetics, 83(3): 245- 251.

Somavilla N S, Kolb R M, Rossatt D R. 2013. Leaf anatomical traits corroborate the leaf economic spectrum: a case study with deciduous forest tree species[J]. Brazilian Journal of Botany, DOI: 10. 1007/s40415-013-0038-x.

Sousa M C, McKay D B. 2001. Structure of the Universal Stress Protein of *Haemophilus influenzae*[J]. Structure, 9(12): 1135-1141.

Sudhakar R P, Kavi K P B, Christiane S, et al. 2014. Unraveling Regulation of the Small Heat Shock Proteins by the Heat Shock Factor HvHsfB2c in *Barley*: Its Implications in Drought Stress Response and Seed Development[J]. Plos One, 9(3): e89125.

Sun W, Bernard C, Van De Cotte B, et al. 2001. At-HSP17.6A, encoding a small heat-shock protein in Arabidopsis, can enhance osmotolerance upon overexpression[J]. Plant Journal for Cell & Molecular Biology, 27(5): 407-415.

Sun W, Van Montagu M, Verbruggen N. 2002. Small heat shock proteins and stress tolerance in plants[J]. Biochimica Biophysica Acta, 1577(1): 1-9.

Sung D Y, Kaplan F, Lee K J, et al. 2003. Acquired tolerance to temperature extremes[J]. Trends in Plant Science, 8(4): 179-187.

Sunmi H, Eunkyeung N, Hyegi K, et al. 2010. *Arabidopsis* annexins annAt1 and annAt4 interact with each other and regulate drought and salt stress responses[J]. Plant and Cell Physiology, 51(51): 1499-1514.

Taji T, Ohsumi C, Iuchi S, et al. 2002. Important roles of drought- and cold-inducible genes for galactinol synthase in stress tolerance in *Arabidopsis thaliana*[J]. Plant Journal for Cell & Molecular Biology, 29(4): 417-426.

Tautz D. 1989. Hyper variability of simple sequence as a general source for polymorphic DNA marker[J]. Nucleic Acids Search, 17(16): 6463-6471.

Tissiéres A, Mitchell H K, Tracy U M. 1974. Protein synthesis in salivary glands of *Drosophila melanogaster*: Relation to chromosome puffs[J]. Journal of Molecular Biology, 84(3): 389-398.

Tran L S, Nakashima K, Sakuma Y, et al. 2004. Isolation and functional analysis of *Arabidopsis* stress-inducible NAC transcription factors that bind to a drought-responsive cis-element in the early responsive to dehydration stress 1 promoter[J]. The Plant Cell, 16(9): 2481-2498.

Tsukaya H. 2002. Optical and anatomical characteristics of bracts from the Chinese "glasshouse" plant. Rheum alexandrae Batalin (Polygonaceae) in Yunnan China[J]. Journal of Plant research, 115(1): 59-63.

Umezawa T, Fujita M, Fujita Y, et al. 2006. Engineering drought tolerance in plants: discovering and tailoring genes to unlock the future[J]. Current Opinion in Biotechnology, 17(2): 113-122.

Van d, Hain T, Wouters J A, et al. 2007. The heat-shock response of Listeria monocytogenes comprises genes involved in heat shock, cell division, cell wall synthesis, and the SOS response[J]. Microbiology, 153(10): 3593-3607.

Velasco R, Zharkikh A, Affourtit J, et al. 2010. The genome of the domesticated apple (*Malus* × *domestica* Borkh.) [J]. Nature genetics, 42(10): 833-839.

Verbruggen N, Hermans C. 2008. Proline accumulation in plants: a review[J]. Amino Acids, 35(4): 753-759.

Waditee R, Bhuiyan M N, Rai V, et al. 2005. Genes for direct methylation of glycine provide high levels of glycinebetaine and abiotic-stress tolerance in *Synechococcus* and *Arabidopsis*[J]. PNAS, 102: 1318-1323.

Wang W X, Vinocur B, Altman A. 2003. Plant responses to drought, salinity and extreme temperatures: towards genetic engineering for stress tolerance[J]. Planta, 218(1): 1-14.

Wang W, Vinocur B, Shoseyov O, et al. 2004. Role of plant heat-shock proteins and molecular chaperones in the abiotic stress response[J]. Trends in Plant Science, 9(5): 244-252.

Waters E R, Aevermann B D, Sanders-Reed Z. 2008. Comparative analysis of the small heat shock proteins in three angiosperm genomes identifies new subfamilies and reveals diverse evolutionary patterns [J]. Cell Stress and Chaperones, 13(2): 127-142.

Waters E R, Lee G J, Vierling E. 1996. Evolution, structure and function of the small heat shock proteins in plants[J]. Journal of Experimental Botany, 47(3): 325-338.

Weber J L, May P E. 1989. Abundant class of human DNA polymorphisms which can be typed using the polymerase chain reaction[J]. American Journal of Human Genetics, 44(44): 388-396.

Wehmeyer N, Hernandez L D, Finkelstein R R, et al. 1996. Synthesis of Small Heat-Shock Proteins Is Part of the Developmental Program of Late Seed Maturation[J]. Plant Physiology, 112(2): 747-757.

Wei W, Zhang Y, Han L, et al. 2008. A novel WRKY transcriptional factor from *Thlaspi caerulescens* negatively regulates the osmotic stress tolerance of transgenic tobacco[J]. Plant Cell Reports, 27(4): 795-803.

Wemekamp-Kamphuis H H, Wouters J A, de Leeuw P P , et al. 2004. Identification of Sigma Factor B-Controlled Genes and Their Impact on Acid Stress, High Hydrostatic Pressure, and Freeze Survival in Listeria monocytogenes EGD-e[J]. Applied & Environmental Microbiology, 70(6): 3457.

Wendel J F. 2000. Genome evolution in polyploids[J]. Plant Mol Biol, 42(1): 225-249.

Wikipedia. 2011. *Malus sieversii* [EB/OL]. https://en.wikipedia.org/wiki/Malus_sieversii.

Wu G, Ortizflores G, Ortizlopez A, et al. 2007. A point mutation in the atpC1 raises the redox potential of the *Arabidopsis* chloroplast ATP synthase g-subunit regulatory disulphide above the range of thioredoxin modulation[J]. Journal of Biological Chemistry, 282(51): 36782-36789.

Xu Z S, Feng K, Que F, et al. 2017. A MYB transcription factor, DcMYB6, is involved in regulating anthocyanin biosynthesis in purple carrot taproots[J]. Scientific Reports, 7: 45324-45333.

Yamaguchi-Shinozaki K, Shinozaki K. 2005. Organization of cis-acting regulatory elements in osmotic- and cold-stress-responsive promoters[J]. Trends in Plant Science, 10(2): 88-94.

Yan G R, Long H, Song W Q, et al. 2008.Genetic polymorphism of Malus sieversii populations in Xinjiang, China[J]. Genetic Resources & Crop Evolution, 55(1): 171-181.

Yan Guo-rong, Xu Zheng, Zhang Li-yun, et al. 1999. Conservation of the Wild Fruit Ecosystem in the Tianshan Mountains of Xinjiang. China[J]. Bulletin of Faculty of Agriculture of Shizuoka University, 49: 9-13.

Yan Guo-rong. 1995. Studies on Relationship of Several Mauls Species Using Morphological Characteristic of Leaf and Isozyme Analysis [M]. Shizuoka, Japan : Graduate School of Agriculture Shizuoka University.

Yuan Yinghui, Shu Sheng, Li Shuhai, et al. 2014. Effects of exogenous putrescine on chlorophyll fluorescence imaging and heat dissipation capacity in cucumber (*Cucumis sativus* L.) under salt stress[J]. Journal of Plant Growth Regulation, 33(44): 798-808.

Zhang C Y, Chen X S, He T M, et al. 2007. Genetic Structure of *Malus sieversii* Population from Xinjiang, China, Revealed by SSR Markers[J]. Journal of Genetics and Genomics, 34(10): 947-955.

Zhang Hongxiang, Zhang Mingli, Wang Lina. 2015. Genetic structure and historical demography of *Malus sieversii* in the Yili Valley and the western mountains of the Junggar Basin, Xinjiang, China[J]. J Arid Land, 7(2): 264-271.

Zhang Q, Hao R J, Xu Z D, et al. 2017. Isolation and functional characterization of a R2R3-MYB regulator of *Prunus mume* anthocyanin biosynthetic pathway[J]. Plant Cell Tissue & Organ Culture, 3: 1-13.

附录：研究团队学术成果

1 著作

阎国荣, 许正. 2010. 中国新疆野生果树研究[M]. 北京: 中国林业出版社.

2 学术论文

Meiling Yang, Yunxiu Zhang, Huanhuan Zhang, et al. 2017. Identification of MsHsp20 Gene Family in Malus sieversii and Functional Characterization of MsHsp16.9 in Heat Tolerance[J]. Frontier in plant science, 8: 1−171761.

Meiling Yang, Fang Li, Hong Long, et al. 2016. Ecological Distribution, Reproductive Characteristics, and In Situ Conservation of Malus sieversii in Xinjiang, China[J]. Hort science, 51（9）: 1197−1201.

Yan G R, Long H, Song W Q, et al. 2008.Genetic polymorphism of Malus sieversii populations in Xinjiang, China[J]. Genetic Resources & Crop Evolution, 55（1）: 171−181.

马闯, 杨美玲, 张云秀, 等. 2018. 新疆野苹果（Malus sieversii）种群年龄结构及其动态特征[J]. 干旱区研究, 35（1）: 156−164.

张云秀, 杨美玲, 于玮玮, 等. 2017. 新疆野苹果SSR−PCR反应体系的优化[J]. 北方园艺,（15）: 29−35.

张云秀, 杨美玲, 于玮玮, 等. 2017. 新疆野苹果基因组提取优化及模板浓度对ISSR−PCR影响[J]. 天津农学院学报, 24（1）: 15−18.

于玮玮, 曹波, 龙鸿, 等. 2016. 新疆野苹果幼苗对盐胁迫的生理响应[J]. 华北农学报, 31（1）: 170−174.

刘彬, 张云秀, 李芳, 等. 2016. 新疆野苹果果实VC及可溶性蛋白含量的测定分析[J]. 天津农学院学报, 23（4）: 14−17.

杨美玲, 闫秀娜, 于玮玮, 等. 2015. 新疆野苹果不同地理分布与树龄的叶片解剖结构特征[J]. 植物研究, 35（4）: 509−514.

李芳, 邹妍, 刘彬, 等. 2015. 新疆野苹果（Malus sieversii）内生菌的分离与鉴定[J]. 天津农学院学报, 22（4）: 1−5.

闫秀娜, 李芳, 阎国荣, 等. 2015. 濒危植物新疆野苹果种子的萌发特性[J]. 天津农学院学报, 22（2）: 33−36.

文玉珍, 徐晖, 于玮玮, 等. 2014. 低温胁迫下新疆野苹果离体叶片生理特性分析[J]. 天津农学院学报, 21（1）: 39−42.

赵佩, 杨美玲, 龙鸿, 等. 2013. 基于ITS序列的新疆野苹果系统发育分析[J]. 生物学杂志, 30（5）: 19−22.

杨美玲, 张璐, 阎国荣. 2013. 西府海棠与珠美海棠果实维生素C含量的测定及比较[J]. 天津农学院学报, 20（4）: 36−38.

于玮玮, 王小莉, 李慧, 等. 2014. 大果沙枣和尖果沙枣植物学特征比较研究[J]. 天津农学院学报, 19（4）: 36−38, 50.

阎国荣. 2004. 新疆野苹果（Malus sieversii）及其保护研究[A]. 中国园艺学会. 全国首届野生果树资源与开发利用学术研讨会论文汇编[C]. 中国园艺学会: 5.

阎国荣. 2002. 新疆野生果树及其分布格局[J]. 北方园艺,（2）: 50-53.
阎国荣, 许正. 2001. 天山山区野生果树资源[J]. 北方园艺, 1: 24-27.
张元明, 阎国荣. 2001. 塞威氏苹果Malus sieversii (Ldb.) Roem花粉形态的研究[J]. 植物研究, 21（3）: 380-383, 484-486.
阎国荣, 许正. 2001. 天山野生果树主要病害及其分布[J]. 干旱区研究, 18（2）: 47-49.
阎国荣. 2001. 新疆野苹果树王[J]. 植物杂志, 3: 11.

3 近期国际学术讨论会及中国园艺学会年发表论文摘要

Guorong Yan, Longhong. 2012. Ecological environment and resource protection of Malus sieversii in Tianshan Mountains in Xinjiang, China. The rosaceae genome conference 6（RGC6）[C]. Trento. Italy.
Meiling Yang, Yunxiu Zhang, Fang Li, et al. 2016. An ISSR-based genetic diversity analysis of Malus sieversii in Tianshan Mountains in Xinjiang, China and Kyrgyz[C]. 1st International apple symposium.（Northwest A and F University. 2016. Shanxi. Yangling, China）: 101.
Haibo Xuan, Xiaofeng Shang,Guorong Yan. Is the oldest known wild apple tree at more than 600 years old associated with the distribution of apple trees in the region of Yili and adjacent areas?[C]. 1st International apple symposium.（Northwest A and F University. Shanxi. Yangling, China）: 102.
Fang Li, Meiling Yang, Yunxiu Zhang, et al. 2016.The tissue culture influence on the expression of miR156 and miR172 in Malus sieversii[C]. 1st International apple symposium.（Northwest A and F University. Shanxi. Yangling, China）: 178.
Meiling Yang, Yunxiu Zhang, Wenqin Song, et al. 2016. Whole-Transcriptome Analysis of Malus sieversii (Ledeb.) Roem. [C]. The Second Asian Horticultural Congress. International Society for Horticultural Science.（Chengdu, China）.
Yunxiu Zhang, Meiling Yang, Weiwei Yu, et al. 2016.Analysis of Genetic Diversity of Natural Populations in Malus sieversii [C]. The Second Asian Horticultural Congress. International Society for Horticultural Science（Chengdu, China）.
于玮玮, 杨美玲, 阎国荣. 2018. 新疆野苹果小孢子的产生及雄配子体的发育[C]. 中国园艺学会2018年会, 青岛.
杨美玲, 于玮玮, 阎国荣. 2018. 新疆野苹果抗逆基因MsHsp16. 9和MsUspA的功能研究[C]. 中国园艺学会2018年会, 青岛.

4 研究生学位论文

于玮玮. 2010. 沙枣繁殖生物学研究[D]. 天津: 天津农学院.
赵佩. 2013. 新疆野苹果（Malus sieversii）繁殖相关特性及分子系统发育研究[D]. 天津: 天津农学院.
杨美玲. 2014. 新疆野苹果（Malus sieversii）生物学特性和居群遗传多样性研究[D]. 天津: 天津农学院.
文玉珍. 2014. 低温胁迫下新疆野苹果的生理响应[D]. 天津: 天津农学院.
闫秀娜. 2015. 新疆野苹果（Malus sieversii）种质资源及染色体分析[D]. 天津: 天津农学院.
李芳. 2016. 新疆野苹果（Malus sieversii）生理生态学调查及MicroRNA的研究[D]. 天

津: 天津农学院.

刘彬. 2016. 新疆野苹果（Malus sieversii）生态调查及生长发育的生物学基础研究[D]. 天津: 天津农学院.

张云秀. 2017. 塞威氏苹果群体遗传多样性分析及遗传转化体系的构建[D]. 天津: 天津农学院.

杨美玲. 2017. 新疆野苹果抗逆基因MsHsp16. 9及MsUspA的功能研究 [D]. 天津: 南开大学.

5 学术会议交流

2016年10月，国际园艺学会、中国园艺学会共同主办的第一届世界苹果大会学术研讨会在陕西杨凌召开，在本次国际学术研讨会上杨美玲获得大会墙报（图1）展优秀奖，国际园艺学会主席罗德里克·德鲁先生为获奖者杨美玲颁发证书（图2）。

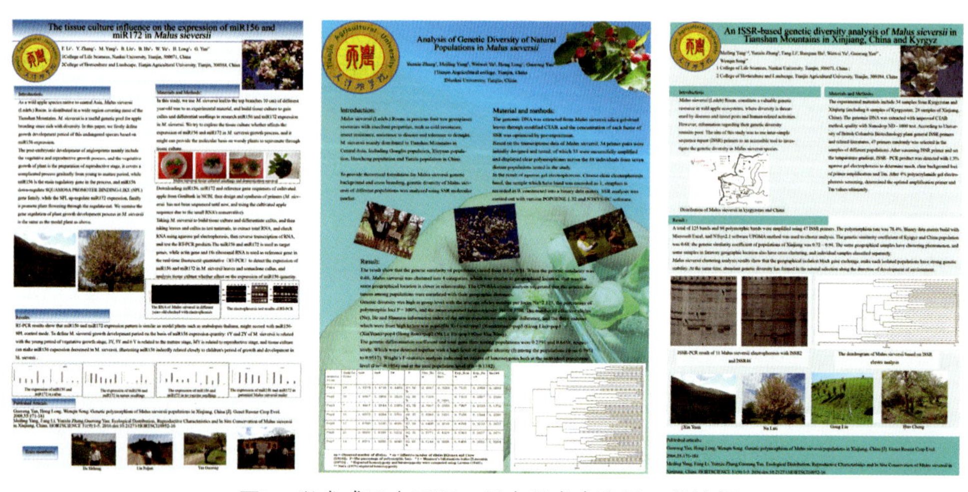

图1 学术成果在国际、国内学术会议展示的墙报

图2 国际园艺学会主席（右二）为获奖者杨美玲（右一）颁发证书

致 谢

首先感谢伊犁地区园艺研究所原所长林培钧教授，他是长期坚持在新疆伊犁野果林第一线的专家，为天山野果林资源的保护、研究和利用奋斗了一辈子（1957年7月至2015年5月），给人类留下了宝贵的物质财富和精神财富。因天山野果林我们成为莫逆之交，在相识、相交的二十多年里，他给予了我们悉心指导、大力帮助和支持。

感谢日本静冈市日中友好协会会长、日本静冈大学农学部教授大石惇先生，三十多年如一日，来访新疆几十次，关心新疆伊犁的野果林生态环境的保护事业，深入实地考察天山野果林，倾注了大量的心血和精力，对于伊犁野果林资源及保护区的建设和发展给予帮助和支持；感谢日本静冈县河内野椎茸研究所所长池之谷 のりこ女士给予的大力支持和帮助，并提供了吉尔吉斯斯坦、哈萨克斯坦山区部分塞威氏苹果材料和相关考察资料。

特别感谢中国工程院资深院士、果树学家、山东农业大学教授束怀瑞先生给予的指导和帮助。

本书的写作和完成中得到了南开大学生命科学学院陈瑞阳教授的关心和指导，陈成彬、王春国的技术支持和帮助；天津农学院图书馆潘宏女士和张洪艳女士帮助文献资料查询；在项目研究和实施过程中，得到了新疆农业大学廖康教授、新疆塔城地区林业局梁孟凯的帮助和支持，伊犁地区园艺所施小卫、刁永强，伊犁新源县野果林改良场果三队查健同志的帮助和支持。

本研究受到国家自然科学基金委员会面上项目“塞威氏苹果遗传多样性研究（39770085）”、中国科学院生物区系特别支持项目“新疆野苹果居群分类与演化研究”；新疆农财科技项目“新疆野苹果资源研究”等项目资助。本书为2018年天津市自然科学学术著作资助出版项目。

在众多亲朋好友长期的帮助和支持，以及研究团队的不懈努力下使得本书顺利完成和出版。编辑和完成中得到了中国林业出版社刘家玲女士的大力帮助和支持。在此，一并表示衷心的感谢。

研究团队成员合影

微信公众号
天山野果林

Logo

天山野果林.com 和
Malus sieversii.CN